本书由上海文化发展基金会图书出版专项基金资助出版

"科学的故事"系列

The Story of Science series

"科学的力量"·科普译丛
Power of Science
第二辑

CREATING CLASSICAL SCIENCE

科学革命

[美] 乔伊·哈基姆 —— 著

仲新元 —— 译

牛顿与他的巨人们

Newton and Other Scientific Giants

02

数学家 E. B. 贝尔将瑞典女王克里斯蒂娜描写为一个“像伐木工那样坚强耐冻的小个子女性”，图中笛卡儿正在为女王和宫廷成员授课。这个来自宫廷褒奖的背后却隐藏着一个很大的不幸，详见本书第 12 章。

令人神往的科学故事

科学从来没有像今天这般深刻地改变着我们。真的，我们一天都离不开科学。科学显得艰涩与深奥，简单的 $E=mc^2$ 竟然将能量与质量联系在一块。然而，科学又有那么多诱人的趣味，居然吸引了那么多的科学家陶醉其中，忘乎所以。

有鉴于此，上海教育出版社从 Smithsonian 出版社引进了这套 *The Story of Science*（科学的故事）丛书。

丛书由美国国家科学教师协会大力推荐，成为美国中小学生爱不释手的科学史读本。我们不妨来读一下这几段有趣的评述："如果达芬奇也在学校学习科学，他肯定会对这套丛书着迷。""故事大师哈基姆将创世神话、科学、历史、地理和艺术巧妙地融合在一起，并以孩子们喜欢的方式讲出来了。""在她的笔下：你将经历一场惊险而刺激的科学冒险。"……

原版图书共三册，为方便国内读者阅读，出版社将中文版图书拆分为五册。在第一册《科学之源——自然哲学家的启示》中，作者带领我们回到古希腊，与毕达哥拉斯、亚里士多德、阿基米德等先哲们对话，领会他们对世界的看法，感受科学历程的迂回曲折、缓慢前行。第二册《科学革命——牛顿与他的巨人们》，介绍了以伽利略、牛顿为代表的物理学家，是如何揭开近代科学革命的序幕，刷新了人们的宇宙观。在第三册《经典科学——电、磁、热的美妙乐章》中，拉瓦锡拉开了化学的序幕，道尔顿、阿伏伽德罗、门捷列夫等引领我们一探原子世界的究竟，法拉第、麦克斯韦等打通了电与磁之间的屏障，相关的重要学科因此发展了起来。第四册《量子革命——璀璨群星与原子的奥秘》，则呈现了一个奥妙无穷的崭新领域——量子世界。无数的科学巨匠们为此展开了一场你追我赶式的比拼与协作，开创了一个辉煌多彩的量子时代。第五册《时空之维——爱因斯坦与他的宇宙》中，作者带领我们站在相对论的高度，来认识和探索浩瀚宇宙及其未来……

对科学有兴趣的读者也许会发现，丛书有着哈利·波特般的神奇魔法，让人忍不住要一口气读完才觉得畅快。长话短说，还是快点打开吧！

中国科学院院士

2017.11

愿将此书献给挚爱的凯茜·格雷·哈基姆（Casey Gray Hakim）和伊莱·托马斯·哈基姆（Eli Thomas Hakim）

目　录

栏目秘钥

科学　数学　技术　地理　哲学　艺术　音乐

本书与科学的探寻之路

读过本书之后，你至少在对科学了解的广度方面将会超越艾萨克·牛顿（Isaac Newton）。牛顿是世界上公认的最聪明的人之一。因此，从这一角度来讲，阅读此书将会是一件令人兴奋的事情。与所有优秀的科学家一样，牛顿知道自己所从事的科学探索工作是一项永无止境的事业，后人必将会不断修正甚至突破他的工作成就。

艺术家和文学家的想法却不是这样的。他们当中不会有人想去修改威廉·莎士比亚（William Shakespeare）的作品，更不要说出续篇了。但科学却是一个不断建构和重建的过程。当一些新砖运来时，则可能意味着旧建筑将要作古，或者将要达到新的高度了。因此，科学的发展注定是不平凡的，永远不会停滞不前。它的进程也是一部科学探究的传奇，每个人的思维都将在它的引导下向着极致发展。

从古希腊时期到现在，科学家一直希望能揭开世间万物运作方式的谜团。在16世纪，这种探究再度热了起来，并出现了很多需要解答的问题。

当时，“热是一种物质”的说法是一种看起来无需证明的观点，因为这种看不见的东西与火相关，火是古希腊人认为的四种基本元素之一。但与莎士比亚和女王伊丽莎白一世（Elizabeth Ⅰ）同时代的弗朗西斯·培根（Francis Bacon）却不这么认为。他写道：“热……是一种运动，除此之外，它什么都不是。”热仅仅是一种运动吗？当我们坐在壁炉旁边，感受到它给予我们的温暖时，往往总觉得应该接受了点什么。

弗朗西斯·培根因一次科学实验献出了自己宝贵的生命。故事是这样的，为了探索冷冻对防腐的作用，他用雪把鸭肚填满，但却不小心染上了风寒并最终不治。这么一件不经意间发生的意外却使世界失去了一位伟大的科学先驱者。

这种争论是非常激烈的。“热是一种运动”的观点引起了罗伯特·胡克（Robert Hooke）的注意（胡克是牛顿非常厌恶的一位伟大的科学家)。胡克对热有过如下描述:“(热)不是别的东西,它就是物质特有的性质,一种非常细微但却非常激烈的运动过程。”热不是一种物质?在当时,这种观点听起来就有点怪诞。更多的人相信“热就是一种物质”,他们还给这种可以感知的物质取名为“热质”,并且认为它还是为数不多的“基本元素”中的一种。

类似的争论并非科学史上的个例。牛顿认为,光是由“光微粒”(一种数量众多、体积微小的粒子)构成的。但一位荷兰科学家克里斯蒂安·惠更斯(Christiaan Huygens)却认为光并非由粒子构成,其实质是一种波动。与此相关的理论简称为“波动说”。

这种意见不合带来的辩论是多么难得啊!说是非常重要也不为过。在这些问题被最终解决之前,人们认识到所有的物质,从脚趾甲到无垠天空中的恒星,都是由非常小的粒子构成的,而这些粒子又都在永不停息地运动着。而且,人们又发现这些粒子中的大部分都带有电荷。正是因为粒子的这些运动,产生了热,产生了磁场,也决定了原子的状态。特别地,在当今的技术时代,人们还用它们来传递信息。换句话说,运动着的粒子似乎是一切事物的基础。例如,人类对电能的驾驭直接推动了现代文明的进程。但是“波动说”的拥趸,包括惠更斯在内,他们的理论也没有错。科学的复杂性超越了任何人的想象。

如果没有弗朗西斯·培根(生于1561年)时期孕育的科学革命,我们可能永远也学不到这些知识。除了对热本质的远见,培根还认为光的传播需要时间,且这种时间是可以测量的。而在当时,几乎所有的人都认为光的传播是不需要时间的。要知道,培根除了这些令人惊奇的观点之外,在很大程度上,他还算不上是一位科学家。可他是一位伟大的科学传播者。他用自己对科学之力量的展望激励着别人。他所展望的科学不是基于当时人们在生活中所取得的常识,也不是建立在神学(宗教信仰)和亚里士多德(Aristotle)的观点之上的,而是以现象观察和实验结果为

土星的光环是气态的云、液态的流体，还是固态的带，或是其他的什么物质？詹姆斯·克拉克·麦克斯韦（James Clerk Maxwell）用铅笔在纸上证明，它们是由大量微小的粒子构成的。《经典科学——电、磁、热的美妙乐章》中将会介绍它是如何形成的有趣知识。

依据，最终验证某个假说或理论的真伪。

这种获取真理的过程，现在我们称之为“科学方法”。培根认为科学研究应由人与人之间的合作完成，其宗旨是使全人类受益。

科学革命是从培根生活的时代开始的，法国哲学家勒内·笛卡儿（René Descartes）及一些其他早期思想家都是当时重要的科学启蒙者。这场革命为什么发生在西方？这是因为，科学发展在很大程度上需要一个相对自由的环境。而当时的欧洲各国执政者的理念都已经发生了很大的变化，都力图提供足够自由、宽松的环境，鼓励创新意识的产生以及问题或质疑观点的提出。

这些启蒙了我们并建立了现有科学基础（即我们现在称之为“经典物理学”的东西）的科学家们，是一个丰富多彩的人物群体，既有具备天赋魅力的伽利略·伽利莱（Galileo Galilei），又有孤独寂寞的艾萨克·牛顿，甚至有名声不太好，但在热学领域领先于其所处时代充当英国间谍的美国人。他们所具有的共同特质，就是都保持着要了解世界奥秘的激情。他们和其他的大量研究者一起，建立起了现代科学的基础。这些就是本书所要致力于向你介绍的故事。

顺便说一下，当时的科学研究者并不把自己称作“科学家”。“科学家”一词是由英国经典学者威廉·休厄尔（William Whewell）创造并最先使用的。在1840年，他编撰了《归纳科学之哲学》一书。他在其中写道：“我们需要一个专门的名称，从总体上描述那些对科学的发展起重要作用的人。从我个人来讲，倾向于称他们为‘科学家’。”在休厄尔之前，对物理科学的发展起到重要作用的人被称为“自然哲学家”。在进入20世纪后，“科学家”这一名称在各个科学领域被广泛接受并应用开来了。

在一本书中处理所有这些故事和科学史实信息，要能够完美地进行介绍、说明，并能为广大读者很好地接受，这需要一个非同寻常的智慧团队的共同努力。拜伦·霍林斯黑德（Byron Hollinshead）是这一项目团队的领军人物；萨拜因·拉斯（Sabine Russ）对所使用的图片进行了仔细的研究和遴选，提出了一些富有见地的问题，并在本书的整合过程中不厌其烦地处理了很多烦琐的编辑方面的事务；洛兰·琼·霍平（Lorraine Jean Hopping）作为本书的编辑，也做了很多额外的工作。霍平将她专长的科学教育理念与书的内容相结合，在一些章节中所加写的内容被标注上LJH（她名字的首字母——译者注）以示感怀。玛伦·阿德勒布卢姆（Marleen Adlerblum）对版面设计进行了创新，使你翻开书时立即就能感受新意之风扑面而来；博学的凯特·戴维斯（Kate Davis）对本书进行了认真的审稿和编辑。他们是如此的热心、专注和卓有成效，很少有作者能有幸像我这样享有他们的工作，以至于我难以找到能深深表达谢意的词语。

与此同时，道格·麦基弗（Doug MacIver）、玛丽亚·加里奥特（Maria Garriott）和科拉·泰特（Cora Teter）都是约翰·霍普金斯大学的中学智能发展项目的研究人员，他们设计的“开动脑筋”环节（之前，他们已在我的其他历史类著作中做过尝试）促进了本书在课堂上高效地使用。史密森尼学会的成员拉里·斯莫尔（Larry Small）、唐·费尔（Don Fehr）、卡罗琳·格利森（Carolyn Gleason）、朱莉·麦卡罗尔（Julie McCarroll）和斯蒂芬妮·诺比（Stephanie Norby），都对本书进行了赞助，并对编写工作给予了充分的鼓励。

对于先期试读手稿的读者，他们都有着科学专业的学科背景，故在读后都能就自己的观点对手稿提出恰如其分的评论。在很大程度上，他们帮助实施这一计划项目的出发点，是希望通过本书来进一步培养青少年读者对科学的兴趣和科学素养。莫迪凯·法因戈尔德（Mordechai Feingold）是美国加州理工学院的一位历史学教授，他就给出了既肯定又具有洞察力的评价，特别是对他的两位“老朋友”伽利略和牛顿的评价；约翰·胡比茨（John Hubisz）是北卡罗来纳州立大学的物理学教授，也是美国物理教师协会的前主席，利用他的专长从科学和教育两个角度对手稿进行了评价；科学教育家朱丽安娜·泰克斯勒（Juliana Texley）是“美国科学教师协会推荐”的首席评论员，提出了详尽而广博的改进建议；汉斯·克里斯蒂安·冯·贝耶尔（Hans Christian von Baeyer）帮助我的写作开了个好头，我在读了他的一部著作后，就被其中优美的文笔所吸引，迫不及待地给他打电话寻求指导。他当即邀请我到托马斯·杰斐逊（Thomas Jefferson）的母校——威廉与玛利学院他的教室中，在那里他教会了我很多的物理学知识。汤姆·洛（Tom Lough）是肯塔基州默里州立大学的副教授，曾荣获美国科学教师协会颁发的卓越教学奖。他在仔细读过手稿的最后一稿后，提出了很多建设性的建议和批评。埃德温·泰勒（Edwin Taylor）是麻省理工学院高级荣誉研究员，也是一些著名物理教科书的作者。他在读了这一项目的手稿后，也用发E-mail的方式向我提出了科学著作写作方面的建议。这些都使我摆脱了科学写作方面的羁绊，但却给他们平添了很多麻烦。在本卷完成时，泰勒又提出了富有远见的评价，并检查了插图和各部分的标题。当我接收到来自罗伯特·弗莱克（Robert Fleck）的E-mail时，我发现自己又有了玻璃罩中那只美丽的白鸟的命运会如何？答案其实清晰地写在了其中两位旁观者的脸上。本书第 219 页中将会介绍这一“鸟在空气泵中的实验”的故事。

更高更远的追求目标。弗莱克是安柏－瑞德航空大学天体物理学家和物理学教授，有着深厚的科学史研究背景，对教育也很感兴趣。他详细而热忱地读过手稿，并对该项目保持着浓厚的兴趣。美国科学教师协会（NSTA）的戴维·比科姆（David Beacom）鼓励我努力做好该项目，而格里·惠勒（Gerry Wheeler，我常引用的一部物理学著作的作者）则耐心地解答了我提出的所有问题。

这份对我提供帮助的人的名单很长。我也是边写作边学习，需要所能得到的一切帮助。而这些科学家的每一次慷慨相助都使我感到振奋，信心大增。每当我为青年读者写作时，总有一批优秀的专家前来相助。在费米实验室工作的洛基·科尔布（Rocky Kolb）和海登天文馆的主任尼尔·德格拉斯·泰森（Neil de Grasse Tyson），都读了我早期的手稿并发来了评论。他们两位都是畅销书作家，读者可以在网络上轻松查阅到他们已经正式出版的图书。马里兰大学的数学家理查德·施瓦茨

(Richard Schwartz),让我分享了他的微积分和费马大定理方面的知识;弗雷德里克·塞茨(Frederick Seitz)是一位杰出的科学家,也是洛克菲勒大学的前校长,每当我需要时,他总是伸出援助之手;芭芭拉·哈斯(Barbara Hass)是一位图书馆研究人员,在她的帮助下,我更加精通利用互联网查阅资料。"如果你的写作确实需要帮助,那么就去问图书馆员。"这是美国图书馆协会的口号。我深切同意这一说法,并从中受益匪浅。在所有这些专家的帮助下,本书应该是没有错误的。但也许仍会有个别"漏网之鱼",我将它们称为"小妖精",它们的出现必然是我的责任。如果你在阅读本书的过程中发现了错误,也请及时告诉我,以便在出下一版时及时改正。

在上面提及的这些好心人之外,我还要对那些鼓励我的教师、教育家们表达我的感激之情。而对那些学校的管理者们,我非常幸运地能同他们一起参加洛杉矶第六区每月一次的教育工作会议,在这里不仅可以尽情地谈起学生、学生读物和相关的教育观点,而且在这样的氛围中你会发现自己备受鼓舞、充满激情。伟大的教师可以影响他们的学生一辈子,他们是国家的宝藏。

我的丈夫萨姆(Sam),作为超级"粉丝",总是一如既往地坚定地支持我的这一工作;我的哥哥罗杰(Roger)和他那了不起的妻子帕蒂(Patti),坚持为我邮寄科学文章和图书;我那能干的女儿埃伦(Ellen),则让我的写作过程井然有序,并紧跟21世纪的时代潮流;作为数学教授的杰夫(Jeff),则总是耐心和热情地回答妈妈提出的关于数的问题,并就诸如微积分、布尔逻辑等专业问题提出了写作建议;作为作家的丹尼(Danny),则为本书提供了宣传的渠道。托德(Todd)、阿亚(Haya)、利兹(Liz)、纳塔利娅(Natalie)、萨米(Sammy)、凯茜(Casey)、伊莱(Eli)等,对了,还有你,我亲爱的读者,都是我创作过程中的动力源泉,为本书的出版注入了新活力。

——乔伊·哈基姆

[illegible]

sole
luna
sole
ochio

[illegible]

地球不在宇宙的中心？这怎么可能！

我们应该想到：拉起大旗推行新的秩序，是世上最难办的事，成功的希望极为渺茫，实施起来也是最为危险的。

——尼科洛·马基雅弗利（Niccolò Machiavelli，1469—1527），意大利政治家，《君主论》

有两种声音讲述未来，科学的声音和宗教的声音。科学和宗教是人类两项主要的事业，它们延续千百年并把我们同我们的子孙后代联系了起来。

——弗里曼·戴森（Freeman Dyson，1923—），英裔美国物理学家，《想象中的世界》

多少世纪以前，欧洲到处生长着大片茂密的森林，正如汉塞尔和格蕾特尔（Hansel & Gretel，格林童话中的角色）故事中所述说的那样，里面生活着诸如狼、鹿、熊、狐狸等很多动物。但到了15世纪时，人们开始大规模地砍伐森林，使森林面积急剧减少。森林中树木的减少使得建筑用的木料和作为燃料的木柴都成了紧缺物资。这时人们已经不能像过去那样在森林中进行野游，能够为人们提供高蛋白饮食的动物来源也近乎消失了，营养失调成为当时越来越严重的问题。

但这些都还不是当时人们面对的最严重的问题。自1337年以来，英国和法国间连年不断地发生着战争。在近3个世纪中，英国占领并控制了法国的大片地区。1429年，自称受命于上帝的圣女贞德（Joan of Arc）披坚执锐，以少女之身率领法国军队奋起反抗。在奥尔良城的一次大战中大败她深恶痛绝的英国入侵者。但战争就是战争，在一些法国将军看来，她的一些作为走得过远了，因而将她移交给了英国人，使她最终被烧死在了火刑柱上。英国和法国间这场战争的最后一仗，是1453年发生在多尔多涅河畔的卡斯蒂洛之战，其最终结束了英国对法国的侵略，也结束了这场“百年战争”。

如果说有什么人为15世纪的人类发展留下明显标志的话，那就非诞生于1452年的博学的莱奥纳尔多·达芬奇（Leonardo da Vinci）莫属。说他博学，是因为他在多个学科领域都有非常高的造诣。他留下了5 000多页的笔记资料，其中充满了对光学、天文学、解剖学、工程学等多个学科的认识和思想。可能因为他是个左撇子，或是想刻意对他的想法保密，他的书写方向和我们惯用的相反，都是从右往左的。因此，要读这些资料，你不仅要懂意大利文，还需要借助于一面镜子。

消失的森林

技术奇迹有时是以出乎意料的形式出现的。在中世纪，铧式犁就是最前沿的技术，它如同切削刀一样，能在原是荒地的坚硬土地上耕作而使其成为良田。但这种犁很重，操作费力且要由牛拉着才能前行。以前是小块农田，在耕地时需要不断地拐弯折回。在马蹄铁被发明后，人们开始用马拉犁。但从效率上看，这和以前并没有多大差别。必然的趋势是要增加土地的长度，这也意味着要砍伐大量的森林。

有一些人却很乐意看到森林的消失。想一下那些古老的寓言故事，例如《小红帽》，欧洲的森林似乎是一块可怕之地。马斯顿·贝茨（Marston Bates）在他的经典著作《森林和海洋》中描述这些茂密的森林为："日间寂静的世界……现在树林中常见的各

进步了吗？由上图你可清楚地看到清理后的土地和农场中的耕作活动。这幅画取自篇幅达831页的《格里马尼祈祷书》手稿（诞生于约公元1500年，是供祈祷用的赞美诗）。100多年后，佛莱芒艺术家希利斯·范科宁克斯洛（Gillis van Coninxloo）绘出了左图所示令人如痴如醉的森林美景。一个重大的问题：随着人口的增长，地球上的森林会一直被破坏吗？

种鸣禽，在以前都是栖息在森林边缘的……这些林中鸟有猫头鹰、乌鸦、老鹰、鸽子……在夜间，森林又是一处喧闹之所，其中有：猫头鹰的啸鸣、狼的嚎叫、美洲狮的咆哮等。这些都是听起来非常神秘且令人恐怖的声音。”

在中世纪，欧洲将大片的森林辟为农场和定居点，这在很大程度上与几个世纪后美国西部大开发有些类似。以开拓者的身份先期到达的农民们被视为开发这片蛮荒之地的英雄，因为他们开垦的土地可以为更多的人提供充裕的食物。但我们也应看到另一幅画面：用大量砍伐森林的方法来扩充耕地，对森林造成了永久性的毁坏。与此同时，也造成了烧饭和取暖用的木柴严重短缺，建筑用的木料更是供不应求。更严重的是，此举对环境和气候产生了较大的影响。

15世纪的森林砍伐并不是什么新鲜事。读一读大约写于4000多年前的《吉尔伽美什史诗》，你就可大致了解古人对此事的看法。自从人类学会了用火和发明了斧头之后，数千年来就用砍伐森林的方法来改善生存条件，并用种植专门的树种达到自己的特定目的。现在，热带雨林正以惊人的速度消失，以至于有专家预言：到2100年，所有的热带雨林将被砍伐殆尽。这会有严重后果吗？

树（和其他植物）能吸收大气中的二氧化碳（CO_2），并释放出氧气（O_2）。在森林消失后，这不仅将改变我们所呼吸的空气的成分（氧气是我们生存所必需的），还将改变我们这一星球上的气候条件，从而毁掉所有的植物和动物的生存环境。

按照2004年世界银行报告中的说法，东亚和太平洋地区（有些地方位于右面卫星图像中的右下角）已经失去了95%的原始森林。下图中的棕色区域是泰国东部被大量砍伐的森林，补丁似的绿色部分是尚存的原始森林。由于缺乏树木对土壤的保护，受雨水冲刷的泥土和石头容易形成危害极大的泥石流。

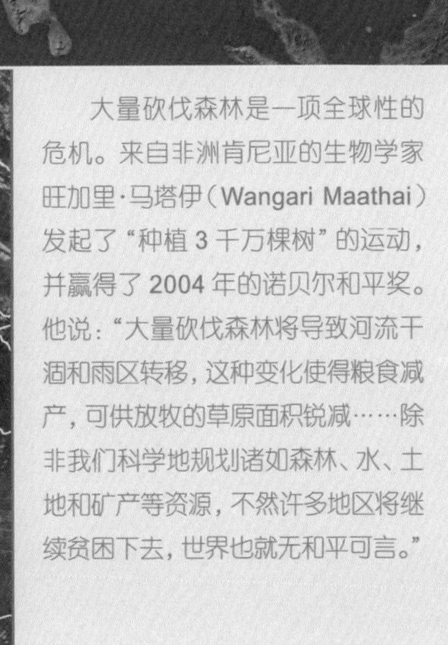

大量砍伐森林是一项全球性的危机。来自非洲肯尼亚的生物学家旺加里·马塔伊（Wangari Maathai）发起了“种植3千万棵树”的运动，并赢得了2004年的诺贝尔和平奖。他说：“大量砍伐森林将导致河流干涸和雨区转移，这种变化使得粮食减产，可供放牧的草原面积锐减……除非我们科学地规划诸如森林、水、土地和矿产等资源，不然许多地区将继续贫困下去，世界也就无和平可言。”

历史上所谓的“百年战争”实际持续了116年，即从1337年至1453年。尽管这当中有战火停歇的时候，但确实发生了很多惨烈的战斗，也产生了很多不光彩的事情。有时候，那些穿着铠甲的骑士们为了一点名利而相互武力竞赛。他们可能认为这么做是一些微不足道的小事，但对广大民众来说，却是残酷的和可怕的大事件，还伴随着对资源的破坏和对财富的浪费，更别提对生命的漠视。而民众对此却敢怒而不敢言。莎士比亚（William Shakespeare）的剧作《亨利五世》和《亨利六世》以英国人的观点描述了这场战争。你可以根据这些作品，讲述一段栩栩如生的故事。但要了解真实的历史，则要参阅其他资料。

右上图是一位匿名的法国画家表达自己观点的作品。其中圣女贞德宣布为查理七世（Charles Ⅶ）解放了奥尔良。右图为16世纪时的君士坦丁堡（现为土耳其的伊斯坦布尔）地图。下图为绘在罗马尼亚教堂的外墙上的壁画，描写的是围攻君士坦丁堡时的情景。

1453年是具有特殊意义的一年：奥斯曼土耳其帝国的士兵攻破了欧亚边界上君士坦丁堡的厚厚的城墙，从而征服了这座东正教世界的首都，也使得其中讲希腊语的居民流离失所，向西逃亡至意大利甚至更远的地方。这可以说是一个时

一座城市的名称变迁史

拜占庭是博斯普鲁斯海峡欧洲一侧的一座希腊城市。博斯普鲁斯海峡是欧洲和亚洲（小亚细亚）的分界线，这意味着这一城市具有非常重要的地理位置。皇帝君士坦丁一世正是出于这种考虑，而将他的都城从罗马移到这里，并于公元330年用自己的名字将其命名为君士坦丁堡。感谢君士坦丁大帝，基督教世界从此有了两个官方的都城：罗马和君士坦丁堡。但这以后，彼此的宗教实践出现了些许的差异，也有一些人认为这种差异是很大的。它们中的一个被称为东罗马帝国，有时也被称为拜占庭帝国；另一个则在一段时期内被称作神圣罗马帝国。

至现代（1930年），君士坦丁堡被重新命名为伊斯坦布尔。如今，这座古老的城市是土耳其最大、也是最繁华的城市。但要注意的是，土耳其的首都是安卡拉。

代的终结。君士坦丁堡曾是欧洲最大、最富有，也是最富丽堂皇的城市。在它被攻陷前的多个世纪中，当大多数的欧洲人忘记了辉煌的古希腊和古罗马的文化遗产时，是身处欧亚要冲之地的君士坦丁堡的学者们将其保存了下来，并使其发扬光大的。

此后，这些学者中的一部分向西迁移。在这一过程中，他们带去了书籍、艺术作品和历史知识。他们的时机刚刚好。这时，欧洲人已经建起了大学，因为他们渴望学习知识。古希腊和古罗马的艺术和思想来自非

图为1550年建于罗马附近的埃斯特别墅中的喷水花园。它基于古亚历山大的发明家希罗（Hero）揭示的原理，用大理石砌就，并用空气动力和水力来推动。英国作家詹姆斯·伯克（James Burke）在他的《联系》一书中写道：“山坡上的泉水潺潺而下，数十个石洞所蕴藏的水动力，推动一些石雕发生运动并喷射出水来。在约50年间，古罗马样式的喷水花园遍布欧洲。王公贵族和主教们喜欢用暗藏的阀门开关搞恶作剧，将水从喷口中突然向客人喷去。”

常自由的时代。他们就像炮弹一样在中世纪受限制极深的逼仄环境中爆炸了。这一点也不奇怪，学者们和普通人一样，都对发端自古代世界的美妙的雕塑、诗歌、戏剧，特别是科学著述充满了敬畏之情。

这种对经典重新学习的欲望恰巧遇到了一种更为简便易行的传播方法。在君士坦丁堡陷落的同一年，德国的一位名为约翰内斯·谷登堡（Johannes Gutenberg）的金匠，发明了一种在当时的条件下近乎完美的印刷新工艺。这使得原先只能借助手抄的图书实现了规模化的印制。这是印刷业大规模生产的开端，伴随着机器的轰鸣，图书和宽幅的报刊都可快速地被大量印刷并装订出来。人们的思想也随同书报一起被装上车，运往各地。终有一天，历史学家将要对这具有非凡意义的一年，即1453年大书特书的。因为它标志着中世纪的终结和文艺复兴的开始，也标志着近代社会即将出现。

尽管这一飞跃的过程是经过了数百年的漫长历程而出现的，但当人们在回顾和寻找一个关键的时间节点时，普遍觉得1453年是最恰当不过的这个节点。

试想一下：假如你在这样充满活力和生机的年代中生活于荷兰的话，你将有机会见证哪些激动人心的事物？荷兰在当时是一个具有影响力的四通八达之地，也是新音乐艺术的中心。荷兰的作曲家能够写出复杂的、令人吃惊的四声部乐章，其能表现出强烈的和声与对比。这些作曲家主要在宫廷和教堂里工作，但有时又被称为巡游音乐家。这意味着他们可从一个地方吟唱到另一个地方（如同古希腊音乐家和演说家那样）。他们中的一些人到过意大利的佛罗伦萨，回来后又向人们描述具有八角形肋状大圆顶的宏伟大教堂。那是当时世界上最大的，比罗马的万神殿还要大，甚至能从24千米外看到它。

在1453年，中国的文化在世界上处于领先的地位。中国人发明了火药、印刷术（谷登堡的印刷术即源于此）、指南针，以及根据业绩和能力选拔政府雇员的科举考试等，这些发明都传到了欧洲。对此，历史学家威廉·麦克尼尔（William McNeill）认为，这些发明对“崛起的西方是首要的秘密……比起在中国，它们被更加彻底和广泛地加以利用”。上图所示的勺形物为中国古代发明的被称为“司南”的指南针。它由磁石制成，据说当把它放在光滑的台面上旋转时，慢慢静止后它的柄总是指向南方。

佛罗伦萨的这座教堂的大圆顶上有着高高的窗户，可以方便采集外面射入的阳光。这种建筑是菲利波·布鲁内莱斯基（Filippo Brunelleschi）的杰作。这位受人尊敬的建筑师死于1446年，他生前创造出了一种不用中心支柱的教堂圆顶的建造方法。为了建造出这种独创性结构，一些重达770千克的巨大砂岩石梁和大理石板要被吊装到离地面约100米的高处。为此，布鲁内莱斯基设计出了一种他命名为“史上第一机”的机械。这种机械实际上是一台用牛作动力的巨大起重机，专门用于起吊大型且非常重的建筑构件。那些当时造访佛罗伦萨的人，在观看大圆顶的惊叹之余，又被这种牛力起重机所折服。布鲁内莱斯基想用这种令人叹为观止的建筑奇迹，使人们再次想起古罗马的

左图为布鲁内莱斯基在佛罗伦萨设计建造的著名的“大圆顶”。布鲁内莱斯基和他的数学家兼制图师朋友保罗·托斯卡内利（Paolo Toscanelli）在大圆顶上钻了一个小孔，让一缕光线射入，从而在其中的地板上得到了太阳的像。这像的位置也随着太阳在天空中的运动而运动。但因这个孔是如此之高，使得阳光只能在夏至前后的几个星期照到地板上。而在较小的教堂中，整年都能观察到太阳的像。

上图为凡·爱克在根特（现属比利时）圣·巴沃大教堂中的杰作。折叠的分立格中的人物是静态的、如同雕塑般的肖像。只有在盛大节日时它才可被打开（就像上图这样），以展现其灿烂的原貌。画作下部的中央，描绘的是福音传道者圣约翰的画面（上排中穿绿袍者）。上排的外侧分别是亚当和夏娃，他们是易犯错的人类的代表。艺术家画笔下的他们正在关注蛇，而不是上帝。

辉煌时期。他确实做到了，收到的效果甚至超出了预期。

在离荷兰不远的地方，有一座名为根特的繁华城市。在那里，人们可以看到常引发争议的24格祭坛画。它们是由佛来芒艺术家扬·凡·爱克（Jan van Eyck）最终完成的。当时，艺术家都要自己制作颜料。他们将矿物质或植物放在两块石头间研磨，再将这些粉末与一种液体（通常是用蛋清）进行调和。凡·爱克用油来代替蛋清，从而开创了一种新的画法，即油画。油画具有更好的色光感和层次感。因为油画干燥较慢，故凡·爱克可以重画某部分或添加颜料。用这种画法创作的24格祭坛画在艺术界引起了轰动，因为它看起来就和真实的一样活灵活现：亚当和夏娃过去通常都被绘制成雍容华贵的样子，但凡·爱克却将他们画成了如同我们一样的普通人。因此，很多看过这幅画的人被激怒了，但更多的人却因此而产生了敬畏感。

在地势略高于海平面的低地国家[①]，因为濒临海域的缘故，绘制地图也成为一种实用的艺术。当时的世界地图上有一些区域人们尚未涉足，如同打补丁一样在其上标注有“未知”的字样，这激发起很多人为此远航探险。

那些生活在中世纪这一变革时期的人们，不可能像局外人或我们后世人那样冷静地观察当时的时代。和我们中的大多数人一样，他们对当时的事实只有接受的份儿。学校、宗教、政治和科学都被相同的权威机构——教会把持着。政、教分离的观点，在当时的人们看来，是不可想象的甚至是荒诞不经的。但是，这一时期的人们已经萌发了提问题的冲动，有时甚至还起了主导的作用。

至1453年，大多数欧洲人还不会阅读和书写（大量印刷出版的廉价书籍

译者注：① 现常用作荷兰、比利时、卢森堡三国的统称。

啊，但丁（Dante）！你应该读一下他那伟大的诗篇《神曲》，就能初步理解他是如此受尊敬的原因了。左图为由15世纪时的多梅尼科·迪米凯利诺（Domenico di Michelino）所绘的《但丁和神曲》，绘出了他和他那具有巨大影响力的著作。请注意图中上部那球面的天空（象征天堂），炼狱山（象征炼狱），以及左侧所描绘的地狱场景（象征地狱）。

将很快成为改变这种状况的重要推动力）。你如果生活在那一时期的话，就会发现：只有出生于有权有势和有钱家庭中的孩子，才有可能进入学校中学习。在学校里，学生将会学习语法知识；阅读用拉丁文写成的《圣经》；不仅学习罗马数字（如Ⅰ、Ⅱ、Ⅲ等）的表示方法，还要学习包含阿拉伯数字（如1、2、3等）的“新数学”。这时还不能使用诸如“+”“–”“=”等符号，因为它们还没有被发明出来。除此之外，在贵族学校中，学生们还要学习两种特色鲜明的学科，即音乐和天文。

下面是当时的学生要学习并记住的天文学“事实”：

·地球是静止于天穹中心的一个球。它表面可居住的地方是一个圆形，耶路撒冷位于这个圆形的中央。

·恒星和行星是由被称为“以太”的完美物质构成的，地球上不存在这种物质。“以太”是除了土、空气、火和水这4种元素外的第5种元素。

·月亮、太阳及星星，都附着在看不见的、绕地球运行的多层水晶球壳上。

·天穹有着自己独有的球壳，它在星星的球壳外面。

·地狱，即撒旦之家，亦称地下世界，位于地表之底。

当大多数的艺术家思考着如何在写实风格上更上一层楼时，德国艺术家马蒂亚斯·格吕内瓦尔德（Matthias Grünewald，约1475—1528）和荷兰艺术家希罗尼穆斯·博施（Hieronymus Bosch，约1450—1516）绘制了一些古怪的幻想画。他们的创作除了受到宗教信仰的启发，也许还受到了中世纪的魔法观点和瘟疫盛行的影响。左侧的一幅取自格吕内瓦尔德著名的伊森海姆祭坛画，其描述了一个圣人被来自地狱的生物诱惑和恐吓的场景。右侧的一幅为博施所绘，描写了圣洁的灵魂被引导向光明之管而进入天国。

时间之旅

设想一下，假如我们用一条长长的带子来表示整个地球的文明史，其中的每一段分别表示一段历史。现在就请你用校园里横幅那样宽的纸带，带子的一侧画上中世纪的风光，如围墙包围的城镇等，以表示思想的封闭状态，带子的另一侧则画上现代社会的场景，表示思想的开放状态。这条带子上还有一些孔，孔的数量比你可能想到的要少，它们表示在这段历史上重要的论点纷争。当用它来表示科学进程时，则带子两侧的人所持有的基本观点是有着巨大的差异的。

在带子的一侧，中世纪的欧洲思想家们被追求完美的观点所缠住。这种观点起源于古希腊的哲学家柏拉图（Plato）和对耶稣基督的信仰。中世纪的思想家接受了“上帝在创造世界时任何事物都是完美的”的思想。当然这要将地球排除在外，因为它有很多明显的不完美之处。他们要寻找完美的行星、完美的元素和完美的科学定律，并将这作为进行科学研究的目的。提问题在他们看来完全没有必要，因为《圣经》当中已经记载下了所有人都需掌握的科学知识。

在带子的另一侧，现代思想家要提出问题、观察现象并进行实验。我们可以认为他们的思想系统既是经验的（基于实验和观察），又是理性的（基于思考和推理）。他们认为《圣经》处理的是道德和信仰的问题。与此相对比的是，科学是寻求和理解宇宙万物的奥秘所在的学问。

生活在这段历史中的人们承受着两侧观点碰撞所带来的困扰，但这些都促成了现代社会的诞生。

其他方面也带来了影响。在 14 世纪，黑死病的瘟疫肆虐欧洲 5 年，夺去了近 2 500 万人的生命。要知道，1347 年时，欧洲的总人口只有 7 500 万左右。在短时间内死的人是如此之多，以致于尸体都来不及掩埋，甚至连掘墓人都死了。这种可怕的经历都使人们重新审视自己根深蒂固的观点。

历史上，许多问题和观点的提出来自于新的大学系统，它们最先出现于 11 世纪。至 15 世纪，在欧洲几乎所有主要的城市中都建立起了大学。

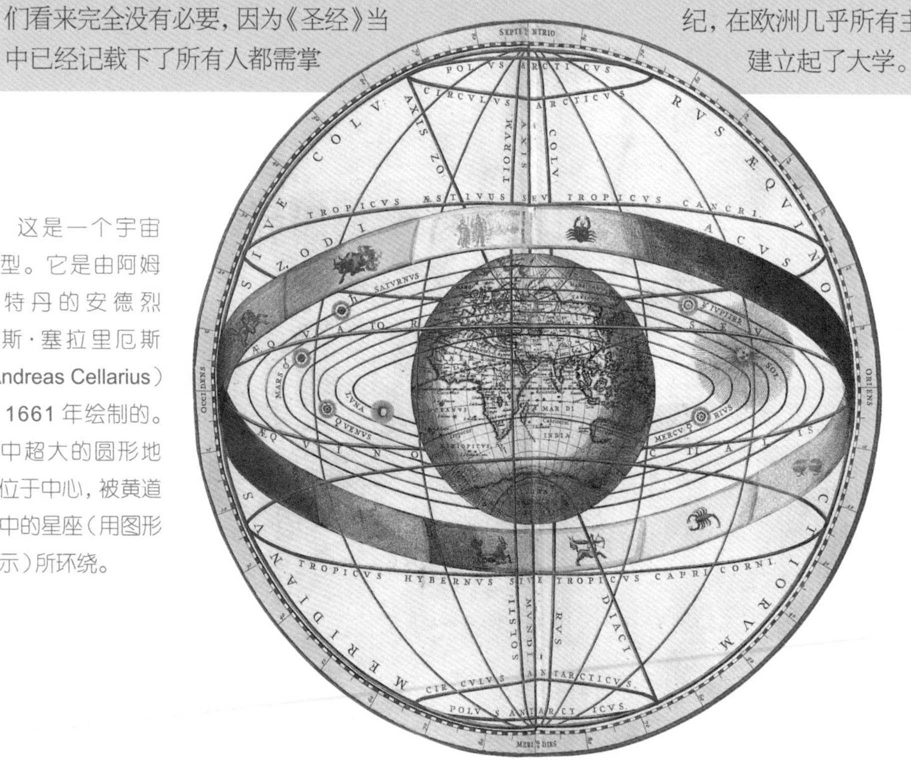

这是一个宇宙模型。它是由阿姆斯特丹的安德烈亚斯·塞拉里厄斯（Andreas Cellarius）于 1661 年绘制的。其中超大的圆形地球位于中心，被黄道带中的星座（用图形表示）所环绕。

其他行星和太阳的轨道位于地球和黄道带之间。该图完全是基于托勒密的教义所绘制的。整套体系运作看上去似乎足够精确。对于海员来说，只要不是离家太远，就可以利用它来导航。

当时的学生还是非常幸运的。老师可以向他们讲解古希腊的历史，特别是公元前4世纪生活在古希腊雅典城里的亚里士多德（Aristotle）的所思所为，以及公元2世纪生活在埃及亚历山大城的克劳迪乌斯·托勒密（Claudius Ptolemy）的观点。学生还能够研究恒星等天体。但如果有学生在当时试图研究自然界或观察周围世界中的事物时（正如亚里士多德所做的那样），可能没有人（包括老师）认为这是值得做的，因为人们普遍认为自然界由上帝负责，而人的责任是拯救自己的灵魂。所以，当时没有多少对科学的讨论。

在15世纪和16世纪，人们普遍相信下面的说法：

·地球位于上帝所创造的包括恒星、行星、彗星和太阳在内的世界的中心。

·地球是静止不动的。

·除了5颗行星之外，所有的天体都沿着完美的圆周形轨道绕着地球转动。

·行星有时候会各自沿着一个小圆环轨道反向运动，复杂的行星运动是整个世界最主要的变数。

很容易“验证”上述说法。在夜间观察星空，可看到恒星是在运动着的，而地球则是静止不动的。如果有人对此提出异议，那么他的想法就会被认为是违背常识和我们的感觉的。

但在当时的波兰，有一位神职人员就做了这种“出格”的事。他认为不能总是信赖自我感觉，它有时会愚弄我们。他大胆提出了人们想也不敢想的观点：地球是一颗运动着的行星，它在绕太阳旋转的过程中也在绕自己的轴自转。

这位勇敢的人的名字叫作尼古劳斯·哥白尼（Nicolaus Copernicus）。他出生于1473年，恰好是约翰内斯·谷登堡发明新式印刷机，君士坦丁堡陷落，抑或百年战争结束后的第20年。

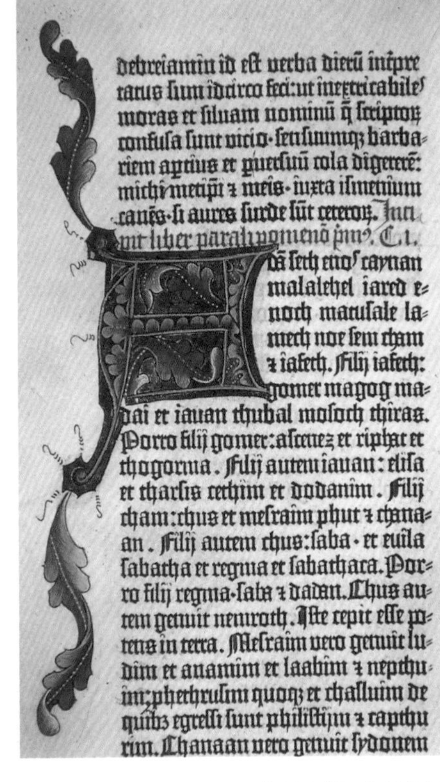
debreiamin id est verba dierū inspre
tatus sum idcirco feci: ut inextricabiles
moras et siluam nominū q̄ scriptoꝝ
confusa sunt vicio · sensuumqꝫ barba-
riem aptius et pversū cola digererē:
michi metipsi ⁊ meis · iuxta ismenium
canēs · si aures surde sūt ceteroꝝ. Inci
pit liber paralipomenō primꝰ. C.i.
Adā seth enos caynan
malalehel iared e-
noch matusale la-
mech noe sem cham
⁊ iafeth. Filij iafeth:
gomer magog ma-
dai et iauan thubal mosoch thiras.
Porro filij gomer: ascenez et riphat et
thogorma. Filij autem iauan: elisa
et tharsis cethim et dodanim. Filij
cham: chus et mesraim phut ⁊ chana-
an. Filij autem chus: saba · et euila
sabatha et regma et sabathaca. Por-
ro filij regma · saba ⁊ dadan. Chus au-
tem genuit nemroth. Iste cepit esse po-
tens in terra. Mesraim vero genuit lu-
dim et anamim et laabim ⁊ nepthu-
im: phethrusim quoqꝫ et chasluim de
quibꝫ egressi sunt philistiim ⁊ capthu
rim. Chanaan vero genuit sydonem

约翰内斯·谷登堡是一位金匠出身的发明家，也是一位严谨的人。他想用机械的方法印制出原本用手工或木板制作出的流光溢彩的图书。他最终做到了。在1454年，他用活字印制出了180本人们从未见过的精美的《圣经》。他和其他工匠不断在完善这种印刷工艺，解决了墨水、纸张、活字等问题。他们的工艺在当时的世界上处于遥遥领先的地位，有些方法直到20世纪时仍在使用着。但谷登堡本人的命运却是较为悲凉的。

上图为谷登堡用精美的字母A图案装饰的《圣经》页面。

醒一醒，上地理课了

下面就是在 15 世纪的学校里地理学中要学习的内容：

中世纪以前的欧洲人认为，地球上的陆地包括亚洲、欧洲和非洲，它们构成的板块被一圈巨大的称为“禁水”的“洋海”包围着。世界地图看起来像一个车轮。它边缘处的“洋海”如字母 O 的形状，并在其内部形成了 T 字形，而地中海则是在这一 T 字母的竖线上。地图的上方是东，左侧是北，右侧是南。第一幅 O-T 形地图是由公元前 5 世纪的古希腊人所绘制的。其中古希腊人的圣城德尔斐位于地图的正中央。到了 1400 年，耶路撒冷成为地图的中心位置。

通过对比你会发现，在地球上的任何地方，人们所描绘的地图和讲述的故事都是相似的。如果你生活在墨西哥大峡谷，就会知道阿兹特克人修建的宏伟的特诺奇蒂特兰城（今墨西哥城），城中有着寺庙和美轮美奂的花园，其

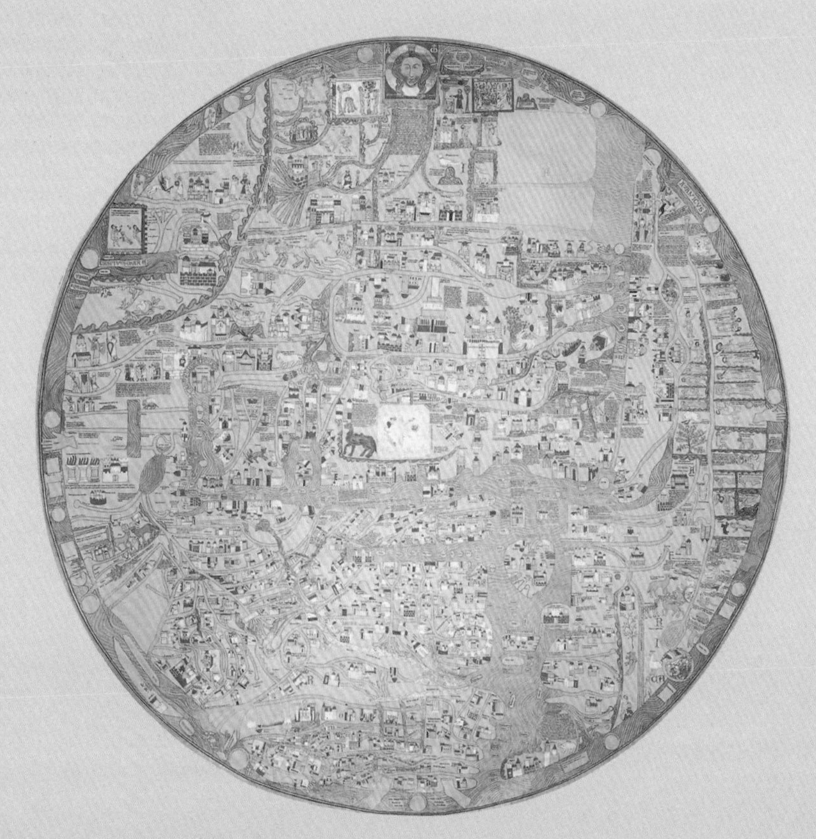

这一著名的世界地图，最初是约于 1234 年由德国的埃布斯托夫修道院绘制的。耶稣基督控制着世界，故他的头像出现在最上方靠近伊甸园的亚洲。他的左手位于南非，因为欧洲人认为那里生长着怪物。他的右手边是强大的亚马逊女战士的家乡。耶路撒冷位于世界的中心。埃布斯托夫地图毁于第二次世界大战，这里展示的是 1339 年的复制品。地图的绘制者据信是英格兰的蒂尔伯里（Tilbury）爵士。他在地图的一角注明：“可以说，这一地图对读者、指导旅行等没有一点用处，它只是可用来最大限度地取悦人们的眼睛。”

被当地人认为是宇宙的中心。如果你生活在充满活力的朝鲜半岛上，韩国首都汉城（今首尔）里，也将会有相同的感受。在那里，古代的李氏王朝就已经引入了有24个字母的文字标记体系[①]，利用它可使几乎所有人都能学会阅读。当时的朝鲜人在绘制地图时，也将自己画在这扁平世界地图的正中央。

一位来自意大利佛罗伦萨的学者，在君士坦丁堡发现了托勒密编著的《地理学》手稿，并于1410年将它翻译了出来。

托勒密曾详细描述了填充在O-T形地图中的非洲和亚洲。多个世纪以来，知识被认为是无意义的，因而这些信息都被遗忘殆尽了。在托勒密绘制的地图上，“洋海”成为航海的“高速公路”，而不再是一道障碍。他的地图使用了网格状的经纬线来确定陆地和海洋的方位。利用网格、几何学和星空知识，探险家们甚至可以在没有地标的情况下知道自己确切的位置。

在15世纪，有了印刷术以后，托勒密写于公元2世纪的《地理学》变得非常流行。但此前他的所有地图都没能在西方幸存下来。诸如弗朗切斯科·贝林吉耶里（Francesco Berlinghieri）那样的欧洲地图绘制家（他绘制的地图如上所示），都是改编从拜占庭世界中发现的托勒密地图版本。注意地图中弯曲的经线和纬线。地图四周的人头及口型，表明了各地的风向。

译者注：① 指《训民正音》，它由1443年创制完成、1446年正式公布。最初创制时有28个字母，如今只使用其中的24个。

新时代带来的新思路

太阳是不动的……地球既不位于太阳系的中心，更不是宇宙的中心。

——莱奥纳尔多·达芬奇（1452—1519），意大利艺术家和发明家，《达芬奇笔记》

宇宙的神奇不是超越了我们的想象，而是超越了我们想象的极限。

——约翰·伯登·桑德森·霍尔丹（J. B. S. Haldane，1892—1964），英籍印度裔生物学家，《可能的世界与其他随笔》

尼古劳斯·哥白尼（1473—1543）生活在一个对读书人非常有利的年代。在此之前，手抄本的图书是用链子系在修道院的桌子上的，能读到书是一件非常幸运的事。到了1480年，仅在德国就有了约30家印刷厂，普通人也能买得起书了，从而就有了读书的机会。大约在同一时期，中国人发明的造纸术传入欧洲，让欧洲人可以方便地获得价格低廉的纸张，出版商们的印书量已能勉强满足人们对读书的需求了。

莱奥纳尔多·达芬奇设计了一种简易的印刷机，其特别适合木刻雕版等的拓印。图中的机械是后人基于达芬奇的设计图制作的。

欧洲最早印刷的书籍中，有两本书是由德国天文学家兼数学家约翰内斯·弥勒（Johannes Müller）编著的，所用的笔名是雷吉奥蒙塔努斯（Regiomontanus）。他还对古希腊天文学家托勒密的杰作《天文学大成》进行了更新，补充了最新观测得到的行星运动的数据表。此外，他撰写了关于三角学的著作，三角学是研究和测量三角形的一个数学分支。

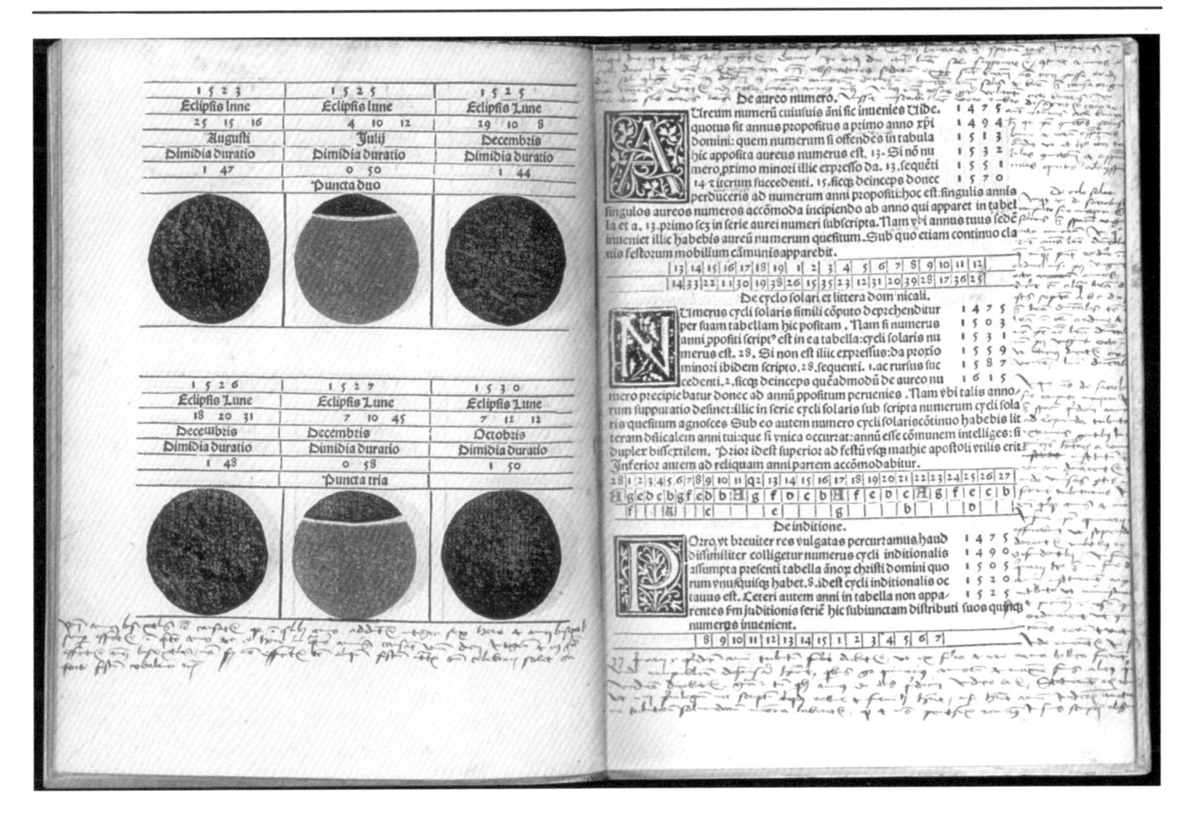

1523	1525	1525
Eclipsis lune	Eclipsis lune	Eclipsis Lune
25 15 16	4 10 12	29 10 8
Augusti	Julij	Decembris
Dimidia duratio	Dimidia duratio	Dimidia duratio
1 47	0 50	1 44
	Puncta duo	

1526	1527	1530
Eclipsis Lune	Eclipsis Lune	Eclipsis Lune
18 20 31	7 10 45	7 12 12
Decembris	Decembris	Octobris
Dimidia duratio	Dimidia duratio	Dimidia duratio
1 48	0 58	1 50
	Puncta tria	

De aureo numero.

Aureum numerũ cuiusuis ãni sic inuenies Uide. quotus sit annus propositus a primo anno xpi domini: quem numerum si offendes in tabula hic apposita aureus numerus est. 13. Si nõ numero, primo minori illic expresso da. 13. sequẽti 14 z iterum succedenti. 15. sicq; deinceps donec perduceris ad numerum anni propositi: hoc est: singulis annis singulos aureos numeros accõmoda incipiendo ab anno qui apparet in tabella et a. 13. primo scz in serie aurei numeri subscripta. Nam vbi annus tuus sedẽ inueniet illic habebis aureũ numerum quesitum. Sub quo etiam continuo clauis festorum mobilium cõmunis apparebit.

1475 1494 1513 1532 1551 1570

13	14	15	16	17	18	19	1	2	3	4	5	6	7	8	9	10	11	12
14	33	22	11	30	19	38	26	15	35	23	12	31	20	39	28	17	36	25

De cyclo solari et littera dominicali.

Numerus cycli solaris simili cõputo deprehenditur per suam tabellam hic positam. Nam si numerus anni ppositi script⁹ est in ea tabella: cycli solaris numerus est. 28. Si non est illic expressus: da proximo minori ibidem scripto. 28. sequenti. 1. ac rursus succedenti. 2. sicq; deinceps queadmodũ de aureo numero precipiebatur donec ad annũ ppositum peruenies. Nam vbi talis annorum supputatio desinet: illic in serie cycli solaris sub scripta numerum cycli solaris quesitum agnosces Sub eo autem numero cycli solaris cõtinuo habebis literam dñicalem anni tui: que si vnica occurrat: annũ esse cõmunem intelliges: si duplex bissextilem. Prior idest superior ad festũ vsq; mathie apostoli vtilis erit. Inferior autem ad reliquam anni partem accõmodabitur.

1475 1503 1531 1559 1587 1615

28	1	2	3	4	5	6	7	8	9	10	11	12	13	14	15	16	17	18	19	20	21	22	23	24	25	26	27
A	g	e	d	c	b	g	f	e	d	b	A	g	f	d	c	b	A	f	e	d	c	A	g	f	e	c	b
	f				A				c				e				g				b				d		

De inditione.

Porro vt breuiter res vulgatas percurramus haud dissimiliter colligetur numerus cycli inditionalis assumpta presenti tabella ãnorum christi domini quorum vnusquisq; habet. 8. idest cycli inditionalis octauus est. Ceteri autem anni in tabella non apparentes fm juditionis seriẽ hic subiunctam distributi suos quisq; numeros inuenient.

1475 1490 1505 1520 1525

8	9	10	11	12	13	14	15	1	2	3	4	5	6	7

在托伦市，年轻的哥白尼常常“窝”在家里如饥似渴地阅读着各类图书。在一所教会学校里，他读到了署名为雷吉奥蒙塔努斯的著作。托伦是位于波兰维斯瓦河上的一个港口，也是一座繁忙的市场型城市。来自伦敦和更远地方的各种军舰和多桅杆的大型商船就系泊在码头上，水手们添油加醋地向好奇的孩子们述说着他们在海上的历险传奇。波兰当时是欧洲最大的国家之一，有着众多的通晓多国语言的人，这种便利也极大地促进了各国间的商贸往来。

雷吉奥蒙塔努斯曾出版过一种年历，描述当年的概况，其中显示了每一年中行星运动的位置，可作为天文学家们的参考。上图中为1499年版的画面，其中包含有预测日食、月食等现象的信息。

多种族的交融充满着活力，犹太人是其中最生气勃勃的人群之一。当黑死病大瘟疫于14世纪肆虐德国之时，人们将其归罪于犹太人，这迫使他们四处流亡。波兰为很多犹太人提供了栖身之所。到15世纪时，波兰这一“世界主义”的国度包含了波兰原住民、德国人、鲁赛尼亚人、佛莱芒人、亚美尼亚人、鞑靼人等各色人种。他们居住在一起，使用着十余种官方语言。

哥白尼的家族是当时的商界精英之一。他的父亲是一个经营铜贸易的商人，除此之外，他还是市民领袖，并在政府中任职。哥白尼是他

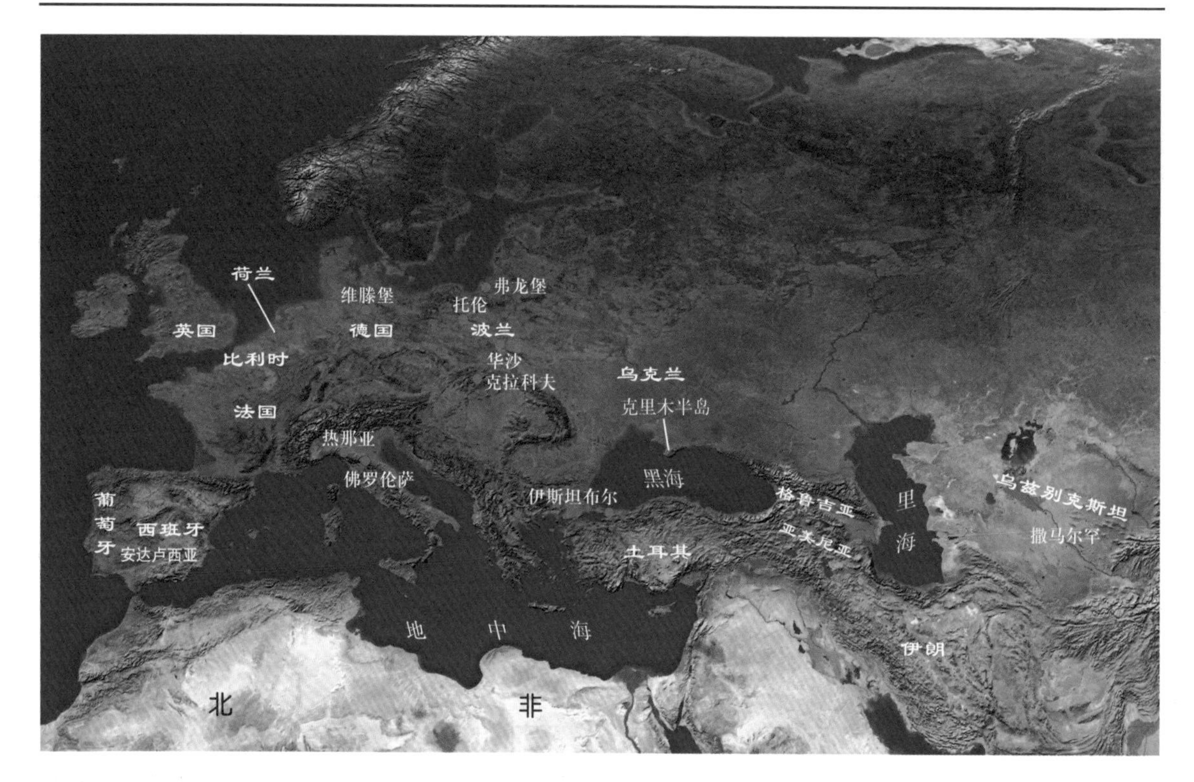

1349年，当黑死病大瘟疫席卷德国之际，人们将其归罪于犹太人并对他们进行了迫害。他们中的一些逃亡者在波兰建立起了新的家园，加入了原由鲁赛尼亚人、鞑靼人、佛莱芒人和亚美尼亚人等很多其他种族的人构成的大家庭。在中世纪，乌克兰被称为鲁赛尼亚，故鲁赛尼亚人即为乌克兰人。鞑靼人来自于现在俄罗斯东部的鞑靼斯坦。佛莱芒人来自弗兰德斯，这是一个不复存在的国家，现分属比利时、法国和荷兰。亚美尼亚现在是一个共和国，其西面是土耳其，东南方是伊朗，北接格鲁吉亚。右图中充满喜感装束的人是17世纪时为防瘟疫而戴上面具的医生。

每个人都在死亡的边缘挣扎

1346年，热那亚的一些海员在克里米亚的船上感染上了黑死病。他们想要回家接受治疗，但在抵达热那亚时，他们中许多人已经死亡，还有一些也濒临死亡。他们所携的细菌都还旺盛地繁殖着，当这些尸体被搬运到其他船上时，便酿成了悲惨的结果。有人推测，欧洲人、北非人和中东人当中，有近三分之一的人死于那一场黑死病。

据估计，在1348年，佛罗伦萨有超过一半的人口因此而丧生。编纂于1370年的《佛罗伦萨编年史》给我们提供了当年的资料："直到10月初，才没有更多的人死于瘟疫。人们清点后发现从

上图是一张约公元1349年的手稿（手抄书中的插图），其描写了在佛莱芒的城市图尔奈（现在位于比利时的西南部）工人们埋葬瘟疫死难者的情景。

类似洗手这样简单的卫生习惯，就可以有效地阻止传染病的传播。但经过多个世纪后，人们才弄清楚细菌等微生物，以及疾病防治和清洁卫生间的联系。大多数中世纪的人都不太注意个人卫生，居住环境也如此。当然也不绝对。到13世纪时，大多数的欧洲乡村开始兴起公共浴室（这和当今日本的情况有些相似）。村民们热衷于泡热水澡。但当森林大都被开垦作农田后，烧水用的木柴极度缺乏，使得洗澡用热水的成本很高。一些城镇尝试着用煤来作燃料，但发现它会释放出有害的气体。因此，到14世纪时，公共浴室消失了，洗澡成为一件只有富人才有的极为奢侈的享受。大多数的欧洲人觉得身上发痒，散发出难闻的气味，于是身体便成了细菌滋生的温床。人们渴望能洗上一个好澡。下图为15世纪时德国的公共浴室：女浴室在一侧，男浴室在另一侧。有着紫色顶盖的是烧热水的锅炉。

3月到10月，不分男女老幼，共有96 000人死于这场灾难。”这种病从发病到死亡的时间非常短，有时发生在24小时之内。人死亡前的形态是十分可怖的：挣扎、呕吐、剧烈的疼痛、无法控制的咳嗽，最终导致心力衰竭而死亡。1351年后，最严重的黑死病疫期终于结束了，但在其后的一个世纪甚至更长的时期中，它又死灰复燃般地暴发过多次。例如，在意大利，1630年就再次暴发过一次可怕的瘟疫。

在瘟疫暴发期间，尸体遍野，十室九空，到处是破败的城镇和荒芜的农田。疫情过后，一些国家从俄国引进了大量的奴隶来从事各种必需的工作，其中很多人也因此而死亡。按照艾萨克·阿西莫夫（Isaac Asimov）的说法，“没有任何一种我们已经知道的疾病，无论是以前的还是可预测的未来，能如此大规模地杀戮人类。”（世界性的传染病并非只是在过去发生着。现在，艾滋病又开始肆虐，特别是在非洲大陆。）对瘟疫的恐惧使得整个时代瘫痪，人们无心工作，从而导致了劳动力的极度缺乏，因此需要借助技术的力量来弥补这一空白。同时，人们开始思考问题，提出了类似“人生的意义”等诸多问题。显然，对于那些幸存下来的人，世界将再也变不回原来的样子了。

请贴近了看上面照片中的墙。这是波兰最古老的大学——克拉科夫大学中的教室。哥白尼曾在这里学习过几何学。

4个孩子中最小的一个。他们居住在圣安妮街的一栋大房子中。每到夏天，他们就到有着葡萄园的乡间别墅中去消暑。他们一家过着无忧无虑的幸福生活。直到有一天，黑死病瘟疫在波兰暴发了。当时哥白尼只有10岁，他的父亲也被黑死病夺去了生命。他的非常富有且身为伐米亚主教的叔叔卢卡斯（Lucas）前来帮助了这一破碎的家庭，几年后，这位好心的叔叔将哥白尼送往克拉科夫大学就读。

克拉科夫有着厚厚的城墙和众多的塔，是波兰的首都（后来波兰的首都移至了华沙），是另一座濒河且充满活力的城市。克拉科夫大学当时是欧洲最好的大学之一，它因宗教和政治宽容，以及造诣颇深的数学和天文学教授而闻名。

在大学读书期间，哥白尼成绩优异，充分展现了他成为一名学者的优秀潜质。卢卡斯叔叔在弗龙堡大教堂为他谋到了一份教士的职位。通常情况下，教士都是由与教堂联系密切的神甫担任的。哥白尼大概

为什么说大学能起重要的作用?

大多数的历史学家认为，现代科学革命始于哥白尼，且这场革命没有尽头，现在仍在伴随着我们。这场革命为什么发端于欧洲，而不是伊斯兰地区或中国？历史学教授 J. R. 麦克尼尔（J. R. McNeill）和威廉·麦克尼尔在他们的著作《人类网络》一书中指出，在 12 世纪和 13 世纪建立的遍布于欧洲的大学在其中起到了重要的作用，“幸存的大学给予了欧洲的科学家以‘支持性社区’，而这在世界上的其他地方是没有的。在 1500 年，欧洲已经有了超过 100 所的大学。而仅到了 1551 年，新的大学已经在欧洲的殖民地墨西哥城和利马生根开花了”。

西班牙的萨拉曼卡大学的历史可追溯至 13 世纪。图中的这座最古老的大学建筑仍在使用中。

按照两位麦克尼尔（他们是父子）的说法，欧洲分裂成很多个国家，宗教也产生了分化，分裂成了天主教和新教，这些都应是产生科学革命这一结果的重要因素。如果人们不能够在一个国家或一座教堂中自由地阐述自己的观点，那么他们可能就会去另一个国家或另一座教堂。“总体上来讲，科学革命需要以下两者的结合：为思想家提供保护所的政治环境，有利于思想和信息远程传播的外部条件。”大学就为思想家们提供了这样的保护性空间。印刷术的发展使得思想和观点能够更容易地传播，航海技术和工具的进步更是可以使这些思想传播到世界各处。

特定形式的科学

确切地说，什么是科学革命？它其实是一种观念的重大变革，即由原先认为的科学应当主要根植于深入思考的观念（如古希腊人的做法），转变为只有通过观察、预测、实验和精确测量（即科学方法）才能建立起科学真理的观念。随着测量技术的不断进步和发展，对科学方法的信仰占据了科学的统治地位。这一概念也主导了本书的编写，这就是众所周知的经典科学。遵循着科学方法的科学家，将能揭开宇宙中的许多秘密。

但是，有些现象将撼动你的这一观念。现代高等物理学揭示出这样一个有趣的现象：在 20 世纪，科学家发现亚原子粒子与一些经典科学理论玩起“躲猫猫”的游戏。科学家观察粒子的行为会干扰粒子的行为，他们越是精密地测量粒子的位置，就越不能确定它的动量的信息。粒子的位置与动量不可同时被确定的现象，科学家称之为“不确定性原理”（Uncertainty Principle）。

因此，仅凭实验和观察就能引发科学真理的问世吗？在科学中一定存在着确定性吗？这些仍然都是当今科学还没有回答的问题。

没有成为神甫，但他确实在教堂中从事了一些管理工作，这也让他可以从教堂所属的土地收益中领取一份薪金，从而有了生活的保障。这份工作并不要求他严守岗位，即便长时间离开，也能做这些“工作”且丝毫不影响收入。因此，他的这项职务也成了“闲差”，这应感谢他那偏袒亲戚的叔叔，使他能支付学习和研究的费用。

哥白尼的叔叔又为他安排了进一步接受教育的机会，但这一次是在意大利。1496年，他徒步前往阿尔卑斯，分别在博洛尼亚、罗马、帕多瓦和费拉拉的大学中学习医药、教会事务、哲学和数学等课程。在这些大学中，他研究了古希腊，研读了亚里士多德用其母语撰写的原版著作。当完成学业返回波兰时，哥白尼已经成为他那一时期最博学的人之一。

这时候正是文艺复兴（Renaissance）时期，很多原来广为接受的观念正逐渐被推翻。在这一时期之前，艺术和哲学几乎都是聚焦在上帝、来世等空想的主题之上的。大多数新的思想家仍是对宗教充满着深深的信仰，但他们的注意力集中在现实世界和人类本身了。

文艺复兴时期的艺术家，他们的绘画和雕塑中的人物、场景就如同人们身边熟悉的事物。文艺复兴时期的知识分子有时被称为“人本主义者”，其中最重要的原因可能在于，他们变得自信了，这是过去的年代中人们所缺失的。这时的他们受到的是古希腊人的激励，而不再害怕他们。人们认识到，古希腊人也是人，古希腊人很有创造力，而他们自己同样如此。法国集政治哲学家和作家于一身的让·博丹（Jean Bodin，约1530—1596），为了要求宗教宽容而开明抗辩。他将当时和古代的情况进行对比后指出：“人们称为的黄金时代……如果将其与我们当前的时代相对比，只能被称作黑铁时代。”这是一种轻率的表达吗？可能如此，但它却定义了一个时代。

现在让我们一同乘坐时空穿梭机，去访问自信满满的文艺复兴时期的意大利吧！如果我们将眼光投向15世纪末叶的意大利，那么将能遇见伟大的艺术家米开朗琪罗（Michelangelo）。他在1496年时刚好21岁，正在罗马完成他的第一件大雕塑，它是关于一个年轻人和沉睡的爱神。当时，44岁的多才多艺的莱奥纳尔多·达芬奇正在米兰。在那里，他作为当地王子卢多维科·斯福尔扎（Ludovico Sforza）的宫廷画家、建

上图为莱奥纳尔多·达芬奇在米兰修道院中创作的画作《最后的晚餐》，其描写了一场逾越节家宴，以庆祝犹太民族的诞生。耶稣基督的两侧是他的十二个门徒（他们都是布道福音的追随者）。作者选用了醒目的几何形状的窗户和门，以和人的动感形成对比。他还使用了前人未曾用过的透视技法。耶稣的形象大于其他人，在画的远端和前景中均居主导地位。整幅壁画都是画在门上方的，这种设计使它看起来像是一间叠架在上面的纵深大房间。

筑顾问、戏剧制作人和军事工程师而过着安逸的生活。莱奥纳尔多·达芬奇此时正在创作大型壁画《最后的晚餐》。他不断调试出一些与众不同的绘画颜料，虽然原色没有很好地保存下来，但即使这样，这幅画依然被认为是世界上最伟大的杰作之一。在他那快速增加的笔记本中，达芬奇用草图勾勒出了充满智慧的机械构想，其中包括依靠旋转的桨板飞行的飞行器（详见本书第32—35页）。

在威尼斯，玻璃工匠们发明了制造纯晶体玻璃的方法。在一些富有的人家中，葡萄酒是从玻璃瓶中倒出来的。在皮恩扎的托斯卡纳村，我们可以造访由教皇庇护二世建造的“新城镇”，它的设计是依据公元1世纪时古罗马时期的建筑师马库斯·维特鲁威（Marcus Vitruvius）关于城市设计的观点改进而来的。在佛罗伦萨，大教堂上威严的圆穹顶兼具了技术和美感的双重要求，使建筑物成为被人们广泛接受的艺术形式，也使建筑师进入了英雄人物的行列。

只要我们能找到正确的人，那么我们的思绪在此间的逗留将会是非常愉悦的。事实上，此时意大利的城邦间的战争是连绵不断的，再加上来自法国和西班牙的军队时不时地掺杂其中，更是让整个战争极为惨烈。

1492年，马丁·贝海姆（Martin Behaim）绘制了第一张地球的球面地图，但其中没有包含即将被发现的美洲大陆和太平洋。

对那些身披华丽盔甲的军官们来说，战争就是一种生活方式。他们想要做到的就是勇敢无畏，不惧怕任何艰难险阻。但对农民而言，则是另外一回事。他们面临着庄稼和村庄被毁，亲人和乡亲被强暴和屠杀的悲惨际遇（当时农村妇女的预期寿命是24岁）。

形成鲜明对比的是，富有的商人和贵族们则生活在有着美丽风景的庭院、金碧辉煌的舞厅、雍容华贵的帷帘、精美绝伦的壁画的富丽堂皇的宫殿之中，还有着数以百计的奴仆在为他们服务。

在这样一个充满活力的环境之中，托勒密的《地理学》成了畅销书。古代的地理学课程中就使用了经线和纬线来标记地球的球面，为陆地和海洋定位。

这与中世纪的地图相比，具有很大的优势。如果你还记得的话，原先采用的是“洋海”环绕在圆盘状的大地外围的模式。托勒密激发起了一代探险家们的热情。其中就有一位来自热那亚的水手，他的哥哥是一位地图绘制者。他坚信哥哥的判断：如果一直向西航行，就能越过大西洋而到达亚洲。这样的论断实际上就是“大地是一个球体”的另一种说法。1492年，

下面这张世界地图绘于1502年，在瓦斯科·达伽马（Vasco da Gama）发现了从欧洲到达亚洲的海路之后。它以一定的真实性显示了印度的轮廓和位置。因为图中所画的一条穿过南美洲的经线，这幅地图后来变得非常重要。葡萄牙与西班牙曾凭此经线划分势力范围：该经线以东的归葡萄牙，而经线以西的所有陆地归西班牙所有。

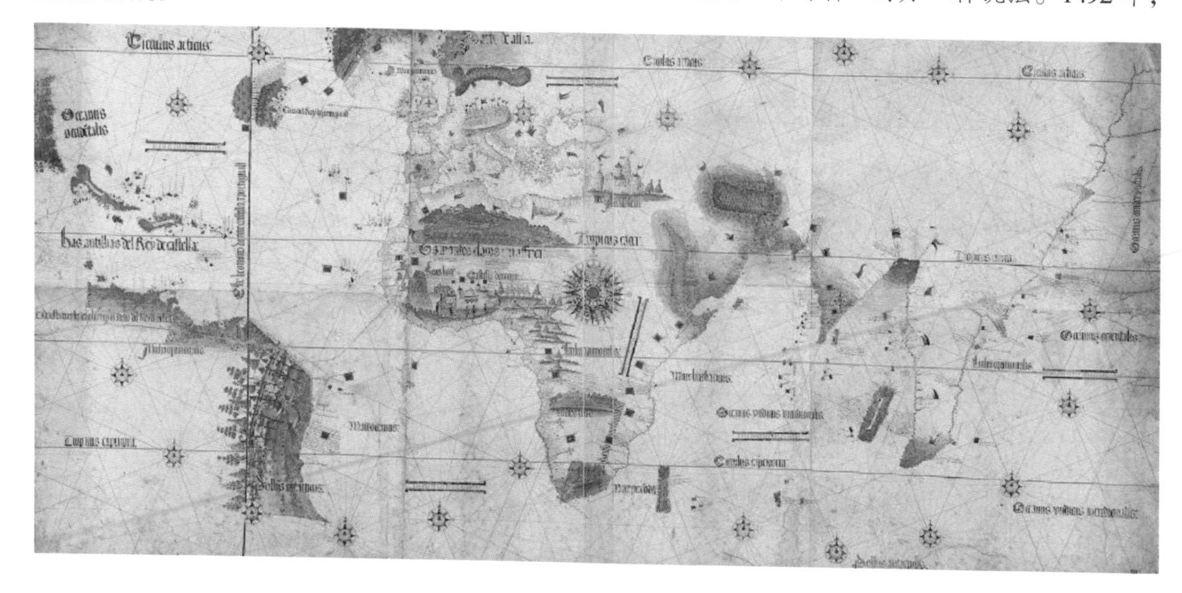

他得到西班牙的国王和王后的支持，开始远航。当他看到陆地时，他信以为到达了目的地——亚洲的印度。

我们都知道这位水手的名字——克里斯托弗·哥伦布（Christopher Columbus）。水手本人也确信自己已经找到了《圣经》中所说的伊甸园。当然，在这一点上他是错的。他漂流到了一个当时不为欧洲人所知的大陆之上，发现了一个对他来说是全新的世界。这个“新”世界为“旧”世界增添了许多事物，如它在“旧”世界的食谱中添加土豆、玉米和花椒等。这些食物有助于为世界范围内的人们提供口粮。

在意大利，那位波兰学生尼古劳斯·哥白尼了解到了哥伦布及其他追随者们的航海经历，深入研究了一些新版的地图。他还研究了“透视”这一令人惊奇的新绘画技法，从而理解了可在二维的纸张上作出三维图像的几何学原理。绘画不再被单纯地看成是扁平的了，而是能显示出景深效果的独特艺术。它们给人一种虚拟现实的感觉，在当时，很多看过这种新式绘画的人都认为这是有魔法在起作用。但这确实不是魔法，而是我们的朋友菲利波·布鲁内莱斯基留给我们的丰厚的艺术遗产。他是一位设计并建造佛罗伦萨大教堂穹顶的建筑师（见本书第 7 页），他将数学知识和数据测量相结合，创造出了一种新的艺术形式。他的门徒莱昂·巴蒂斯塔·阿尔贝蒂（Leon Battista Alberti，1404—1472）是一位集建筑学家、音乐家、诗人和作家于一身的全才，他在权威的建筑专著中解释了透视原理。人们普遍认可这种观点并广泛运用。

艺术很快也成为一种探究的工具，用它可以进行构思、计划和可视性的设想。所以，在文艺复兴时期，出现诸如莱奥纳尔多·达芬奇那样精通艺术和科学实验的艺术家也就不是巧合了。

透视法并非艺术上仅有的技法上的突破。一些艺术家用磨光的透镜会聚通过小孔的光线，将外界的人物或景观投射到帆布上，从而描绘出惟妙惟肖的画作。绘画已经远超装饰的作用了，它融入了时代的激情，给人以视觉冲击和启迪。

在当时的意大利，作为竞争对手的城邦间，都要努力使自己

你可以亲手制作一个针孔投影仪：在一块硬纸板上用针刺一个小孔，再在其下方放一块纸板，并使上面纸板在阳光下产生的阴影能落在下面的纸板上。（注意：眼睛一定不要直视太阳！）这时，一个非常小的太阳的倒立的像就在下面的纸板上产生了。如果像是模糊不清的，可以调整两纸板间的距离。文艺复兴时期的天文学家利用这种方法将太阳的像投射到教堂的地板上。你在森林中的地面上也能看到太阳斑点状的像，因为树叶的间隙构成了很多天然的小“孔”，其在地面上产生了很多太阳的像。

“透视”（perspective）的英文单词源自拉丁文 per-（通过）和 specere（看）的组合。透视概念自诞生之初，其科学味就明显重于艺术味。它向我们描述了一个光学原理，涉及了光线、视觉和透镜三个要素。perspective 的常用语义如下：You can have a perspective（视角、看问题的角度），put things in perspective（总体、全局地看），或 gain perspective（全面地认识），然而，if you have a lack of perspective, your prospects are limited.（如果你缺乏对问题的全面认识，你的前景就会受到限制。）

透视感

古人并不了解"透视"背后的数学定律，绘制出的二维画面难以呈现出栩栩如生的立体感。但他们懂得当物体远离时看起来较小的"缩小效应"，艺术家们也能通过所见物体的大小来估计自身到它之间的距离。一些人依据平行线总感觉交汇于遥远的一点（灭点）的经验，尝试着用曲线来表示物体的形状和体积（如本书第13页中的地图所示），但他们没能从科学的角度去解释这一现象。

文艺复兴时期的艺术家们就这样做了。佛罗伦萨艺术家菲利波·布鲁内莱斯基和莱昂·巴蒂斯塔·阿尔贝蒂发现，视觉上精准的几何网格和线条能够产生逼真的景深感。阿尔贝蒂的数学框架（定律）确定了物体随着距离增大而看起来变小的程度。由此，西方的艺术以全新的面貌展现在了世人的面前。

利用透视原理的第一幅伟大的画作是由马萨乔（Masaccio）创作的《三位一体》（如右图所示）。它是画在佛罗伦萨一座教堂中的壁画。在马萨乔时期，人们排着队去欣赏这幅杰作。他们对艺术家在平面上作出了三维的立体效果的画面表示难以置信。大多数人认为是墙上有一个凹室的缘故。在一个没有见过多少新观点的社会中，透视是一种令人惊异的革命性作画技法，它展现了创造力的巨大力量。

马萨乔的真实名字叫托马索·圭迪（Tommaso Guidi），意思是"笨拙的托马斯"。（估计没有人会喜欢原先的这个名字）他在27岁时离世，留存下来的画作很少，但每一幅都堪称杰作。

在作于约1454年的《隐居在沙漠中的圣约翰》（左图）中，乔瓦尼·迪保罗（Giovanni di Paolo）将前景和背景中的主要人物画得一样大了。这是中世纪人的做法（也是小孩们作画的方式）。但作为一位文艺复兴时期的画家，迪保罗在画中加上了几何线条，用透视展示了景深。因此，这可被称为过渡时期的画作。

看看拉斐尔（Raphael，1483—1520）所绘的这幅奇妙婚礼图！（如下图所示）他竟然能在扁平的画布上呈现出大景深的效果。注意使广场深入背景中的那些矩形，以及藏在画面中央的门的后面的会聚点（亦称灭点），它们使整个画面有了纵深感。这些正是阿尔贝蒂所要求达到的效果，该作品也堪称文艺复兴时期利用透视画法的巅峰之作。想要了解它更详细的细节，可以找一本介绍“透视”主题的图书来读。

安德烈亚·曼特尼亚（Andrea Mantegna，1431—1506）是意大利北部人。他运用了透视技法，在曼图亚的贡扎加王宫的一间房子中作满了这种幻像。在他的天花板画作中（如上图所示），其中的人好像在对着下面的观察者发笑。作品中的孩童则按透视法规则巧妙地缩短了尺寸。

德国的阿尔布雷希特·丢勒（Albrecht Dürer，1471—1528）前往意大利去学习这种“神秘技法”。后来，他发表了关于测量的专著，在其中描述了透视法，并添加了一些器具的插图，以帮助艺术家们更好地掌握它。在“木刻”一章中，丢勒描绘了一位艺术家正在借助辅助设备来绘制一把鲁特琴（早期的吉他），它也是按照透视法原则将远处事物缩短绘制的（正如我们眼睛所见的一样）。

从这张由卫星拍摄的照片可以看到，“意大利之靴”好像正在踢向西西里岛。

的财富和创造力超越对手，佛罗伦萨、米兰和威尼斯是其中实力最强的三个城邦国。繁荣的佛罗伦萨靠近达芬奇的出生地芬奇和米开朗琪罗的出生地卡普雷塞，是托斯卡纳区中有名无实的共和国，处于包括洛伦佐·德梅迪奇（Lorenzo de' Medici）一家在内的800余户人家的统治之下。这些权贵中大多数是银行家和纺织品商人。洛伦佐，史称“高贵的洛伦佐”，是当时艺术家和知识分子的赞助人。他对艺术黄金时期的到来起到了重要作用。洛伦佐于1492年去世，享年43岁。他儿子皮耶罗（Piero）试图继承洛伦佐的地位，但因为缺少共和政府的思想，又结交了一些不良的朋友，结局悲惨，后人称他为“不幸的皮耶罗”。

一位有着雄辩的口才和深广影响力的神甫吉罗拉莫·萨伏那洛拉（Girolamo Savonarola）对当时的社会深恶痛绝：他试图“将人类从原罪中拯救出来”。他认为人世间存在着很多的罪恶，特别是在文艺复兴时期的意大利，教皇沉于作乐，教廷里充满了腐败，每天都在发生暴力和谋杀。1494年，萨伏那洛拉帮助推翻了美第奇家族的统治，并为佛罗伦萨带来了更为民主的政府。他有着基督教共和国的梦想，认为这可能成为照亮整个意大利，甚至是世界上其他地区的明灯。但他的这一成功也为他带来了厄运，因为古老的家族会因为他的所作所为而感到惊慌。除此之外，他还是一位热衷于将书籍和艺术品付之一炬的人。因此，他的敌人（包括教皇在内）进行了强烈的反击。在1498年，萨伏那洛拉被捕，经过了严刑拷打后被绞死，然后被焚尸扬灰。（不知当时年轻的哥白尼对此作何感想？）

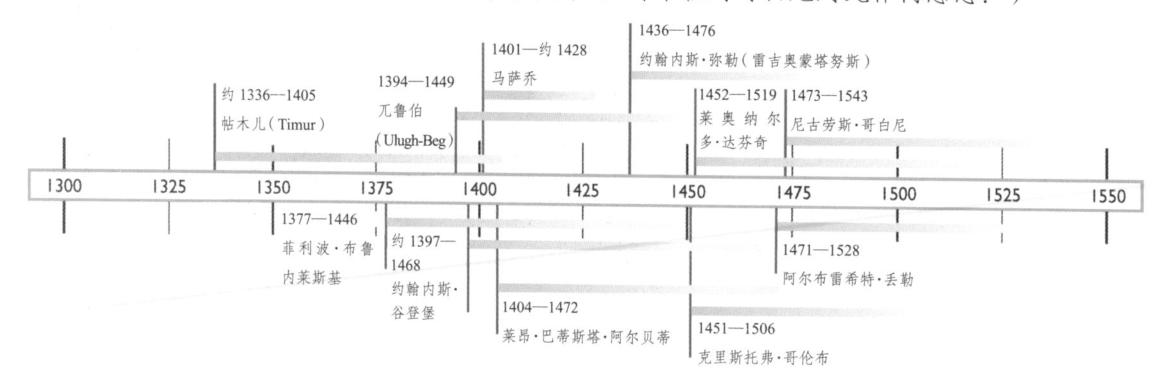

左图中的椭圆形内是多米尼加修士——吉罗拉莫·萨伏那洛拉(1452—1498)在他影响力最大时的肖像。此后不久,这位反叛的精神领袖因"异端"而受到了指控,最终在佛罗伦萨的市政广场被处以绞刑,尸体也被焚毁。左图的主画面名为《萨伏那洛拉的殉难》,向我们展示了当时的悲惨场面。

两年后,即在1500年,基督教的朝圣者及其他寻求好运的人拥向罗马,举行了为期一年的盛大庆祝活动。这是由基督教教堂举办的,被称为欢乐年或大赦年。当时,我们的那位满腹学问的波兰人恰好正在罗马教授数学。你认为他会对这种活动感兴趣吗?阅读哥白尼的传记后你会找到答案。

尼古劳斯·哥白尼具有诗人的气质,他能绘肖像画(包括自己的肖像),而且还会写诗。他对观察星空有着特别的兴趣。因为望远镜在此后的100多年后才被发明,故他的观测只能凭借肉眼。他研究了大量天文学专家的著述,其中有很多是古代天文学大师[如亚里士多德、喜帕恰斯(Hipparchus)和托勒密等]的作品。在他们以后的多个世纪中,尚无人对这些大师的观点提出过质疑或改进意见。

当然,哥白尼读了亚里士多德的著述。此外,他还收藏了托勒密《天文学大成》的两个版本。其中一本是雷吉奥蒙塔努斯当时最新出的版本。在其中,雷吉奥蒙塔努斯特意地取笑了地球运动的"愚蠢观点"。雷吉奥蒙塔努斯同意托勒密的"地球是宇宙的中心"的基本观点,但他

与中世纪和文艺复兴时期的很多思想家一样，哥白尼也取了一个拉丁文的笔名。他的优雅的笔名为 Zepernik。

通过计算发现，托勒密在一些细节上有相互矛盾的地方。

在托勒密的模型中，对行星运动的解释非常困难，它们的运动轨迹不是完美的圆形。为了解释行星的运动，托勒密让各个行星都绕着地球外的圆心做匀速转动（“本轮”），而这个圆心又绕着以地球为中心的圆周做匀速转动（“均轮”）。与此同时，恒星则绕着地球做匀速转动。真是一套非常复杂的模型。除此之外，如果按照托勒密的运算方法，那么月球的轨道将比实际的更接近于地球。还有，为什么水星和金星的轨道与火星、木星和土星的轨道存在着如此大的差异？所有这些都令人们产生了很大的困扰。

哥白尼认为，上帝创造的宇宙应该是优雅的、和谐的，但托勒密的模型是蠢笨的、有缺陷的。于是，哥白尼开始从事他所谓的“根本的事……探寻宇宙的形状”。

哥白尼还有一个理由来进行这样的探索：教皇的秘书曾要求他这样做。当时，错误百出的历法困扰着教皇利奥十世（Leo X）。在 1514 年，教皇曾给基督教世界的各国国王或实际统治者写信，要求他们咨询其国内最聪明的天文学家，以找出解决的办法。利奥十世希望能改革存在着严重缺陷的现行历法。

我们现在使用的历法是发端于古埃及人，其在公元前 45 年由尤利乌

诗人角

他们后来会模拟天体，测量星宿时，
胡思乱想怎样使用那庞大的构架，
怎样建筑、怎样拆毁、发明一套学说，
说用什么同心圆和异心圆，
天圈和本轮圈，圈中的圈，
来圈住这个大球等荒谬的说法。①
——约翰·弥尔顿（John Milton，1608—1674），
节选自他的长诗《失乐园》（*Paradise Lost*）

诗人约翰·弥尔顿也是一位政治思想家。和其他同时期的人一样，他也深深地迷上了科学（如果你也想成为像弥尔顿那样的伟大诗人，那么既要懂艺术，也要懂科学）。注意诗中的“圈住这个大球”（gird the Sphere），其原义为“如同带子般横竖地围绕或捆绑”。再结合“天圈和本轮圈”和“圈中的圈”，作者究竟在描述哪个系统？

译者注：① 此处译文参考朱维之翻译的《失乐园》（上海译文出版社出版）。

斯·凯撒（Julius Caesar，又译儒略·凯撒）采用，因此又称为儒略历，后又经不断改进和发展而来的。它是以一年有365 $\frac{1}{4}$天为基础的，用闰年来解决四分之一天的问题。当然，这不能完全解决。

实际上，地球绕太阳轨道公转的周期为 365 天 5 时 48 分 46 秒，其

低并不意味着复杂

水星、金星、火星、木星和土星是文艺复兴时期的天文学家所知道的全部行星。为什么水星和金星在空中的运行轨迹和其他的行星不一样？火星、木星和土星，时常高高地出现在半夜空中，而水星和金星却仅在太阳初升时的东方或太阳落山时的西方能看到，且都不比地平线高多少。

土星要经过 3 年才能穿越黄道带的一个星座（如人马座）进入另一个星座（如摩羯座），木星只需要 1 年甚至几个月就能完成这个任务，金星则只需约 1 个月就飞越过黄道带好几个星座（从金牛座到双子座，再到巨蟹座、狮子座、处女座等），而以奔跑飞快的信使之神命名的水星[①]，则比它们都快。

为什么水星和金星的行为和其他的行星不一样？如果地球真的是位于宇宙的中心，这就无法理解。但如果我们接受太阳是太阳系中心的观点，那么问题就简单得多了：水星和金星只是两个位置更“低”的行星，即它们环绕太阳运动的轨道比地球的更靠近太阳。而比地球更远离太阳的轨道我们称之为“高”。这种说法仅对位置而言，并不表示那颗行星更优越。

想象一下，处于下图中地球表面的你，在水星和金星位于太阳之后时，你不能看到它们；即便它们位于太阳之前时，你仍看不到它们（这时，水星的阴影朝向着我们，我们看到它如同新月一样）。因此，每次你看到它们时，它们正好在太阳边上。我们不能在半夜里看到太阳吧，这就是为什么我们不能在半夜看到水星和金星，而只能在日出或日落的时候看到它们的原因。

那么，为什么水星和金星有如此高的速率呢？这也是因为它们更靠近太阳的缘故。它们在太空中的运动速率都大于地球，更大于诸如火星等其他行星。这些行星的绕日轨道离太阳越远，则它的绕日运行速率就越小。（在第 11 章中我们将解释其中的原因。）此外，因为这两颗行星都离地球较近，靠得近的物体看起来运动得比靠得远的物体快。这可通过坐在行驶的汽车里看窗外的景色来体验一下。

在左图中，水星的阴影朝向地球，使其难以被我们观察到。当金星接近地球时，我们可看到它如同新月形出现在空中。详细解释可见本书第 114—115 页。

译者注：① 古希腊神话中的墨丘利（Mercury）是传递信息之神，他的奔跑速度极快。水星的英文即为Mercury。

上图为在亚利桑那州石化森林国家公园中的阿那萨齐人的岩雕，它雕刻于1 000多年前。在分日，太阳光都能精确地照射到这一螺旋形图案上。这种岩雕可能是巫师或宗教领袖的工具。

每天的日夜不一样长

每一年中有两天是"分日"，它们分别在3月（春分）和9月（秋分），此时太阳光正好垂直照射在赤道上。现代天文学家可以确定它的时刻，且精准度可达分钟。"分日"的英文名equinox来自拉丁文，意为白天和黑夜的时间等长的日子。但要注意的是，任意哪个分日，在地球上的任一地点，白天和黑夜都不是精确地相等的。有时它会在分日稍前或稍后几天出现这样的结果。在赤道附近，分日的白天（即从日出到日落）比其夜间长了约7分钟。其原因是：在日出和日落时，我们看到的太阳比它实际的位置高，这是大气层对太阳光线的折射造成的视觉假象。换言之，我们在看到刚日出时的太阳，其实尚未"冒出"地平线，看到刚日落时的太阳，其实它已经在地平线之下了。昼间时间因此被拉长了。

（超常比例）

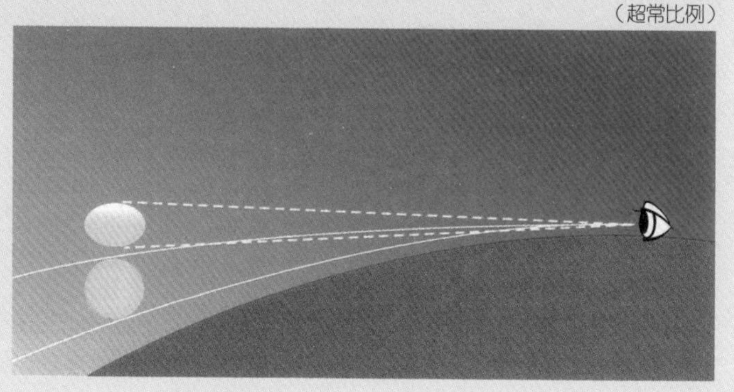

比儒略历每年慢11分14秒。除此之外，我们这个并不十分对称的地球还会产生轻微的摇摆，并由此产生我们难以预计的1至2秒差异。

回溯至1475年，雷吉奥蒙塔努斯被教皇西克斯图斯四世（Sixtus IV）召至罗马，要求他修正历法。这时黑死病疫情暴发并席卷整个城市。这位著名的天文学家没过多久就死去了，再无人能胜任这一工作。（另有一种说法，雷吉奥蒙塔努斯不是死于黑死病，而是被他的竞争对手毒死的。在文艺复兴时期的意大利，什么事情都有可能发生。）

到哥白尼时期，即尤利乌斯·凯撒之后的第15个世纪，年历已不再与季节相吻合了，这使得庆祝复活节活动出现了混乱。一年一度的复活节总是安排在春分日或其后首个月圆后的第一个星期日，若月圆当天刚好是星期日，复活节则推迟一星期。在欧洲，春分日一般都是在每年的3月21日，但由于历法上的错误，它竟然出现了约10天的偏差。如果再不对历法进行修正的话，将可能出现在盛夏时节举办圣诞节的尴尬。这是数百年来累积起来的一个问题，也说明了历法改革的必要性。

因此，教皇利奥迫切地想寻找一位能胜任这种历法改革的天文学家。为此，他给英格兰的国王亨利八世（Henry VIII）写了4封信。曾经是教会学者的亨利国王却没有答复，因为这时他的婚姻出现了问题。

刚40岁出头的哥白尼对此作出了回应。但他认为，在地球、太阳和月球间的关系没有被彻底搞清楚之前，任何试图化解这一历法危机的企图都是徒劳的。他说："太阳和月球的运动状况尚未被用科学的方法精确地测量出来。"于是他立即努力投身于测量之中。对此他曾写道："从那时起，我就在更精确观察方面投入了更多的精力。"

他的发现，将对当时关于天穹和地球的普遍观点发起挑战。

在525年，有一位称为狄奥尼西（小）（Dionysius Exiguus）的小教士（人称"小个子丹尼斯"）确定了我们所用日历的起点。当时的日历人们称之为"儒略历"，以纪念尤利乌斯·凯撒。日期的起点为罗马帝国建立的日子。由于罗马世界已成为基督教世界，丹尼斯设计的元年为耶稣基督诞生的那年，他称之为"我们的圣主耶稣基督年"（anno Domini nostri Jesu Christi），或简记为 A. D.，比此更早的年为 B. C.，意为"耶稣之前"。现在，我们使用的是"公元"（the common era），即 C. E. 来取代 A. D.，并用 B. C. E.，即"公元前"来取代 B. C.。我们也不再使用儒略历而使用格列高利历，以纪念教皇格列高利十三世（Gregory XIII）。上图中坐在最左侧宝座上的即为教皇格列高利八世，一位学者正在指出儒略历中的错误，其他的大臣们正在讨论修改方案。

（哥白尼的）伟大思想只是一种想法，在今天有时被称为"假想实验"，其目的和托勒密所设想（或宣扬）的那个复杂体系一样，都是试图解释同一套天体运行的模式，只不过哥白尼的解释更为新颖与简洁。如果一位当代科学家对于宇宙运行有了一个绝妙的想法，那么他（她）首先会寻求实验或者观测的方法去检验这个想法，去弄清这个想法与现实世界多么契合。但是，科学方法发展的这一关键步骤在15世纪尚未发生，因此，哥白尼应该从未想过去对他的想法进行实验。

——约翰·格里宾（John Gribbin，1946—），英国作家，《科学家传记》

是什么造就了达芬奇？

是什么造就了莱奥纳尔多·达芬奇？几乎所有的人都认为他是文艺复兴时期的一位杰出的、学识全面的天才人物。很多人认为他的绘画技能至今尚无人能够超越；他的雕塑作品（虽然很少）让人叹为观止；他的建筑和美景设计具有非常高的前瞻性。在科学上，当时他在解剖学、植物学、水动力学、机械学、光学和航空学等多个领域都是领先于他的时代。他擅长利用科学方法来进行实验和观察。在他那个时代，几乎没有医生懂得人体解剖学，莱奥纳尔多就对尸体进行解剖（所用的尸体多来自被处死的罪犯），以此来观察和了解人体中诸如眼睛、肌肉等的工作机理。

每一位见过他的人都说他是一位非常英俊的美男子。幼年时的莱奥纳尔多·达芬奇是一个来自乡下的孩子。1452年，他出生于比萨和佛罗伦萨之间的小村庄——芬奇。这一年，是哥伦布第一次远航的40年前，也是哥白尼诞生的21年前。小时候，莱奥纳尔多·达芬奇没能接受以培养学者为目标的正规教育。在

莱奥纳尔多·达芬奇有着一个长寿而多产的人生。这里展示的是他的一幅自画像。

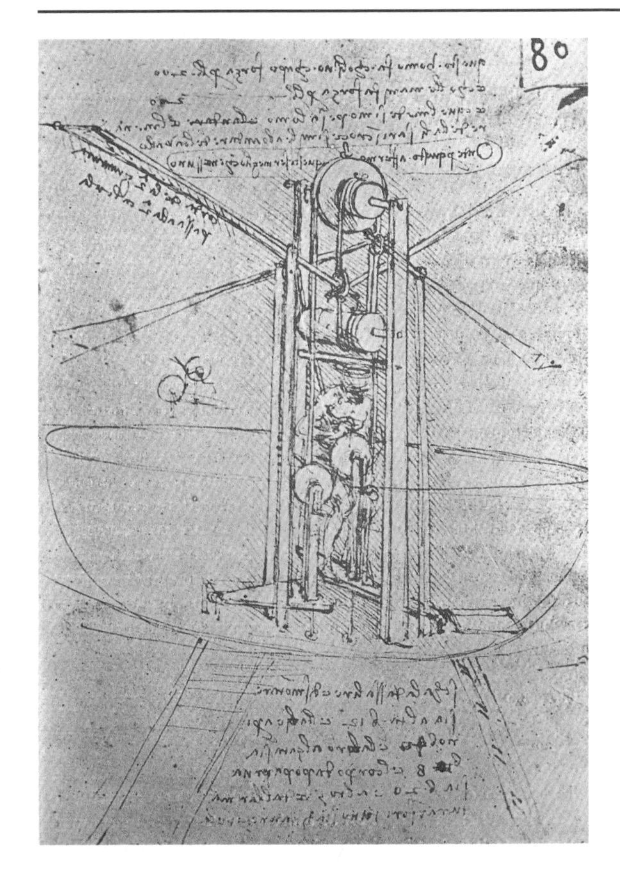

达芬奇的笔记中有很多鸟和他设想的能飞行的机器的设计图。上图即为其中的一幅草图。在这幅他称之为“飞行船”的图中，飞行员可以坐在这架四翼装置的底部。他不是第一个梦想飞行的人。古希腊神话中就有伊卡洛斯（Icarus）用蜡做翅膀飞行的故事。在公元 9 世纪，西班牙南部的安达卢西亚，科学家阿布·伊本·弗纳斯（Abul Ibn Firnas）就刻苦研制飞行器。虽然他最终没能真正地飞起来，但却作为先驱者做了多次的飞行尝试。罗杰·培根（Roger Bacon）则坚信人类终有一日能飞上蓝天，还曾设计过由一个人驾驶的飞行器。意大利工程师乔瓦尼·巴蒂斯塔（Giovanni Battista）于 16 世纪初也曾建造过一架飞行装置，但它却不幸地坠毁在一座教堂之上。大量有此梦想的人在观察鸟的时候都在想：人类什么时候也能飞起来呢？

当时，生于农村的孩子不可能学到多少数学、拉丁文或希腊语等知识，但他却有着不知疲倦的好奇心和充满活力的思想。他坚持自学，最终成为那一时期的学识泰斗。

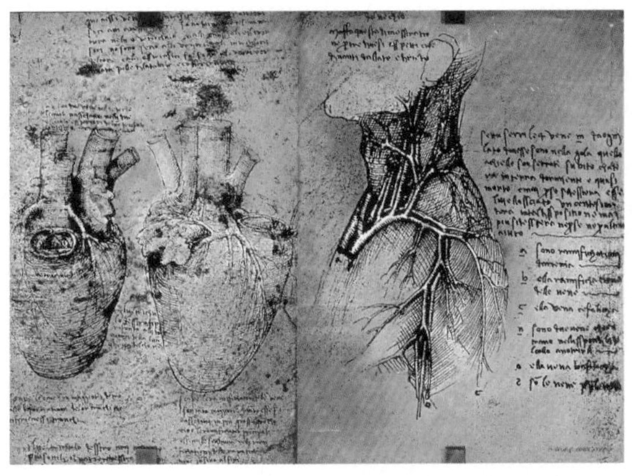

达芬奇在医学方面的绘画也是十分精准的。上图是他所绘的颈部和心脏中的血管和肌肉图。他将工程学的观点引入到了人体图像中，认为人体包含了运动部分和功能部分。

数学家卢卡·帕乔利（Luca Pacioli）是达芬奇学术生涯中非常重要的一位好朋友。他们共同合作进行了研究，达芬奇还为帕乔利非常流行的数学著作《算术、几何、比与比例概要》配了插图。帕乔利应该是一位伟大的教师，达芬奇对数学曾作过如下评述：

如果不通过数学证明，那么人类的探究结果中将没有一个能称得上是知识。那种自始至终仅靠思维建立起的知识，说它有着真理般的价值，对此我实在难以苟同。……首先在纯思辨的讨论中没有实验，而没有实验，任何事物就没有确定性可言。

熟悉达芬奇的人会发现，他并非完人，作品中遗留下了不少“问题”。例如，他有着“半途而废”的习惯，以至于有很多问题不仅留给了他同时代的人，甚至还留给了我们，这常常令人沮丧。除此之外，他对绝大多数的人都不信任，时

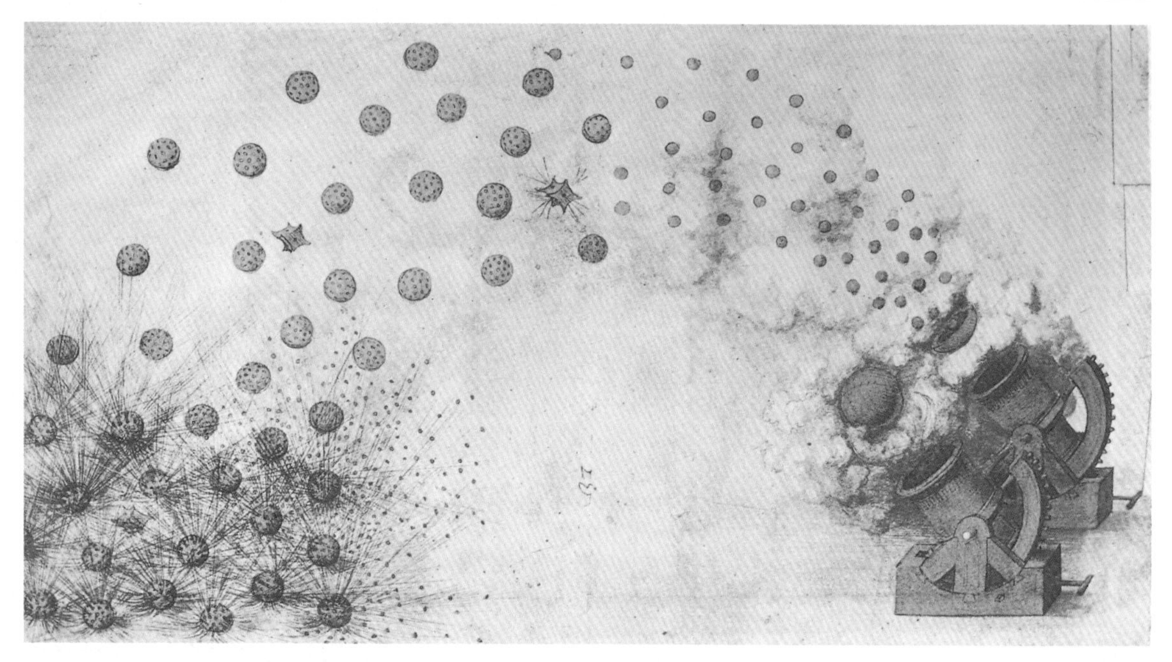

在写给卢多维科·伊尔–莫罗（Ludovico il Moro）的一封信中，达芬奇写道："如果需求量增大，我能够制造出外观非常漂亮和实用的加农炮、迫击炮和轻武器。"（相对于加农炮而言，迫击炮和轻武器是以较低的速度和较高的弹道来发射弹丸的）。这里是"非常漂亮和实用的"草图。右图为基于古罗马人维特鲁威（Vitruvius）的著述而作的。维特鲁威曾描述了人体最佳的数学比例，请注意观察图中的圆形、正方形和三角形。其后的很多代学艺术的学生都要掌握这种要领。

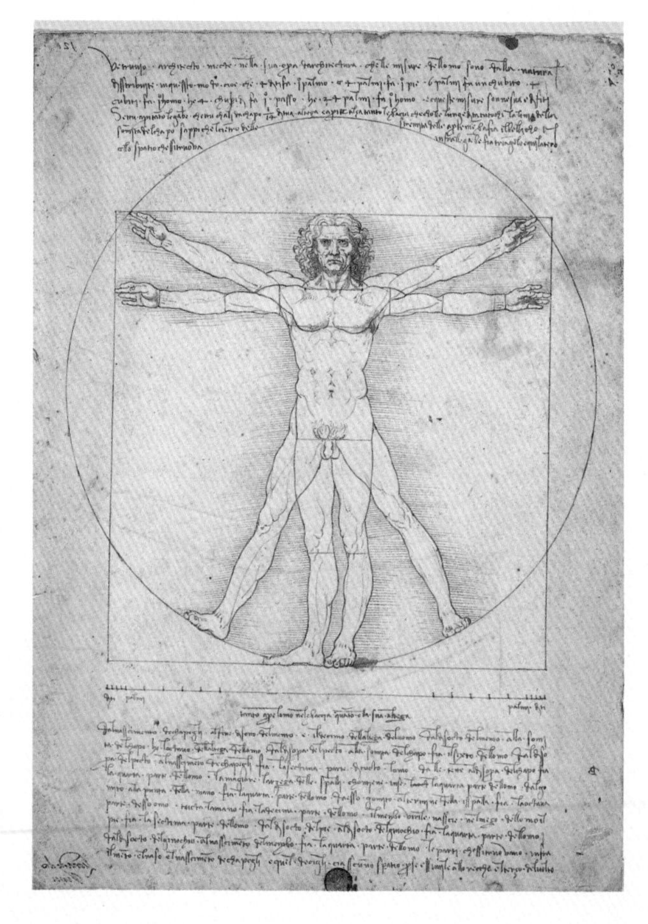

刻担心他的作品被剽窃。因此，他将自己的想法用密码的形式记在笔记本上，或是要通过镜子的反射才能读出他的手迹。

可能也正是这个原因，使得他的理论没能为其他人所知，否则这些设想极有可能对其他人的研究产生重要影响。只是到了近代，后人才有机会读到这些笔记，了解到他的成就是如此惊人和广泛。

《抱银鼠的女子》是艺术史上具有革命性意义的作品。它利用一位恬静而泰然自若的模特和一只小动物表现出了动态的活泼之美。注意她的身体和脸是朝着不同方向的。

天空为什么是蓝色的？达芬奇在约翰·威廉·斯特拉特（John William Strutt，即瑞利勋爵）前300年就得出了正确的答案。瑞利于1871年解释这是由于空气粒子对太阳光的散射而产生的。达芬奇在他的《莱斯特抄本》（Codex Leicester，他的笔记之一）中写道："我认为人们看到的天空呈蓝色并非是大气自身的颜色，而应是由于……太阳光线碰到了许多微小到难以感觉到的原子，使它们在覆盖其上的巨大黑色天幕中发出光来。"

达芬奇设计了一种控制亚诺河水流量的方案，其中包括有运河、涵洞、水坝和人工湖等部分。他想通过这一方案的实施，来结束长期以来佛罗伦萨和比萨两城间因供水问题而产生的械斗。如果方案能够顺利实施，就可以用船沿阿尔诺河将货物和人员送到这些工矿企业之中，从而建立起联接两城的工业体系。但这一计划后来并没有实施。下面的草图标示的是托斯卡纳西北部和阿尔诺河。

是革命还是蠢行?

太阳如同坐在宝座上，统领着围绕它旋转的行星家族。

——尼古劳斯·哥白尼（1473—1543），波兰天文学家，《天球运行论》

一旦认识到地球不是世界中心，而只是较小的行星之一，以人类为中心的幻想也就站不住脚了。这样，哥白尼通过他的工作和他的伟大的人格，教导人们要谦恭。

——阿尔伯特·爱因斯坦（Albert Einstein，1879—1955），德裔美国物理学家，《在哥白尼逝世 410 周年纪念会上的讲话》

虽然哥白尼本人将他的发现视为造物主创造的又一奇迹和人类理性力量的见证，然而很多人将它视为假借理性反对信仰。

——教皇约翰·保罗二世（Pope John Paul II，1920—2005），《在哥白尼大学（波兰托伦）的讲话》

哥白尼返回了波兰，并在弗龙堡的大教堂中担任教职。大约于1514 年，他买了约 800 块石头和一大桶石灰，利用它们在自己的住所附近建造起了一座无顶的塔。这座塔比教堂的尖塔顶还要高，一座简易天文台就此诞生了。但在里面工作时，哥白尼时常被多云的天空所困扰，无法持续地观察星空。他非常羡慕生活在阳光普照、天空清澈的埃及的托勒密，并情不自禁地在自己的书稿中写道：“（托勒密）那里的天空是多么的令人愉悦，尼罗河从不像我们的维斯瓦河那样向外呼出水雾。”（维斯瓦河

弗龙堡大教堂的四周有 7 位教士的居所，在外周的红砖围墙上还建有一些堡垒和两座塔。

是波兰最长的河流。）

只有等雾和云消散后，哥白尼才能进行天文观测。他对星空观察得越多，就越坚信托勒密关于宇宙的模型是错误的。因为这一模型与他所观察到的天空的实际情况不相符。月球和行星的运行路径尤其令人困惑。

来自蒙古的征服者帖木儿（约1336—1405）的孙子兀鲁伯，于1447年登上了撒马尔罕（今乌兹别克斯坦）的王座。他建造了如上图所示的天文台，其遗迹至今可见。兀鲁伯本人也是一位杰出的天文学家，故这座天文台在当时也是世界上最好的。但他的工作却不为西方世界所知。当他被他的儿子谋杀后，蒙古的天文学研究也随着他一起消亡了。

他如何解决这一问题呢？也许他使用了"假想实验"的方法，即假想他自己位于太阳的位置。从太阳上观察，则行星的轨道都是规则的。在哥白尼弄明白后，他决定颠覆受人尊敬的托勒密的宇宙学说，并用自己的宇宙模型取而代之。

哥白尼调换了地球和太阳原来的位置，将太阳置于宇宙的中心！在他的模型中，太阳是静止不动的，而地球则是在运动着的。哥白尼相信：**地球每天都绕着自己的中心轴线自转一周，并由此产生了白天和黑夜。**

除此之外他还发现：

- **地球每年绕太阳运动一整圈。**
- **宇宙比之前任何人的想象都要大得多。**
- **我们的地球也是一颗行星。**

在确立了太阳的中心地位后，他就能弄清楚各行星的位置顺序了。他通过对各行星的轨道寻踪和计时，从而将它们按序排列起来：**水星离太阳最近，然后是金星，其后才是地球、火星、木星和土星。**在此之前，无人能作出这样的排序。（但他也和古希腊天文学家一样，认为所有天体的运行轨道都是完美的，即是圆形的。他还坚持接受宇宙是有限的观点，也认为在宇宙的尽端存在着能固定恒星的天球壳。虽然如此，他仍使人们对宇宙的认识产生了质的飞跃。）

"哥白尼革命"有什么意义？哥白尼将地球"移"出了宇宙中心，这在世界上产生了极大的震撼。这表明地球只是一颗普通的行星。可这又对人类有什么意义呢？宇宙只是为我们而创生的吗？其中还有什么我们所不知道的呢？哥白尼革命改变了人们的思维方式，也提出了新的问题。它令人困扰，也令人激动。

哥白尼知道自己的这种观点将会在世界上产生巨大的影响和震动，因此要尽可能地保证它的正确性。于是，他开始致力于尝试用几何学

马丁·路德（1483—1546）是一位德国神学教授。上图为由他的同事兼朋友——大卢卡斯·克拉纳赫（Lucas Cranach the Elder）所绘的他紧握《圣经》的画作。路德宣扬要拯救道德而非物质。对此，他列出了95个要点，其中包括教皇和神甫都没有权利赦免原罪的观点。1517年，他将这一条文钉在维滕贝格大教堂的门上，由此形成了新教教义。

对于哥白尼的学说，路德说："人们倾听那傲慢的占星术士的话，他极力展示是地球在旋转，而不是天空或苍穹、太阳、月亮……但圣经告诉我们，耶和华曾命令太阳静止不动，而非地球。"

的方法来证实自己的理论。

哥白尼读过很多古代哲学家的著述，故对毕达哥拉斯（Pythagoras）有着较深刻的了解。在公元前6世纪，毕达哥拉斯相信地球是围绕着天空中央的火而旋转着的。哥白尼还知道，此后3个世纪的阿利斯塔克（Aristarchus）也曾建立起以太阳为中心，地球和其他行星绕着它运动的宇宙模型！哥白尼在他的手稿中提及了阿利斯塔克，但在最后的参考文献中并没有提及他的著作。

如果阿利斯塔克的观点是正确的，那么亚里士多德的说法显然就是错误的。基督教的领袖、犹太教的学者、穆斯林的科学家，以及遍布于欧洲的各大学、学院中，都在传授亚里士多德的学说。因此，要想将太阳和地球的位置调换过来绝非易事，而推翻亚里士多德的理论则更是难上加难。

在1514年5月，哥白尼向一些人展示了自己的手稿，当中描述了宇宙的日心说模型。作为波兰籍教士，哥白尼是一位虔诚的基督教徒，他意识到自己的这种观点会挑战信仰和科学紧密结合的整个中世纪思想系统。这是因为一旦地球不在宇宙的中心，那么它就不是上帝创造的唯一世界，而人类在宇宙中的地位的整个观念也要被重新考虑。上帝创造世界的过程也将是如此的宏大和复杂，以至于超出了此前任何人的想象。

哥白尼也知道，自己的这一观点将会使那些认为宇宙是围绕我们转的人极为失落。那么，地球还能从舞台中心被移出去吗？

在16世纪早期的欧洲，即便没有对宇宙运动的争论，问题已经够多了。马丁·路德（Martin Luther）开始尝试对天主教进行改革。没想到的是，他的观点却导致了宗教的分裂，即从中分离出了新教，并由此引发了天主教和新教间的宗教战争。

天主教和新教间的战争达到了非常激烈的程度，此时任何一方都不可能质疑传统教义中的上苍和造物的观念，这也是他们共同认可的一件事。但哥白尼却以一个科学家的热情来寻求答案，他不能在求索的道路止步。

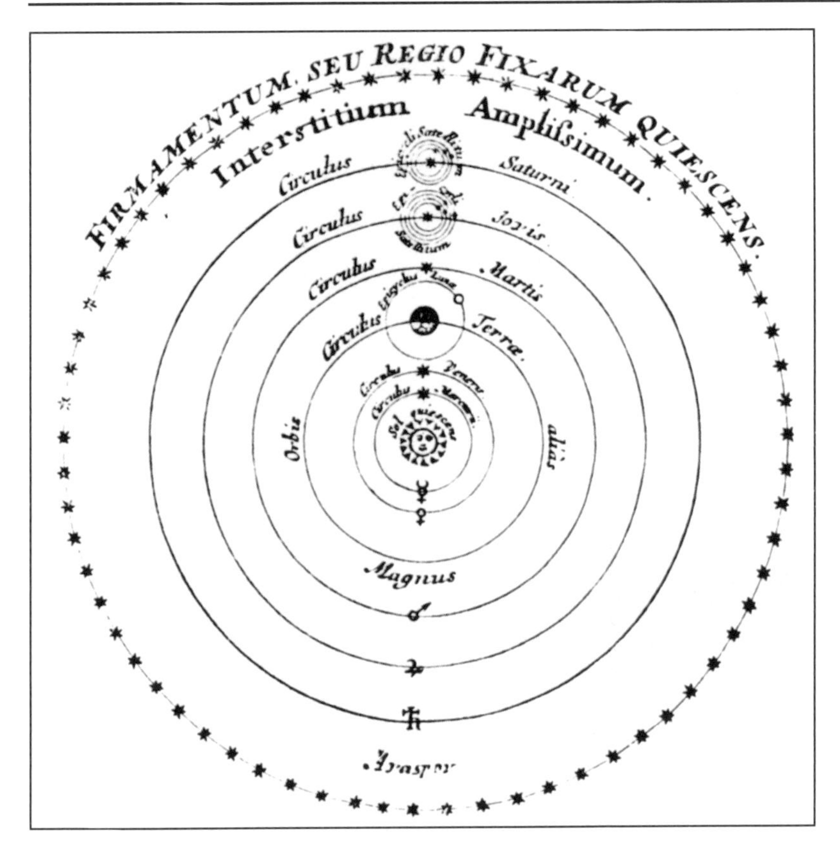

我们对太阳系的认识是一个不断发展的科学过程。哥白尼将太阳（而非地球）置于其中心，由此对太阳系的认识作出了改进（如左图示）。图中外层中固定的恒星现在是用三维视野来表征，随着望远镜的改进，这一视野更为深邃。

他得出了地球肯定是在绕着太阳运转的结论。阿利斯塔克从没用数学推导来支持这种观点，但哥白尼做到了。哥白尼知道，如果他的理论是正确的话，那么大多数的教科书将成为废纸。主导着大学思想体系的亚里士多德信奉者和教会领袖们，将不得不承认自己的错误。他们真的会这样做吗？哥白尼对此并不乐观。他会担心他们因此而取笑他吗？当时的绝大多数人都持有“地球是宇宙的中心”的观点。亚里士多德和托勒密的宇宙模型，已经很好地使用了很多个世纪。

因此，哥白尼安静地写书，不断地改进自己的观点，将这种观点写成一部著作。尽管很

若你是一位长途旅行者……则可能会看到很多地标性的景物，如山脉、河流、建筑物等……但是航行在大海之上……空旷而单调的大海……迫使海员们观察天上的太阳、月亮和星星……他们想找出“空标”作为航海的“海标”。此时，天文学家成为海员们的指路人，这一点也不奇怪，从哥伦布时代到哥白尼时代莫不如此。

——丹尼尔·J. 布尔斯廷（Daniel J. Boorstin，1914—2004），美国历史学家，《发现者》

地球是行星？开玩笑的吧，这是不可能的。同时在进行着三种运动？哥白尼的神经没有问题吧？

英国人约翰·弥尔顿（1608—1674）想到了这一点，并在他的称为《失乐园》的伟大诗歌中也表达了这种迷惘：

……如果太阳
真的位于宇宙的中心，那么……
作为行星的地球，看起来是如此坚定，
在悄无声息中进行着三种运动？

如果哥白尼是正确的，那么地球就要归入行星行列，并且表现出行星那样的行为。弥尔顿好像也接受了这一观点，至少认为这是可能的事情，如他参考了“三种运动”等。换言之，地球在绕着太阳转动的同时，还绕着自身的轴自转。至于第三种运动，则是行星在自转的过程中产生的晃动，称为进动或岁差。

由此可知：诗人和所有具有思考力的人一样，无论过去还是现在，都要跟上科学进步的步伐。

失明也没能阻止约翰·弥尔顿完成他那伟大的诗篇。左图为19世纪匈牙利艺术家米哈依·蒙卡奇（Mihály Munkácsy）的画作。画中弥尔顿在向他的三个女儿口述《失乐园》。弥尔顿很可能是因为白内障而失明的。该病患者的眼睛中，晶状体会变得混浊，如同蒙上一层乳白色的膜。

和当时的很多学者一样，哥白尼经常研究应用医学。科学家洛基·科尔布（Rocky Kolb）认为哥白尼开出的一些处方是“他那时代中具有代表性的：泡在酒中的柠檬皮、鹿心、牛胆汁、蚯蚓，在橄榄油中煮沸的蜥蜴，甚至驴的小便，都是1510年时能对很多种疾病起到神奇疗效的药剂”。

多人对这部著作充满了好奇和期待，但他并没有急于将其出版。他越是这样，人们则越是好奇。

在这部他不想让任何外人读到的著作中，哥白尼写道：“宇宙万物的中心是静止的太阳。这如同在一座宏伟壮观的神殿中，有人将一盏灯移到了一处更好的位置上，这样灯光不就能同时照到庙中的所有东西了吗？因此，我们可以像有些人那样，将太阳描绘成宇宙中的灯塔，或称作宇宙的头脑，或者是宇宙的统治者。”

同时，哥白尼仍在尽着他在教会中的职责，行医，研究货币改革、数学和天文学。有时，他表现得如同一位隐士：胆小、虔诚和固执，不想引起别人对他的注意，也不想损害教会的权威性。

哥白尼的著作最终还是于1543年出版了。在同一年，29岁的帕多瓦大学的解剖学教授安德烈亚斯·维萨里（Andreas Vesalius），也出版了他的7卷本著作《论人体结构》。其中有着300余幅详细的插图，包括人类很多器官的图。这部书同样也冒犯了传统的思想家们。持亚里士多德观念的人认为，心脏是神经的源头。但维萨里循踪查看了脊椎和颈部的神经后发现，它们都通往大脑。《圣经》中说夏娃是用亚当的一根肋骨制成的，因此中世纪时的人坚信，男人比女人少一根肋骨。但维萨里的结果却显示这种说法是不靠谱的。

维萨里解剖了人的尸体。在他之前，人们对人体的结构知识都来源于对其他动物的解剖。维萨里宣称他可以从肉贩那里学到比旧医学书中更多的解剖学知识。但解剖人的遗体是否合适？这是一个伦理学的问题。维萨里花了1年的时间来为自己著作的合理性辩护，他觉得实在受够了。于是他从教学和解剖学研究的职位上退休，但他的书因此改变了整个医学领域。

哥白尼也从没将自己视作一位革命者。和亚里士多德、柏拉图及大多数的基督教思想家一样，他相信上帝创造的宇宙必然是完美的。但这也是困扰他的地方。他知道无论是亚里士多德还是托勒密，都没有求得这一完美的系统。哥白尼觉得，依据他所设想的太阳中心说，就能找到通往完美宇宙之路。

人们看右图后即可很容易地说出这是哥白尼的太阳系图。它是于本书第 39 页的图之后约一个世纪绘制的。其中行星的轨道都是完美的圆周，但此时已有了一些新的变化。例如，最右侧的木星有着 4 颗卫星，这是伽利略于 1610 年发现的。这幅哥白尼的平面天球图出现在 1661 年出版的精美地图集中，由安德烈亚斯·塞拉里厄斯所绘，名为《和谐的大宇宙》。

这位波兰教士并不想引起争论。他在自己的书中写道：“由于害怕我全新而几近荒谬的观点被人鄙视，这使我几乎决定放弃我正在从事的工作。”这时，有一位年轻崇拜者却极力劝说他出版这部著作，并承诺会完成相关事务。在他的游说下，哥白尼最终同意了。在 1543 年，就在他奄奄一息、行将就木前一刻，他的第一本印制好的科学巨著《天球运行论》被放到了他的床前。他的灵魂已然离开了他的身体（一些故事是这么说的）。

这部著作在社会上产生了巨大混乱吗？哥白尼的预计没错，大多数人对此嘲笑不已，或根本就不屑一顾。

也有一些人非常愤怒。其中之一就是马丁·路德。他是一位着迷于科学但反对哥白尼观点的人。他说：“这个傻瓜竟然想颠覆整个天文

尼古劳斯·哥白尼让地球动了起来，把它移出了宇宙的中心，掷入空中。他推翻了传统的宇宙秩序：人类不再是世界的中心，宇宙不是围绕我们而建，我们失去了最可靠的定位坐标。

——多米尼克·勒古（Dominique Lecourt，1944—），法国哲学家，《科学史和哲学辞典》

最终都是物理学

一本书能改变整个世界吗？

哥白尼的科学巨著《天球运行论》就开启了现代科学的大门。这本书的英文版有330页，其中有143幅插图，100页的数据表格，涉及20 000多个数据（都是关于天文的）。这些资料都彰显了这本巨著的复杂性。这本书不只是关于“太阳中心论”的，它还是一部关于科学和数学的感人的鸿篇巨制，它凝结了哥白尼近40年的心血和汗水。

在16世纪，很少有人读过羞怯的哥白尼教士的著述，哪怕是只言片语也很少为人所知。但有人读过就足够了。哥白尼的观点像瘟疫病菌一样迅速传播开来（这种比喻可能不恰当），冲破了中世纪禁锢思想的壁垒，引导人们相信世界是可认知的现代观点。这也是本书所要达到的目标。

我们应从中学到什么呢？这可不是一件一句话两句话就能说清楚的简单事。我们可以从中体验科学探索的精神，探究发现宇宙的运动机理。

你也许会问：在读了本书后，我们是否就能找出其中的答案呢？当然不是。科学是一个持续发展的无尽头的过程，总是在不断出现新的问题，得出新的答案。然而你会看到你所学到的是多么令人震惊。

为了跟上故事的节奏，请记住：认识宇宙必须从两个方向着手，一个是关于物质的，即宇宙是由什么构成的；另一个是关于宇宙中所发生的现象及其缘由的，如运动、能量、宇宙力等。简言之，就是要思考物质及其作用。

科学。”这一点他说对了，哥白尼就是想颠覆整个天文科学！这一壮举被人们称为“哥白尼革命”。

另一位新教领袖约翰·卡尔文（John Calvin）也加入到了攻击哥白尼的行列中来。他引用第九十三赞美诗中的话说：“世界一经建立，此后就不能再加改动。”

约翰·卡尔文的宗教信仰就如同他的表情那样庄重严肃。

而关于日历的改革，则要到在哥白尼去世后的第39年才完成。格列高利十三世这时成为教皇，修订过的新历法也因此被称为格列高利历。

哥白尼的核心观点，即地球绕着太阳转的说法到底如何呢？当时的很多学者和教授都认为，哥白尼的数学形式确实要比托勒密的好。但如何来证明这一点呢？只要往天上看一眼，你就会发现是太阳在运动着的呀。

如果你与哥白尼生活在同一时代，会相信是地球绕着太阳转吗？我认为，几乎没有人会相信。

然而，少数相信的人却使地球“动”了起来。

第谷对天空的观测

11月11日傍晚日落后，我正凝望着清澈天空中的星星。我注意到了一颗新出现的、不寻常的星，亮度超过其他的星，几乎就在我的头顶上方闪耀。从儿时起，我就对天空中的星了如指掌，我清楚在那个位置原本没有任何星，最小的也没有，更不用说如此惹人注目的亮星。看到这一幕我惊呆了，甚至怀疑起自己的眼睛是不是出了什么问题。

——第谷·布拉赫（Tycho Brahe，1546—1601），丹麦天文学家，《新星》

于是，我犹如一位观象家，
蓦地发现一颗新星游入视野。

——约翰·济慈（John Keats，1795—1821），英国诗人，本诗句摘自《初读贾普曼译荷马史诗有感》

行星的运动不是一件简单的事。行星的运动轨道为什么和恒星的有如此大的差别呢？太阳是怎么运动的？它像几乎所有人认为的那样绕着地球日复一日地运动吗？或者，是地球在绕着太阳运动吗？如果真是这样，为什么我们没有感觉到？哥白尼的思考引起了如此这般的问题，但在16世纪没有人能够回答。

古希腊人认为，用纯粹的思考就可解答问题。但他们不可能利用这一方法解答出上面提出的任何一个问题。

丹麦一位名为第谷·布拉赫的天文学家却有着不同的认识，一种基于常识的想法。第谷（诞生于哥白尼逝世后的第3年）认为，如果我们要理解行星为什么以这种方式运动，首先要做的事就是仔细地观察它们，并尽可能准确地测量它们的运动。

物理学家理查德·费曼（Richard Feynman）在20世纪时评价说道："这是一个宏伟的、有着深远意义的想法，凭此能发现很多问题。精心长久以来的天文观测实践迟迟未能转化成一门科学，但在16世纪后半叶，全欧洲终于有一个人做到了这一点。他就是那位脾气暴躁的红胡子丹麦贵族——第谷·布拉赫。第谷立志将毕生奉献给天文学的进步。

——艾伦·W. 希什菲尔德（Alan W. Hirshfeld），天文学教授，《视差》

地设计和实施一些实验比仅进行哲学上的辩论要好。”

第谷·布拉赫正是一位长于观察的人。当时，世界上的第一架望远镜尚未问世。而他大概是世界上已知的天文学家中，凭借肉眼进行天文观测的最好的一位。

但你如果听过关于第谷的故事的话，将会对他的身世与后来的杰出成就一样感到惊奇。他的父亲奥托（Otto）和母亲贝亚特（Beate）向奥托的哥哥约恩（Joergen）许诺，他们的第一个儿子将过继给他作为子嗣。约恩是一位海军上将，没有自己的孩子。但当第谷出生后，他的父母反悔了。这一行为激怒了约恩。于是，这位海军上将就劫持了小第谷并把他藏在自己的城堡中。

奥托和贝亚特后来又陆续生了9个孩子，于是也就原谅了

在16世纪，丹麦-挪威是一个强大的王国，它包含现在的丹麦、挪威以及瑞典的一部分。任何想进入波罗的海而去往富饶港口的船舶，都要通过由国王腓特烈二世（Frederick II）控制的狭窄的海峡。国王下令在海峡的两侧修建了城堡，一侧建造在现在的丹麦，而另一侧则建造在现在的瑞典。过往的船舶必须向国王的派员交纳通行费后才能得以通过。正是利用这笔巨额的收入，国王重建了其中一座城堡，即位于赫尔辛格的卡隆城堡。它被建造得宏伟华丽。除此之外，国王还有大量可自由支配的资金。故他对杰出的天文学家第谷·布拉赫十分慷慨，有求必应。

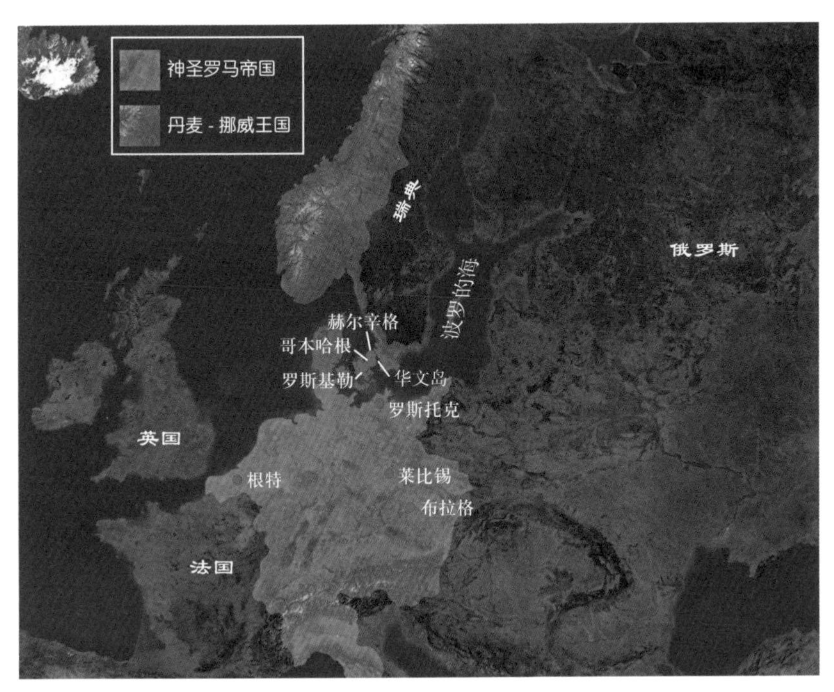

幼年时的小布拉赫用的是丹麦名字 Tyge，至15岁后才使用拉丁文名字 Tycho（第谷）。

约恩的劫持行为。因此，第谷是由他的伯父和伯母抚养成人的。伯父和伯母十分疼爱小第谷，视他为己出。在小第谷12岁时，便被送往哥本哈根大学就读。对16世纪富有的家庭来说，这个年纪上大学并不少见。约恩希望第谷能进入政界，待在丹麦国王腓特烈二世身边，成为享有特权的精英阶层中的一员。

也许不出意外，第谷的人生就会照着伯父所设计的轨道运行。但在他进入大学后的一年中，人们预报将有一次日食出现，而日食正如预报的那样出现了！这件事对第谷的影响很大。他认为"人能够掌握天体精确的运动规律，并能在非常早的时间预报它的地点和位置，这真是一件神圣的事情"。于是，他买了一本托勒密的具有深远影响力的《天文学大成》。根据他在封面上的记录，我们知道他为此付了两个银币。

当月球挡住太阳射向地球的光线时，就会发生日食现象；而当地球的阴影遮住了月球时，就会发生月食现象。

约恩认为，小第谷对天文爱好的行为可能只是十几岁孩子们的一时兴致。于是，又将他送到莱比锡大学去学习法律。同时，为了使第谷能专注于法律，约恩还专门为他雇佣了一个伙伴来照顾和监管他。然而每当这位同伴上床入睡后，第谷则又开始研究起星空来了。第谷还选修了数学课程。同伴则忠于职守，劝告他说，哥本哈根的首席数学家因痴迷于数字而发疯了。第谷却不为所动，继续执着地学习，他读了托勒密的著述，也读了哥白尼的。

上图描述了一个著名的月食故事：1504年，克里斯托弗·哥伦布被困在了牙买加的一个岛上。由于船只损毁严重，他只好坐以待援。但他的船员们既粗鲁又懒惰，完全依靠牙买加人提供的食物过活。6个月后，岛民开始厌倦，甚至扬言要杀死他们。

哥伦布查看了星图，发现最近将发生一次月全食。于是他告诉岛民，如果他们不善待他和他的船员的话，上帝将对月亮施加魔力，将它完全遮住而看不见。于是，当2月29日真的发生月全食时，这些牙买加岛民吓坏了。从那以后，哥伦布及其船员可以从岛民那里得到他们想要的一切东西。

18岁时，第谷建造起了自己的天文观测仪器。当他发现当时的星图非常不精确时，便决定要用自己的毕生来致力于天文学研究。然而，他那富有且显赫的家庭对此却不甚满意。他们都认为星空观测者是一种愚蠢的职业选择。但第谷心意已决，是不可能回头的了。

在1563年，丹麦和瑞典间爆发了战争。两年后，第谷的伯父将他叫回了家里。他们平日里几乎见不到面，因为约恩平时要陪伴在国王腓特烈

二世身边。

这位国王是一位豪饮之士。一天，约恩和国王在酒后一起骑马出行，在经过一座桥时，国王不慎掉入水中。约恩见状，立即奋不顾身地跃入水中将国王救了上来。约恩也因此死于肺炎。

当时，第谷19岁。他矢志不渝，决心要成为一名天文学家。于是，他到北方的一些大学游历，并寻找一些专家，向他们求教。当他在波罗的海德国岸边的罗斯托克大学学习期间，一次圣诞舞会上他受到了一位学生的奚落。第谷的火爆脾气是出了名的，对意见不合的人少有耐心。于是，他要求与那位学生决斗。在他们用剑进行决斗的过程中，第谷的鼻梁被对手的剑削去了。因此，在此后的生涯中，他的鼻子就被打上了一个用白银、黄金和蜂蜡塑造的“补丁”，它一直如同勋章一样在第谷那浓密的大八字胡上闪烁着光芒。

第谷的穿着和举止都让人相信他出身贵族，即是属于上流社会的人。普通人是不能穿鲜红和金色衣服的，如农民只能穿愚钝的土气衣服。第谷喜欢身穿高领衣服，佩着华丽的珠宝，戴白手套，穿有硬折边领的襞襟，脖颈和手腕围有外翻的边。甚至他的金属假鼻子也闪耀着富贵的光芒。

第谷在下图所示的罗斯基勒大教堂中什么也不用做。虽然是一位教士，应该尽教会中应尽的职责，但他所有的工作就是只拿薪水不干活。

两年后，腓特烈二世给了第谷一个在罗斯基勒大教堂中做教士的工作。这是一个十分轻松的职位：既有收入，也不用承担教堂中的任何事务。他也因此成为一名“学习者”。他是凭什么获得这一闲差的呢？一是因为在当时的丹麦，年轻的第谷知道的天文学知识比其他任何人都多；二是可能国王考虑到第谷的伯父本不该这么早去世，是为救自己而死的，所以想

当我听着博学的天文学家

当我听着博学的天文学家，
当证据和数据一排排开列在我的面前，
当他展示图标和图解，要加、要除、要予以度量，
当我坐在讲堂里，听天文学家演讲，听着听众们热烈的掌声。
我很快就感到莫名的疲乏和厌倦，
直到我站起身溜出讲堂，一个人信步走开，
在那玄妙而湿润的空气中，
时不时地
悄无声息地把星斗仰望。

——沃尔特·惠特曼（Walt Whitman，1819—1892），美国诗人，《草叶集》

要报答他的家人。

第谷现在有办法来实现他所要达到的人生目标了。他所要做的工作就是去观察星空。在恋爱时，他仍我行我素，打破社会陈规。他依自己的心愿与一位农民的女儿相爱了。结婚后，他们生养了8个孩子。

作为天文学家，他所作的星图比之前的所有天文学家的都好。当时，无人知道天上的群星离我们有多远。但当它们出现在天空中时，它们间的相对距离还是可以框算出来的。第谷用他自己设计的设备所取得的测量数据，其精确度远远超过同时代其他天文学家的数据。

当时出现了一件令人吃惊的事：一颗明亮的恒星出现在夜空中某处，在那儿从没人看到过星星。没有人能够解释它的来历。第谷·布拉赫首次观察到这一现象是在1572年的11月11日。于是他写道："当我正自我陶醉于看到了之前从没见过的这类星体时，却又担心起这一现象的可信度，甚至开始怀疑自己的眼睛了。"

第谷对星空的熟悉程度，如同你对自己那混乱卧室的了解。可连他自己都说不相信自己的眼睛了。这颗星比天上的其他任何星都亮，它甚至在白天都能被看到。此前他从没在同一位置上见过像这般明亮的星体。他让仆人们也来看，他想这会不会是幻觉。

事实证明，他的视觉没有问题。那么这究竟是怎么一回事呢？亚里士多德认为天空是固定的，是一成不变的。基督教堂中的神甫也讲着相同的道理。所有人都相信天空是上帝的领地，因此也是完美无瑕、永不变化的。第谷写道："……所有的哲学家都认为，且事实也都清晰地证明是这样，那就是在超凡的天空世界中，不会发生任何变化……"那么，为什么会出现这种现象呢？

在西方的史料中，有关"新"星的出现仅有过一次记录。第谷写道："除了（约公元前2世纪的）喜帕恰斯，（古希腊的）其他天文学奠基人中，都没有提到新星出现在天穹中的现象。"但到当时还没有人能对喜帕恰斯看到的新星作出解释。

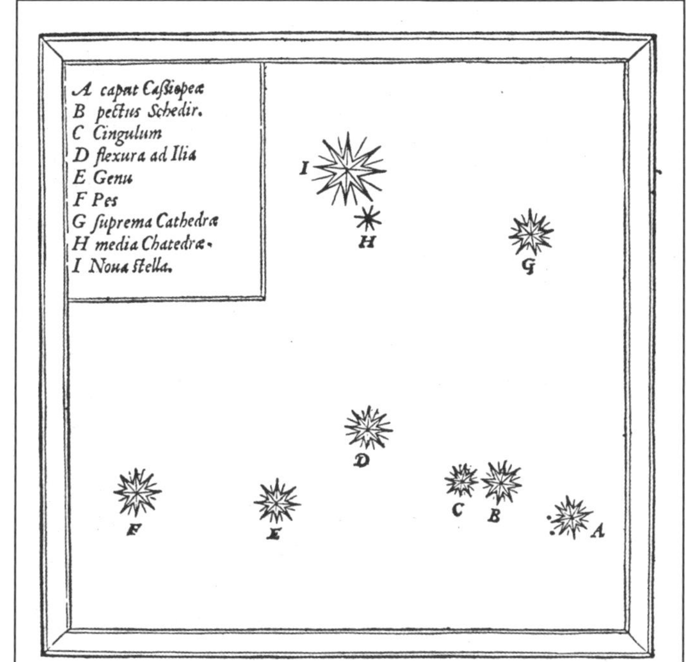

在上图中，1528 年的彗星被描写成由天上落下的云对地球发动的可怕攻击，云中有长剑、匕首、无身体的人头等。这幅木刻画取自安布鲁瓦兹·佩尔（Ambroise Paré）的《外科学的十本书》。左图为第谷·布拉赫出版于 1573 年的《新星》第一版中的插图。这是他最早期的工作，在图中他命名并记录了位于仙后座的“新”星，即图中上部标有字母 I 的。它其实是一颗超新星。

对这颗明亮的天体，大多数的观测者都坚持说它是一颗彗星。在德国，画家格奥尔格·布施（Georg Busch）更是坚信此一说法。他写道：“它是由地球上升腾而起的人类罪恶和不道德的行为聚合而成的气体，再由愤怒的上帝将其点燃而出现的现象。”他还预言了即将到来的恐怖景象。毫无疑问，人们对彗星充满了恐惧感。

第谷知道这不是一颗彗星，他被社会上的一些无稽之谈给彻底激怒了。当时的人们认为，彗星应出现在地球和月球间不完美但可变的区域之中（亚里士多德就是这么说的）。这位急脾气的丹麦人经过观察和测量后写道：“这颗星不是某种类型的彗星……它应是在天穹中自己发光，且此前从未见过的星。”

第谷使用了一种被称为是窥视管（它看起来像一个没有透镜的望远镜）的仪器对它进行了一周复一周的仔细观察。此后，他认为，这颗星应该不是行星，因为它不移动，并由此得出如下结论：

“新”星不新，而是几乎被消耗殆尽的“老”星

以前，人们在天空中几乎从没见过如第谷所见的发出强光的“新”星。实际上，这颗星一直在那里，但只是因它较为昏暗，我们难以看到而已。人们之所以能看到发出强光的它，是因为它爆发了。

第谷所见的实际上是一颗超新星。它是一颗巨大的恒星，在爆发时能在短时间内释放出强度极大的能量。此时，它的亮度甚至可以与整个星系相比。数星期后，它仍能发出相当于数百个太阳发出的光。

这颗W形仙后座中的超新星发现于1572年，第谷一直坚持观察了485天。此后，这颗星逐渐开始变暗，虽然还有一些气体和尘埃的残余，但仅凭肉眼已很难观察到。(见下一页中的图)(超新星爆发就像是原先恒星的“暴死”；而新星爆发只是发生于白矮星的表面，白矮星最终将回复到原来的状态。白矮星是一种进入暮年的、密度极高的星体。)

1573年，第谷就这一观察过程写了一本名为《新星》的著作。请记住：所谓“新”星，实际上是一颗“老”星。这本书使第谷成为名扬欧洲的天文学家。

很愿意向你展示超新星爆发时的场景，但这实际上是办不到的。上图中描绘的场景仅代表艺术家们的观点。这种情况非常稀少且爆发的时间非常短暂，使人们难以对其拍照。在极短瞬间，一颗巨大的恒星燃料耗尽了，核聚变产生的向外压力再也支撑不住它了，引力使它向核部坍缩。这使得原子间被挤压得异常紧密，于是原子核间的巨大排斥力引起了爆发。恒星的爆发是一个非常壮观的场面。

它既不在土星的轨道上……也不在其他行星的轨道上。很明显地，从我第一次看到它时起，这数月中，它从未发生一丝一毫的运动……因此，这颗新星的位置既不在月球之下，也不在那七颗到处游荡的星星的轨道上。它应是位于第八层天穹上，和其他恒星一样被固定在了那里。

如果它位于近处，那么第谷就可以通过测量它的视差(见本书第58～61页)，得出它的远近信息。但这颗星离地球非常遥远，他曾写道：“要想确定各恒星到我们的距离是一件十分困难的事，因为它们距离地球是如此之远，难以置信的远。”此外，他观测时使用的仪器也过于原始简陋了。他猜测恒星至地球的距离“至少是土星至地球的距离的700倍”。在这一点上他没说对。即使最近的恒星，其到地球的距离

我们所知的第一颗被记录下来的超新星，是中国人、日本人和中东人于1054年记录的。根据亚利桑那州石化森林公园中这幅具有1 000余年历史的摩崖石刻判断，可能阿那萨齐人也知道那颗超新星。它也应该是非常明亮的。但在欧洲，一直以来都没有记录，第谷对此也是一无所知。欧洲人是怎样错过它的呢？学者们认为，这很可能是因为欧洲人一直被灌输天空是不变的说法，即使看到了，也不相信自己的眼睛。

下图所示是1572年第谷看到的超新星残余。这幅X射线照片是由钱德拉太空望远镜于2000年拍摄的。有残余的尘埃和气体云在太空中膨胀，但没有星核的痕迹，由此可推断它的原始星是白矮双星而非红巨星。如果核留存下来的话，那么它可能成为中子星或黑洞。

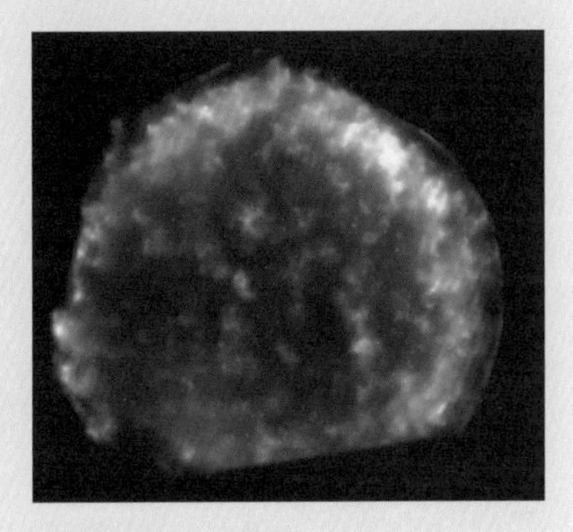

也是土星到地球的距离的20 000倍之多。

但第谷说它不是彗星的说法是正确的。他看到的其实是过去发生的事情。这是一颗超新星，即一颗爆发的恒星，它距离地球是如此遥远，以至于光都需要20 000年才能传播到地球上。最终，超新星都将暗下去并消失掉，构成它的原子将在宇宙中循环。经过很多代人的努力之后，现在我们已经清楚发生这一过程的相关知识，知道这一恒星的碎片（原子中的原子核）将散布到宇宙各处。但在1572年，年仅25岁的第谷能够明确知道他所看到的不是一颗彗星，也没有去听信那些要他不要轻信自己眼睛的人。

美国天文学家洛基·科尔布将第谷的行为写成是“对那些有头脑却不思考的人，他毫无耐心。对那些有眼无珠（有眼睛却看不到）的人，他感到沮丧。在他所著的《新星》一书的前言中，他对这些人进行了猛烈的抨击：

> 哦，那些有着高超智慧的人，
> 哦，也是对着星空的睁眼瞎。”

但并非每个人都是睁眼瞎。第谷的著作《新星》使他声名鹊起。他决定游历欧洲，一是为了推介他的这部著作（也应包括他自己）；二是为了找一位能在更大程度上资助自己从事天文研究的赞助人。他曾写道：“一个天文学家，不应只是其他知识领域的未知者，而应成为一位世界公民。”

在游历的过程中，他作了大量的演讲，吸引了很多的人对天文学的关注。在德国演讲时，他给在海塞的德皇威廉四世（Wilhelm IV）留下了深刻的印象。德皇给腓特烈二世送去了一封加急信函。他在信中说：“陛下切莫再允许第谷离开祖国了。否则，丹麦可能将失去一个最好的国家标志。”

腓特烈二世闻讯后立即派人快马加鞭前去将第谷接回国，并将他安置在哥本哈根附近的皇家狩猎园中。这位国王已经决心

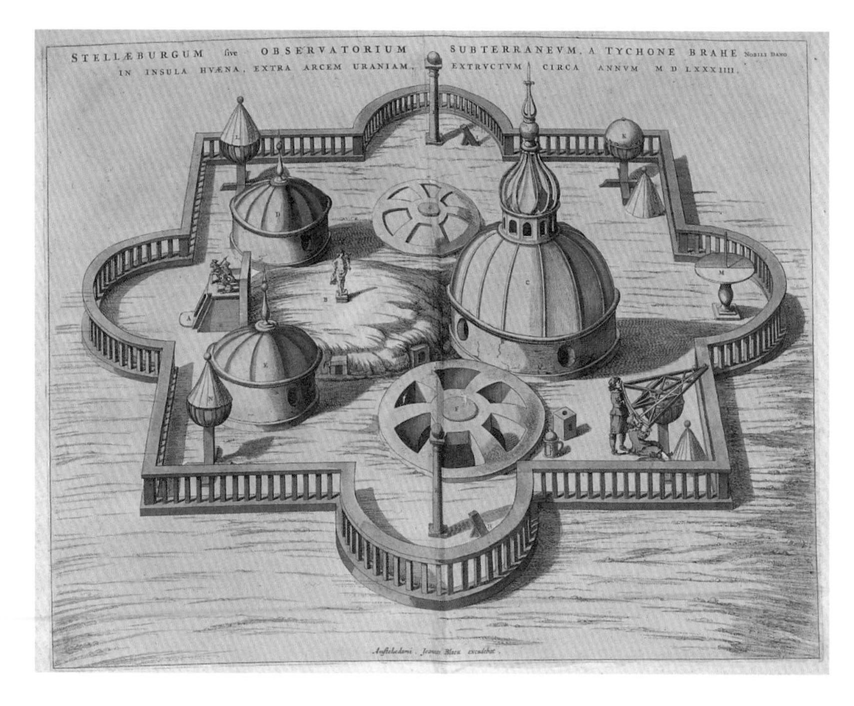

在华文岛上，第谷拥有两座城堡般的天文台，一座称为天堡（意为天空中的城堡），另一座称为星堡（星空的城堡）。星堡的大部分是建于地下的，目的是防止风对观测精度的影响。其中还有一些用于测量恒星间角距离的巨大象限仪和可移动的六分仪等。

成为第谷的赞助人，他想成为著名的支持艺术和科学事业的君王。腓特烈二世为第谷提供了一座位于丹麦和瑞典之间的名为华文的小岛，并慷慨地给予大量生活津贴，使第谷可以像贵族那样生活。理论天体物理学家洛基·科尔布不无羡慕地认为，这是“对待天文学家最正确的方法”。

第谷在华文岛建起了一个名为“天堡”的巨大的城堡。它应是当时全欧洲最豪华的天文台。第谷将它称为“天宫”。在这座城堡中，有着抽水马桶和内部通话装置，还有一座化学实验室、一座造纸厂、一座印刷厂，甚至还有一座私人监狱。当然还有几乎可以肯定地说是当时世界上最好的天文台。第谷将华文这一绿色的海岛变成了当时最为顶尖的科学思想智库。

上图中是第谷的天堡天文台外观及其结构平面图。

第谷在华文岛花费了多年的时间来研究星空，并据此作出了精确的天文图像和数表。他所做的观测包括以下几个方面：用了一整年的时间来追踪太阳相对于每年重复出现一次的黄道带星座的运动情况；用了 12 年追踪并描绘出木星在轨道上的运动情况；用了 30 年追踪土星绕太阳运动的情况。第谷的工作都是按年度来计算的，他所制作的图表比之前的任何一个都好。

对他而言，天文学是“天国的炼金术”。他将医学和炼金术称为“世俗的天文学”。他研究它们中能想到的所有内容。炼金术和

下面是一些可看到的行星绕太阳运动的周期：

水星……………88 地球天
金星…………224.7 地球天
火星……………667 地球天
木星…………11.86 地球年
土星…………29.46 地球年

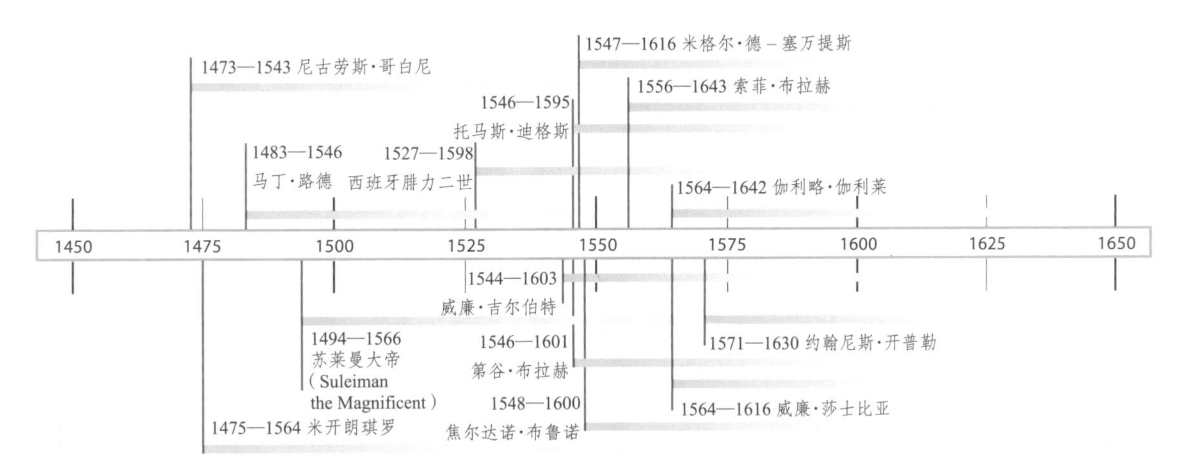

炼金术有时是很神奇的，特别是在早期的科学中（更多的可参见第19章）。很多有钱人、文艺复兴时期追求时髦的人都很迷信它，第谷和索菲也在其中。上图即为索菲的像。她的第二任丈夫埃里克·朗厄（Erik Lange）将他们所有的钱都用于想把普通金属炼成黄金的实验上了，而索菲则想提炼出一种包治百病的万能药。我们现在知道这些都是不可能的。但我们不要嘲笑这些炼金术士，因为我们也是后见之明。我们现在认为是正确的东西，我们的后代可能也会对此嗤之以鼻。

占星术被证明是伪科学，但有时这方面的研究也能促使真正科学的产生。对文艺复兴时期的思想家们而言，所有艺术和科学都是相联的。

第谷的妹妹索菲·布拉赫（Sophie Brahe）也经常到华文岛来加入观测星空的活动。第谷称索菲为“我那博学的妹妹”，并将她当作了自己的一个同事。在那里，她也有自己的一座城堡。按第谷所述，“她设计了一座精美绝伦的花园，在整个北部世界中都应是无与伦比的”。索菲在丈夫去世后，变得心烦意乱起来。第谷告诉我们：

> 她转向研究炼金术，目的是配制出一些药物……很快地，她就不仅能向她的朋友和上流社会提供这些配制出的药物……而且也向穷人无偿提供。但她发现，即使这条路也不能满足她那永远追求更高更远的智慧欲望。

索菲向哥哥提供的不仅是热情的帮助，还有一些智慧的交流。十分遗憾，我们不能听到他们如何谈论和评价哥白尼的话语。第谷知道托勒密的天体几何系统（以地球为中心）存在问

右边的彩色木刻画表示的是1577年彗星划过德国纽伦堡上空的情景。彗星是令人印象深刻的，但它不像喷气式飞机那样一闪即过，而是夜复一夜一寸一寸地向前移动。有的要历时几天的时间，有的甚至要几个星期才能飞越天际。从11月13日到次年的1月26日，第谷·布拉赫持续地观察了这颗1577年出现的彗星。在此后的20多年中，他还追踪了6颗较小的彗星。

题，但不敢相信地球不是宇宙中心的说法。而哥白尼的数学方法似乎很好地解决了行星运动的问题。他应该相信谁呢？于是，第谷开始创立自己的宇宙系统理论，即第谷模型。这是一种前两种理论的妥协方案，其大致内容为：**地球静止在宇宙的中心位置，而太阳则绕着地球旋转。同时，其他的行星又绕着太阳旋转。**这一模型既能避免行星的错乱行为，也能消除所谓的本轮疑问，同时还不用抛弃亚里士多德和托勒密的核心观念。这似乎是个很有希望的想法。包括普通人和学者在内的很多人在这三种学说面前，都陷入了左右为难的窘境之中，并为此而争论不休。托勒密、哥白尼和第谷中，谁的理论是正确的？他们中存在着正确的吗？对此，没有人能够说得清。

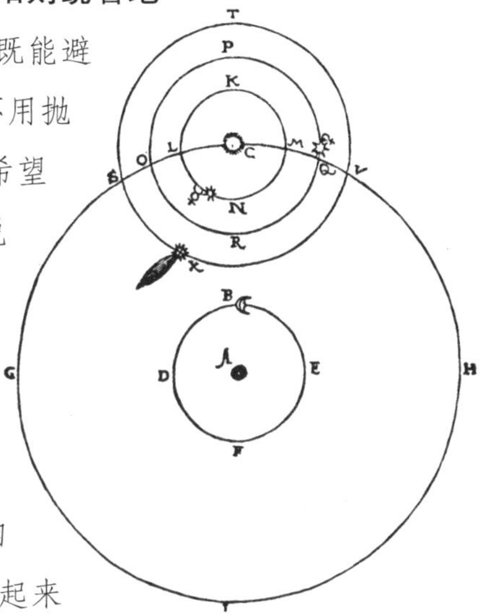

在1577年的11月，一颗明亮的拖着长尾巴的彗星飞越了天际。在它出现在空中的两个月中，第谷利用他自己设计的观测仪器及他那有着非凡视力的眼睛，每夜都起来观测。他据此描出了这颗彗星的运动轨迹。因为他无法探测到它的视差（parallax），所以第谷可以确定它位于月球之外，即在假想的第一层天球之外。这就意味着亚里士多德的水晶天球说是站不住脚的。如果真有水晶天球存在，那么这颗彗星就要穿透水晶天球。

第谷根据1577年的彗星（图中的鱼雷形物体）运动作出的以地球为中心的太阳系模型。其中地球位于中心位置，月亮和太阳（上部牛眼状图形的中心）绕地球运动。水星、金星和火星等绕着太阳运动。

第谷在他的下一本书中作出了这样的结论：“天上不存在实心的天球层！”从而打碎了亚里士多德和托勒密所建立的天空模型。他认为，这种透明的天球壳层仅具有象征性的意义，而实际上是不存在的；存在于天空中的天体是不需要任何支持物的。能得出这种结论应该是想象力和智力的巨大成功。但如果没有这种水晶天球层的话，各个恒星和行星为什么不掉落下来呢？这是当时无人能回答的问题。

视差为从不同的视角观察一个物体时测得它相对于背景的变化。更多相关内容见本书第58~61页。

毫无疑问，第谷是当时最伟大的天文学家，也是所有历史时期的最伟大天文学家之一。但当腓特烈二世去世后，他那年仅11岁的儿子继承了王位而成了克里斯蒂安四世（Christian IV）国王。新国王不太喜欢第谷为人处世的态度（第谷是一位高傲自大的人，而新国王的谋臣中也有一些是如此性格的人）。几年后，这位孩童国王写下如下的文字送给第谷:“(你竟能)和我平起平坐而不感到脸红……我希望从今天起,如果你遇到我这位仁慈的君王和主人的话,应该表示出不同凡响的尊敬之举……以与你身份相符的礼仪而不是毫无意义的大胆无耻行径。”

天文学家应该是四海为家的人,因为无知的政治家对他们的评价是不足为信的。

——第谷·布拉赫

克里斯蒂安国王收回了其父赠与第谷的华文岛和财政支持。他还雇佣了第谷的助手在哥本哈根建立了一座天文台(被人们称为“圆塔”,详见本书第195页)。最终,天堡被推倒了。第谷只好离开丹麦。但第谷是一位在各地名声极高的天文学家,很快他就谋得了新的职务:成为欧洲最强大的君主——奥地利的圣罗马皇帝鲁道夫二世(Rudolf II)的数学家、天文学家和占星术士。

鲁道夫皇帝希望第谷能利用星象预卜未来(如果这真能行得通的话,那对帝王来讲将会非常有用)。当时,正是占星术的鼎盛时期,作为一个集天文学家和占星术士于一身的人,第谷凭此为自己争取来一座极好的天文台。这次,天文台将建在布拉格,但此时第谷已上了年纪。

在此之前,无人能作出像第谷那样出色的星图。甚至连第谷自己也都不知道怎样来说明星图中的所有细节。因此,他还需要一个能知道正确使用星图的助手。他发现了一个理想的搭档:一位能利用他的图表并和他一起共事的人。他的名字叫约翰尼斯·开普勒(Johannes Kepler)。当他们相遇时,开普勒28岁,而第谷则已经53岁了。

历史上有很多有名的搭档。这里简列几例:古罗马时期的安东尼(Antony)和克娄巴特拉(Cleopatra,埃及艳后);西班牙的费迪南德(Ferdinand)和伊莎贝拉(Isabella);美国的刘易斯(Lewis)和克拉克(Clark)等。第谷·布拉赫和约翰尼斯·开普勒这一对,在当时

在16世纪发生了什么事情?

无论是否喜欢,我们都被历史迷住了。我们为它而争论,用它来说古论今,审视各个时期的活力和成就所在。一般认为,1600年是现代社会的发端,而现代主义的种子是在1500年代开始萌发的。

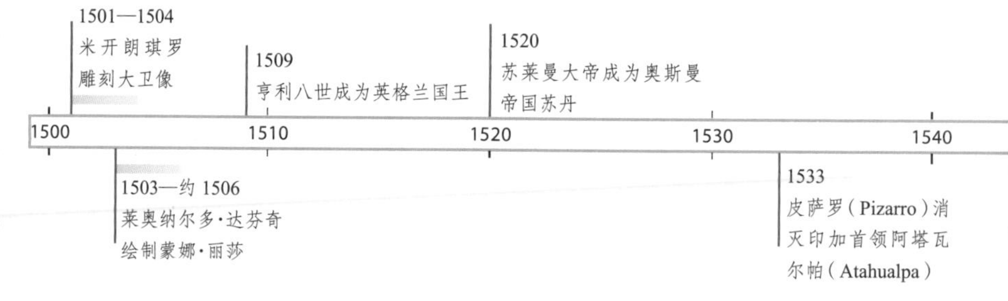

在由奥地利人爱德华·恩德(Edouard Ender)于1855年绘制的《丹麦贵族》中，第谷·布拉赫(左侧)站在阴影中，正向鲁道夫二世皇帝(中间全神贯注的观察者)展示天球仪。

来说，可以说是科学史上最重要的搭档之一。很遗憾，他们对彼此并不是很喜欢，但这不要紧。第谷是一位了不起的天文学家，而开普勒则是一位了不起的思想家。正是他们间的这种差异起到了互补的作用。

请在你的脑海中深深记住这个名字——约翰尼斯·开普勒。后面，你还将了解到他利用第谷的星表进行天文研究所取得的骄人成果(特别是在第谷去世后)。现在，再让我们将眼光投向南面的意大利，在那里哥白尼的著作撒下的种子开始生根发芽了。

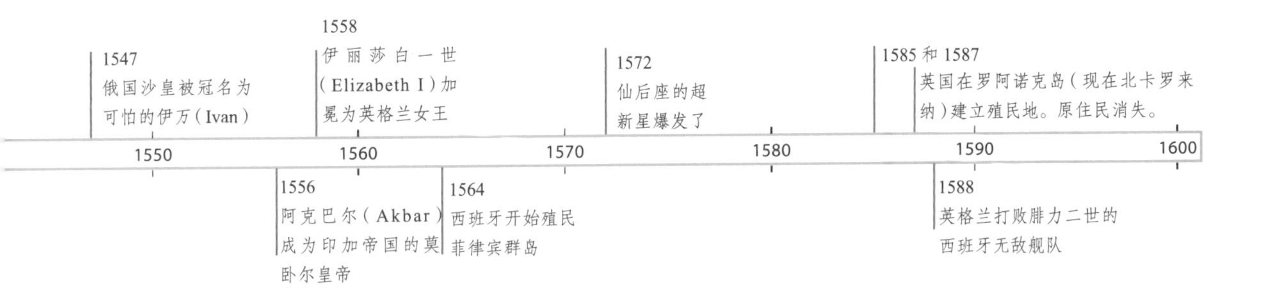

一把尺子量天地

当第谷·布拉赫从不同的观察点观察月球时，可以看到月球的位置相对于星空背景发生了移动。这种视觉上的移动现象称为视差。视差越大，说明我们距这一物体越近。第谷追踪了发生在1572年的超新星现象和出现于1577年的彗星，它们都没被测出视差，这意味着它们都不是近处的天体。如果这一结论是正确的话，那么亚里士多德可就犯了一个大错误。

视差究竟是怎么一回事？我们用一个实验就可以很容易地理解它：将一根手指在你的鼻前竖起，闭上一只眼看它，然后，睁开眼，并闭上另一只眼看。这样你就观察到了视差现象：你从不同的观察点看手指，看到了手指相对于背景的位置变化。你的双眼相距约1英寸的距离，它们形成了两个不同的观察点，因此你的手指相对于背景的位置看来发生了变化。第谷在观察月球时用了星空作为背景，其原理和这是相同的。

现在，将手臂向前伸直，重复上面的实验，这次也看到手指相对于背景发生了变动，但比上一次的变动要小。物体离观察点越远，则观察者看到的视差就越小。

手指保持不动，睁一只眼闭一只眼，然后两眼交换。所看到的手指将相对背景产生一定的变动。这就是视差现象。

右眼闭时看到的

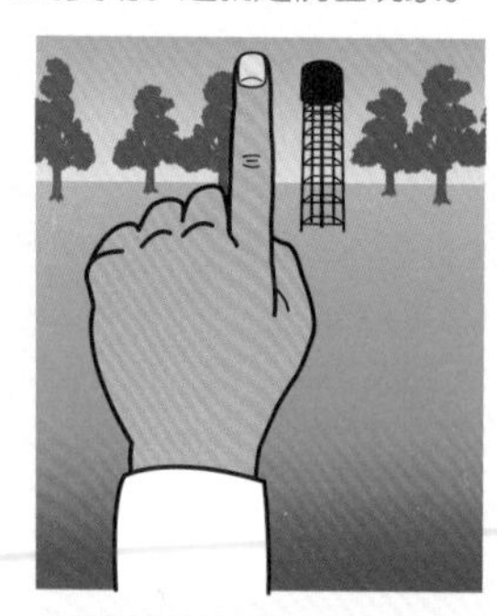

左眼闭时看到的

第谷和其他的天文学家无数次地尝试测量恒星的视差，但却都测量不出来。在当时没有高倍望远镜的条件下，恒星到我们的距离是如此之远，测不出视差也就不足为奇了。测量恒星的视差对文艺复兴时期的天文学家们提出了挑战，因为他们迫切地想测量宇宙的大小。

第谷在试图测量超新星的视差时，他发现超新星应该是一颗恒星：它的视差几乎不发生变动。这表明它是如此之遥远。当他再测量彗星的视差时，则遇到了非常棘手的问题：它的运动速度较快，且与恒星相比，它距离我们较近，因而它的运动就显得较为明显。第谷进行了大量详细的观察，仍深陷在困惑之中：他观测到的究竟是视差还是彗星的运动呢？最后，他得出结论：所观测到的彗星运动并非视差。这意味着无论是“新”星还是运动的彗星都不可能离月球很近，因为月球的视差偏离是非常明显的。所以，亚里士多德的“遥远的天空是一成不变”的观点是错误的。上面就是两个能表明天空是变化着的例子。

作家蒂莫西·费里斯（Timothy Ferris）曾写道：“如果恒星能俯下身来，在天文学家的耳边悄声说，‘不仅太阳底下有新事物，太阳外面也有’，那么，对

第谷设计了这种用于测量恒星视差的仪器（图片曾用作该书的封面）。但由于视差变动太小，很难利用这套工具进行精确测量。

亚里士多德宇宙观的冲击大概莫过于此。很明显这是一种新物体，它不仅能在太阳之内，也能在太阳之外。”

在探测彗星的视差的过程中，第谷发现了一些其他的东西。他观察到了彗星在太阳前面的

（下接第 61 页）

细微的月球视差

右图是按比例绘制的地球和月球的大小和位置图。可能你会感到奇怪：我们平时看到的这类图中，月球都画得更大，更靠近地球。真实比例图中，从地球上看到的月球视差角十分微小。月球是最靠近我们的自然天体，因此在所有天体中它的视差又是最大的。

本图中，我们使用了地球的直径来作为三角形的底，对行星而言，这是可能的最大尺度。如果用双眼观察，那么这个底就是你两眼间的距离。这个底越大，则视差角也就越大。然而，即使用如此大的地球直径作为底，并用它测量离我们最近的天体月球的视差，所测出的视差角仍然小于2º。

至于和地球相邻的其他行星和过往的彗星，测量到的视差角则更是小得多，大都不到1º。而到最近的恒星，即半人马座的比邻星的视差角小于1/3 600度！如果没有大型的天文望远镜，要探测出如此小的视差角几乎是不可能的事情。因此，这在19世纪之前只能是人们遥不可及的梦想。

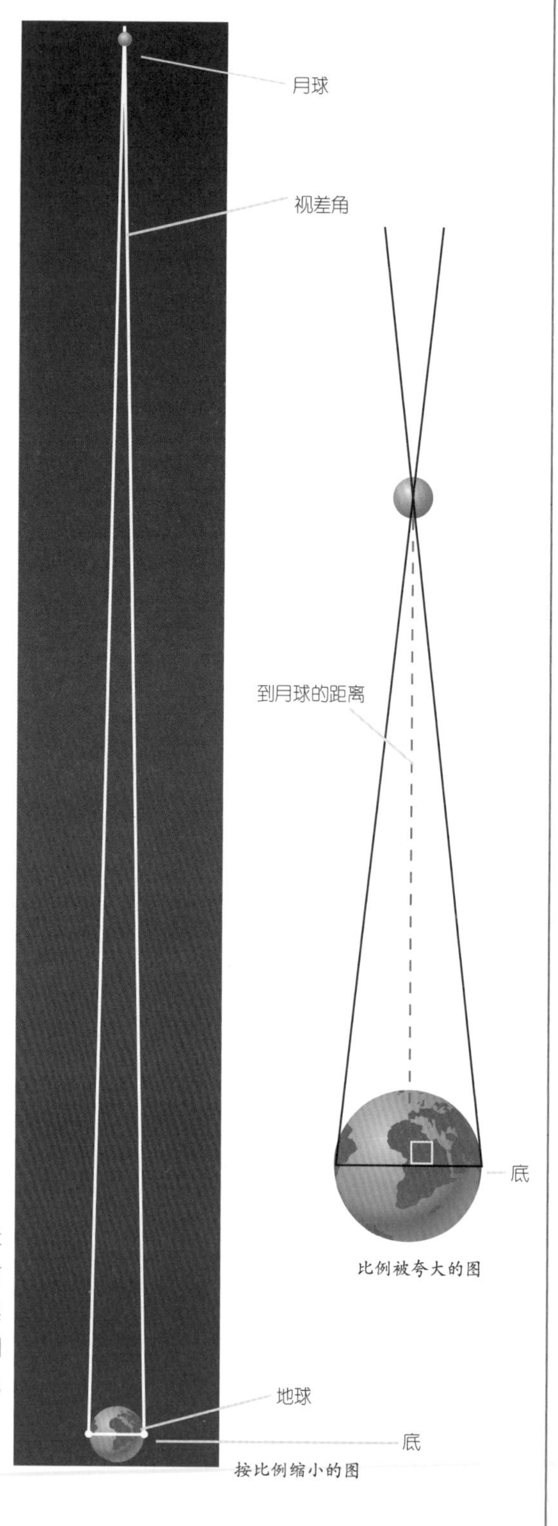

比例被夸大的图

按比例缩小的图

视差不是视觉上的小把戏，而是人们测量从地球到太空天体距离的一种非常有用的工具。注意右图中测量月球的视差时视线所形成的三角形，既长又细。但它和其他三角形一样也具有三条边和三个角。因此，利用三角学这一数学工具，根据测量出的视差角和已知的地球直径（底），天文学家就能计算出地球和月球间的距离了。

左图为在 2003 年 11 月 9 日，世界各地的天文爱好者同时拍摄的月球照片。当将它们结合起来时，则可看到明显的视差效果。上面的一幅照片比较了分别在英格兰的莫尔登和美国的科罗拉多拍摄到的画面。这时的底非常长，它跨越了两个大陆。而在下面的一幅中，则是分别在比较靠近的莫尔登和苏格兰的格拉斯哥拍摄的，这时的底较短。底越长，则视差也就越大。

运动。然后它逐渐变暗，并远离地球而去，之后又重新出现在太阳附近。对第谷而言，道理非常明显：这颗彗星是在绕着太阳运动！这让他得出了如下结论：行星是绕着太阳运动的。当将这一结论用于地球时，他却又踌躇不前了。因为他不敢相信这种情况的发生，虽然这是真实的。他的观察帮助了其他的思想家接受了哥白尼的模型，但第谷本人却没能在建立太阳系正确模型方面迈出那具有飞跃性意义的一步。

文艺复兴时期的人们

诸天的星辰，在运行的时候，
谁都恪守着自身的等级和地位，
遵循着各自的不变的轨道，
依照着一定的范围、季候和方式，
履行它们经常的职责。

——威廉·莎士比亚（1564—1616），英国剧作家、诗人，《特洛伊罗斯与克瑞西达》

真理是伟大的，如果让她自行其道的话，必然会盛行于世。

——托马斯·杰斐逊（Thomas Jefferson，1743—1826），美国总统，《弗吉尼亚宗教自由法令》

在尼古劳斯·哥白尼于他的教会住所去世后的21年后，一对年轻夫妇的家中降生了他们的第一个孩子。孩子的父亲温琴佐·伽利莱（Vincenzo Galilei）和母亲朱莉娅（Giulia），为他们的儿子起了个名字叫作伽利略。

在伽利略出生后3天，享誉世界的艺术家米开朗琪罗在他89岁时去世了（他曾在罗马梵蒂冈的西斯廷大教堂的天花板上，创作了上帝创世纪时的震人心魄的恢宏壁画）。此后又两个月，在英国，有一位以缝制手套和贩卖羊毛为生的约翰·莎士比亚，他那出生于兴旺的农场主之家的妻子生了一个男孩，洗礼取名为威廉。这件事发生在1564年的2月。如果你相信星相学家们靠星相就能预卜世界上未来事件的话，那么请你也观察星空，找出能使天才降临或离世的迹象吧。伽利略、米开朗琪罗和莎士比亚这三人，都是人们难得一觅的旷世奇才。

伽利略家的盾形徽章含有一个三阶的梯子，这意味着“好的帮助”。这是佛罗伦萨圣十字大教堂中伽利略墓上的冠饰。

米开朗琪罗是艺术家，莎士比亚是诗人和剧作家，而伽利略是科学家。他们中每个人都砸碎了一度看似完美的思想枷锢。他们引领着一种勇往直前、永不回头的潮流。在伽利略之后，宇宙就按照一种新的曲

现在，我们知道占星术是没有任何科学根据的。

在我看来，他们仅仅是依靠权威来证明一切论断，而不是进行举证，这非常荒唐。我与他们相反，希望无拘无束地质疑与解惑，去追求真理而不去特意讨好他人。

——温琴佐·伽利莱，《音乐对话》

调来跳舞了。和第谷·布拉赫一样，人们称呼伽利略·伽利莱只呼其名而不称其姓。顺便说一下，伽利略出生时，第谷已经十几岁了。

伽利略的父亲为自己的宝贝儿子做了很好的榜样。

温琴佐·伽利莱是集谱曲和演奏于一身的音乐家，比较擅长创作诸如简短爱情歌之类的抒情歌曲，也喜欢创作一些教堂歌曲。他渴望在音乐中渗透一些古希腊流行音乐的元素，如神话、诗歌等。因而他不断试验新的音乐形式，将演说和诗歌注入音乐之中。歌剧就是从这种试验中演化而来的。他还用重琴弦和共鸣板做了关于音程的实验。

左图所示是温琴佐·伽利莱的著作《音乐对话》的封面。他曾尝试用不同长度的琴弦发出不同音调的声音。可能是他的这种含有科学成分的工作引导了自己的儿子伽利略也热衷于实验。

知识是无止境的

克里斯托弗·马洛（Christopher Marlowe）是另一位具有创造性的天才。他和莎士比亚、伽利略一样，都是出生于1564年，但却在非常年轻的29岁时就去世了。人们普遍认为他是在饭店中为晚餐和啤酒的账目问题与人争执而死于非命，也有人认为是谋杀。真是不幸！他是一位非常有活力且不循规蹈矩的剧作家和诗人，打开了莎士比亚将要迈入的大门。下面是摘自他的话剧《帖木儿大帝》中的几句：

我们的灵魂凭自己的能力可以了解
世界的奇妙建筑师：
他们能探测到游荡行星的踪迹，
继续攀爬无止境的知识高峰。

马洛对科学有着非常浓厚的兴趣，这几行字句中蕴含着深刻的科学意义。

人们普遍认为这幅肖像画中的人物就是克里斯托弗·马洛。

所谓音程，是指两种音调间的差别。

共鸣板是一种薄板，将它放在诸如钢琴、小提琴等乐器的上部，以增加声音的共鸣程度。对一种新的思想，有时一个人或一组人可以起到传声结构板的作用。

音乐家们希望能用毕达哥拉斯归纳出的规律，谱出庄严的乐曲。而温琴佐则将这其中的一些规律打破了，因而激怒了他们。他还是一位不受任何约束的思想家，并有着敏锐的洞察力，对所谓大人物的权威不屑一顾。但革命性的观念换不来面包。虽然他是一位受人尊敬的作曲家和演奏家，温琴佐不得不用贩卖羊毛的方式来养活他那不断添丁的家庭。

这张意大利地图（右图）取自由亚伯拉罕·奥特柳斯（Abraham Ortelius）印于1603年的第一部现代地图集。

他们全家生活在意大利西部中心区域的托斯卡纳，然后又先后到了比萨和佛罗伦萨。意大利当时是一些独立的小邦国的集合体，各个邦国都使用着共同的语言，也都信奉着共同的宗教，但却都有着自己的统治者、独立的法律和独特的个性。

温琴佐是一位尽职尽责的父亲，他尽其所能教给自己儿子希腊语、拉丁文和经典文学，当然也肯定要教音乐。伽利略年轻时就学会了弹琵琶和管风琴，且有相当高的演奏水平。年轻的伽利略在绘画和作诗方面也显出了自己的天分。在还是孩童时，他就从事喜剧表演了。总之，这位长着红头发的魁梧年轻人有着像他父亲那样的活力和自信。在他11岁时，父母就把他送到了一座耶稣会修道院中。在那里，作为教师的教士教给了他更多的拉丁文和希腊语、自然哲学（亦即现在所说的科学）、数学和宗教教义。但当伽利略自己也想成为一名教士时，温琴佐为了自己儿子的未

伽利略对科学诞生的关键贡献在于强调了用精确和重复的实验来验证假设，而不依赖于旧的“哲学思辨”的方式。后者试图通过纯逻辑和推理来理解世界运行的机理，导致人们相信较重的石头比较轻的石头下落得快的说法，然而却没有任何人实际扔两块石头，看一下发生了什么，用结果来验证这一假设。

——约翰·格里宾，《科学家传记》

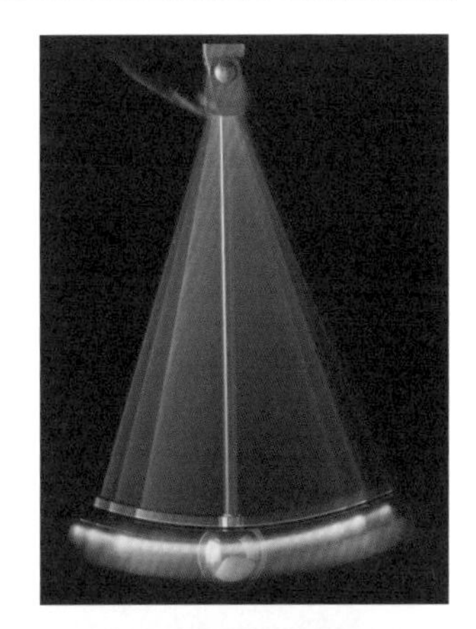

来，冲上了山坡上的修道院，以要带儿子治疗眼疾的名义将他带回了家。从此伽利略再也没有返回修道院。温琴佐不想将儿子的一生终了于修道院中。然而，这些早期的训练对伽利略产生了不可磨灭的影响，使他一生对上帝都是虔诚有加的。

伽利略将自己的信仰和他父亲那好斗的天性融为一体。这种混合型的人格既使自己的成就称羡于人，也为自己树立了很多的敌人。

尽管离开了修道院，但伽利略的接受正规教育之路还很漫长。伽利略的父母希望他们那聪明的儿子能够成为一名医生，为家庭带来收入和荣耀。于是，他们将他送到比萨大学的医学院中去学习。

这个枝形吊灯依然悬挂在比萨大教堂中。如上图所示，摆的振动周期仅取决于摆线（杆或链）的长度，而与摆锤的质量无关。乔·埃伦·巴尼特（Jo Ellen Barnett）在他的《时间钟摆》一书中解释说："当摆以较大的幅度摆动时，摆锤将以较大的速度下落，从而在相同的时间内通过较长的距离。"

伽利略对医学不感兴趣，常因逃课而受到教授的抱怨。他偷偷跑去旁听数学课，一位数学老师成了他的良师益友。这位老师对那些直言坦率和好奇好问的青年特别感兴趣，故对伽利略进行了专门的指导。

在伽利略约 18 岁时的一个早晨，他正坐在装修精美的比萨大教堂中做弥撒（传说是这样的）。这时，一位教士将沉重的枝形吊灯拉到一边，修整灯芯使灯更加明亮，然后松手放开吊灯。此后吊灯便摆动起来。起初，吊灯摆动的幅度很大，慢慢地，摆动的幅度就越来越小了。伽利略忽然想搞清一件事情，从而忘记了祷告。他运用自己学医掌握的知识，利用自己的脉搏来估测吊灯每次摆动所用的时间。他惊奇地发现，虽然吊灯摆动的幅度越来越小了，但它摆动的周期，亦即它每次摆动一个来回所用的时间却是近乎相同的。

于是，伽利略飞快地跑回家中，并用细线和重物做了与此相同的实验。这一点是非常重要的。他是第一个注意到这一现象并发现其中规律的人。由此，人们也知道了利用摆可以精确地测量时间。

无论摆锤（即摆线的下端所系的重物）的重和轻，它每完成

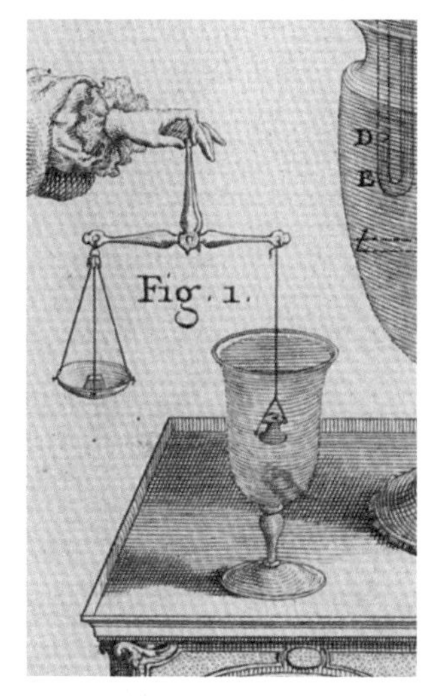

以水的密度为标准，我们可以借助水重天平来测得物体的密度。测得的密度实际上是相对密度。如图所示，将一个物体浸入一杯水中。如果物体的密度比水的大，它将下沉，这时需要在另一端加重物使天平回复平衡。物体的密度越大，则要加的重物就越多。

一次完全振动（即摆动）所用的时间都是相同的。但如果你改变了摆线的长度，那么它的摆动周期就将发生变化（注意：我们在此处已经忽略掉了空气阻力的影响）。起初，伽利略没有想到用摆来作为计时工具（这是后来的事），而是设计了用于测量人体脉搏的跳动速率及其变化的工具。

他的摆被发展成了一种非常有用的医学工具，并为他带来了一片喝彩声。但还不足以为他赢得奖学金。由于家庭经济状况不佳，他辍学了。在此后的几年中，他靠自己的才智生活，如辅导学生数学，同时用他活跃的思想做实验、进行测量、调查研究和发明创造。此外，他还独立地进行一些研究，特别是对古代数学家欧几里得（Euclid）和亚里士多德的研究。在此期间，他还发明了一种浮力天平，这是他通过对阿基米德（Archimedes）观点的研究而受到的启发。他由此认识到，如果没有精确的测量工具，科学就不可能走得太远。

他真正想干的事是想成为一名数学教授。但他每次去谋求这一职位时都被拒绝了。最终，他感到了无奈和绝望，并萌生了要离开意大利的想法。就在这时，比萨大学中的初级职位上有了空缺。应聘后虽然起初报酬不高，但他很快就成为比萨大学中一位知名的教授。

伽利略是一个生性活泼且学识渊博的人，并且通晓和热爱文学、艺术，更不用说数学和科学了。因此，他的课程涉及面广，生动活泼，学生都热切希望能听他的课。但不幸的是，他喜好奚落别人，甚至更糟：他贬低别的教授，尤其是持有亚里士多德观点的教授。于是他树敌过多。事实上，持有亚里士多德观点的人并非都是相同的。在比萨大学，有一些持有亚里士多德观点的教授已经萌生现代科学的思想，并开始用实验来验证亚里士多德的观点。虽然伽利略不愿承认这一点，但他确实从这些实例中学到了东西，他特别对运动的实验感兴趣。“忽略运动就是忽略自然”，正是科学界中常能听到的格言。

流体力学在研究天气、设计飞机和汽车、化学工业等方面是十分重要的，因为它们都涉及气体、液体的流动。流体静力学（Hydrostatics）是物理学的一个分支，研究静止状态下的流体。

在比萨大学，伽利略可能进行过一项实验，它改变了人们关于运动的观念。亚里士多德认为，较重的物体比较轻的物体下落

这是一个真实的故事吗?

温琴佐·维维亚尼(Vincenzo Viviani)是伽利略的一个助手,也是伽利略的第一位传记作家。他曾写下了关于伽利略的这一著名实验,即将一大一小不同重量的两个铁球同时从比萨斜塔顶部由静止状态释放而开始下落。哪一个先到达地面,是较重的还是较轻的?

假如它们同时到达地面,这就证明了两球以相同的速率下落。但这要有一个条件,即在没有空气阻力的情况下,就如同在月球上一样。

假如有一人从20层的楼上由静止同时释放一个公文包和一个棒球。在下落的过程中,公文包将与棒球同时落地。(危险,请勿模仿!)

但一根羽毛和一个铁球从塔上落下时,它们肯定不会同时落地。在有空气存在的情况下,是空气阻力制造了这种差异(一般说来,物体的密度越小,则空气对它的影响也就越大)。

伽利略真的做过这一实验吗?没有人能确定,伽利略告诉维维亚尼说他做过,这就足够了。你在后面将会读到,伽利略并非是唯一做过这类实验的人。

比萨斜塔位于意大利的北部,它建于1173年至1360年间。当它建到第三层时就因地基不牢而发生了倾斜。20世纪90年代,工程师们在审视了数以百计的方案之后,决定在地下加平衡物来防止它倾覆。

的速度大。一个2磅重的球和一个1磅重的球同时下落时,2磅重的球的速度将是1磅重的球的2倍。伽利略认为亚里士多德的说法是错误的。他认为在没有空气阻力的条件下,两个物体应具有相同的速度。

他还注意到在下冰雹时,无论是大个的还是小个的,常常同时砸到地面。他说他不认为上帝会在较低处撒下较小的冰雹。

不难证明他的这一理论。他唯一要的就是实验。据说他取了一个炮弹和一颗子弹沿着阶梯登上了比萨斜塔的顶。如果在塔顶同时松手让这两个球下落的话,它们能同时到达地面上吗?事实真是如此!它

1971年，航天员戴维·斯科特（David Scott）站在月球表面上，在那种没有空气存在的环境中，同时释放手中的一把锤子和一根羽毛，观察到它们是同时到达月面的。于是他宣布："看到了吧，伽利略先生的结论是正确的！"

如果你也想做这一实验的话，那么就要保证这两个物体是在同一高度同时释放的。科学史学家托马斯·塞特尔（Thomas Settle）在用一重一轻两个球做这一实验时，一位实验心理学家在旁观看。他们发现，拿较重的球的手容易疲劳而反应迟钝，在释放它时往往会滞后一点。

们几乎同时到达了地面。

伽利略的这一实验粉碎了亚里士多德关于运动的理论和观点全部正确的神话。同时，也为建立起运动定律做好了准备。这一定律在大约400年后将人类送上了月球。

现在，大部分权威人士并不相信伽利略真的做过这一实验，但他肯定在某处做过物体下落实验，如在他的窗外。下面是伽利略本人关于这一问题写下的记述：

亚里士多德认为，一个100磅的球从100腕尺[①]的高处下落，它将比一个已经下落1腕尺的1磅物体先落到地面上。而我认为它们将同时落地。通过实验我发现，较重的球比较轻的球以2英寸的微弱优势先着地。然而，就是这2英寸击败了亚里士多德的99腕尺。我的实验存在着微小的误差，但这对他的巨大错误而言是微不足道的。（我们现在知道，他所说的"微小的误差"可能发生在测量、松开球或空气阻力等环节。）

在比萨大学任教3年，尽管伽利略取得了很多引以为傲的成就，但他的处事态度和直言不讳的性格已经得罪了大部分同事。他从不穿要求教授们上课时穿的黑色长袍。他还写了一首诗来取笑这种长袍，这

译者注：① 一种旧长度单位，依不同地区和不同时期而略有不同，约在17~20英寸（43~51厘米）之间。

西蒙的功劳

一位名为西蒙·斯泰芬(Simon Stevin)的荷兰数学家拿来两个铅球。其中一个的重量是另一个的10倍。他同时释放这两个铅球,我们可以根据它们砸到地面的声音来判断落地的先后。斯泰芬说:“很明显,较轻的铅球下落的时间并不是较重铅球的10倍,而是同时落到地面上的。其同时性是如此准确,以至于我将两球落地时的两声响听成了一声。”斯泰芬没有更多地关注这一现象。几年后,伽利略关注了这一现象。斯泰芬将这一结果写到了他于1586年出版的书中。这本书是用拉丁文写成的,只有学者才能读懂。

使情况变得更糟。最终,他的任教合同没能得到续签。

伽利略意识到,对一个崇尚自由、开放的思想家而言,托斯卡纳应该不是一个理想的地方。因此,他在28岁时来到了东北方向的城市帕多瓦。帕多瓦是一座热闹熙攘的城市,属于有着自由开放传统的威尼斯共和国。在那里,他运用了自己所有的魅力和智慧、所能发现的每一次可遇不可求的机会谋求到了一个声誉非常高的职位,即帕多瓦大学数学系的主任。当时,帕多瓦大学是欧洲最好的大学之一。

但帕多瓦也不是完美的。就在伽利略入职后不久,曾经和伽利略竞争同一数学教授职位的焦尔达诺·布鲁诺(Giordano Bruno)被当局逮捕了,原因是他宣扬异教的观点。1593年,布鲁诺被押往罗马,并被关进了宗教裁判所的监狱。布鲁诺拒绝放弃自己的观点,即使面对宗教裁判所的酷刑威胁也不改初衷。他甚至比哥白尼走得更远:他不仅认为地球是绕着太阳转的,还认为太阳自身也是在运动着的。宇宙中的一切都是在运动着的。散布在太空中的恒星,每个都是太阳,都有绕着它运转的行星。我们的行星系统也不是宇宙的中心,因为宇宙没有中心。我们现在已经知道,

伽利略的个子不高。帕多瓦大学的学生往往看不到他站在讲台后面的大部分身体。因此,他们为伽利略做了一个如右图所示的带阶梯的讲台。

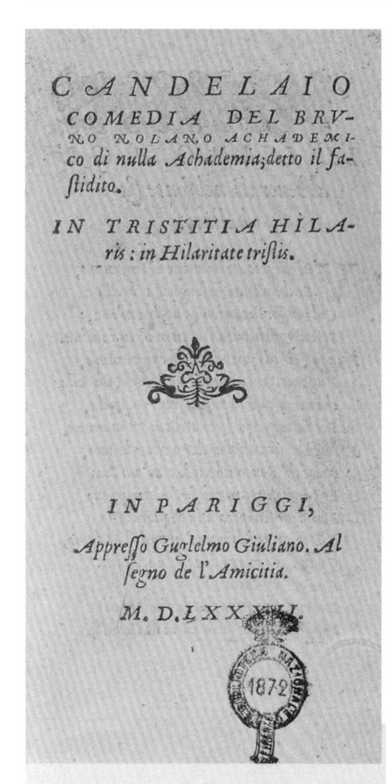
CANDELAIO
COMEDIA DEL BRVNO NOLANO ACHADEMICO di nulla Achademia; detto il fastidito.

IN TRISTITIA HILARIS: in Hilaritate tristis.

IN PARIGGI,
Appresso Guglelmo Giuliano. Al segno de l'Amicitia.
M. D. LXXXII.

焦尔达诺·布鲁诺是以作为多米尼克教士为目标而接受教育的，但最终他相信宗教的教义是与实际相悖的。他发现被灌输的关于宇宙的说法都是错误的，也很清楚他会因自己的信仰而被处决。他写的话剧《制作蜡烛的人》是一出抗议腐败的喜剧。剧本的封面如左图所示。

他的这一观点是正确的。但我们这是后见之明。

然而，布鲁诺还有另外一种超越了人们的想象的观点。他认为："在所有的生物中存在一种共同的灵魂，在同一时间中灵魂既是分立的、又是存在于整体和不同部分中的。"这不是说圣灵（上帝）是分布于宇

来自英格兰的观点

亨利八世因离婚案与罗马天主教廷分裂了，他要离婚，但罗马教会没有同意。于是他组织了自己的教会，即英格兰教会以分庭抗礼。1536年，一份议会法案宣告教皇在英格兰是没有权威性的。这种分裂使得英格兰在宗教领域出现了较大的自由度，这是其他欧洲国家中所没有的。

地球是在宇宙的中心吗？这是在亨利之后伊丽莎白女王时期的威廉·莎士比亚一代提出的考验智商的问题。莎士比亚的朋友，也是一位著名科学家的托马斯·迪格斯（Thomas Digges，1546—1595）接受了哥白尼的观点：地球不是宇宙的中心。他认为宇宙是无限的，而不是被限制在亚里士多德的球壳层之内的。他还认为每一颗恒星都是太阳，可能都有着绕自己转动的行星，其中一些还可能存在着有智慧的生物。他可能是受到了布鲁诺（1548—1600）的影响，或他们彼此影响。布鲁诺访问了英格

伊丽莎白一世女王统治着不断壮大的大英帝国。为防止有人怀疑她的权力，她请人绘制了如左图所示的站像，整个大英帝国的地图被置于她的脚下。

宙各处的吗？这是一种异端邪说。按照当时的宗教教义，造物主是与他所创造的世界相分离的。布鲁诺坚决不放弃自己的观点。最终在 1600 年，他活活被用火刑处死了。那么，布鲁诺是如何产生这些思想的呢？

异端（heresy）：想的和做的都和宗教信仰相反。历史上相信异教的人将被处以极刑，这也就是一些被指控为异教徒的人放弃自己观点的原因。

这肯定不是从哥白尼的观点得出的。因为相比较而言，哥白尼是一位奉行中庸的人。实际上，布鲁诺的一些观点来自于库萨的尼古拉斯。但布鲁诺的所作所为使当局对哥白尼的观点进行了严厉的审视，因为哥白尼的地球绕着太阳转的说法是与《圣经》相抵触的。布鲁诺已经显示出了质疑古人智慧的风险。他们想用烧死布鲁诺的火焰来平息来自科学的日渐高涨的质疑之声。

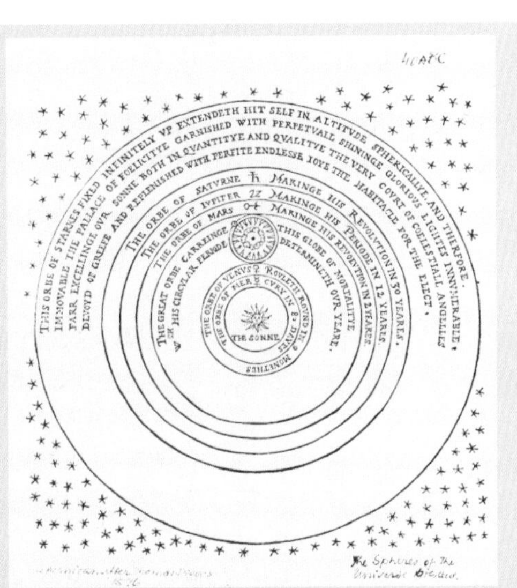

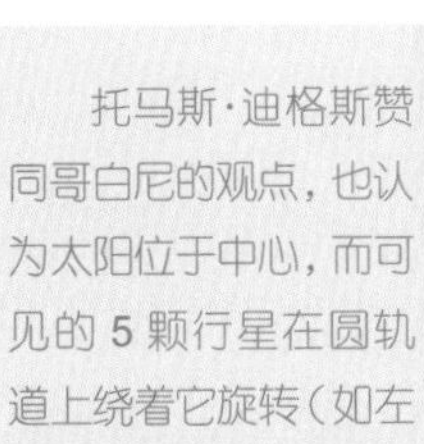

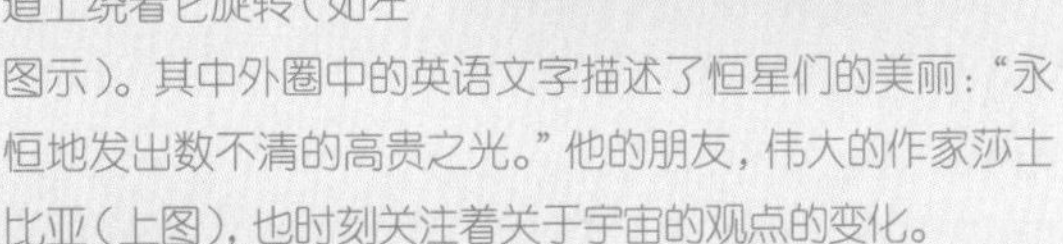

托马斯·迪格斯赞同哥白尼的观点，也认为太阳位于中心，而可见的 5 颗行星在圆轨道上绕着它旋转（如左图示）。其中外圈中的英语文字描述了恒星们的美丽："永恒地发出数不清的高贵之光。"他的朋友，伟大的作家莎士比亚（上图），也时刻关注着关于宇宙的观点的变化。

兰并在英格兰和法国同时出版了他的著作。这在意大利肯定是办不到的。

伊丽莎白女王的医生威廉·吉尔伯特（William Gilbert，1544—1603）正在研究磁现象。他相信哥白尼的观点并广为宣传。在当时的英格兰，只要将其作为一种理论而不是真理来教，这样做就是不受限制的。

因此，英格兰的思想家和作家们都认为无论是哥白尼，还是第谷、布鲁诺、迪格斯的观点都不是可怕的洪水猛兽。顺便说一下，迪格斯的父亲托马斯曾经发明了一种早期的望远镜，但他没有公开它，因而科学史没有把望远镜的发明归功于他。这时的英国人已经对新科学着迷了：诗人约翰·弥尔顿到意大利造访了伽利略；诗人约翰·多恩（John Donne）则到德国造访了约翰尼斯·开普勒。他们间的交谈没有任何障碍，因为他们都讲拉丁语。

威廉·莎士比亚的思绪也紧随当时思想家们的辩论。哥白尼、第谷和亚里士多德的理论中谁是正确的？在这一问题上存在着很大的分歧。莎士比亚在他的剧作《哈姆雷特》中，有两个人物使用了第谷亲戚的名字。他们分别是罗森克兰茨（Rosencrantz）和吉尔登斯顿（Guildenstern）。这是对他们科学见解所开的玩笑吗？

天上有颗伽利略星

真正的经验的方法……首先点起蜡烛（假设），然后借蜡烛为手段来照明道路，……它从适当整理过的经验出发，……由此推断原理，然后再由已经确立的原理进至新的实验。

——弗朗西斯·培根（Francis Bacon，1561—1626），英国哲学家，《新工具》

嘲弄他们，讥讽他们；
讥讽他们，嘲弄他们，
思想多么自由。

——威廉·莎士比亚（1564—1616），英国剧作家，《暴风雨》

伽利略没有被教会对布鲁诺的暴行所吓倒。他是一位伟大的演说家，身体健壮且头脑敏锐。他总是有那么多可说的内容且说得是那么地好。因此，他的演说吸引了全欧洲无数的学生。对那些讲课枯燥乏味令人生厌的教授，学生们充满了抱怨，并将他们称为“纸教授”。威尼斯元老院认真地对待学生的投诉，并对那些照本宣科的教授课以罚金。伽利略绝不是这种“纸教授”，他应是学生心目中的一颗明星。他说他其实并不喜欢集体授课，而更愿意进行一对一的指导。但这可能是他在自嘲，他的每一次讲课都会吸引一大群听众。他是一个天生的演说家，同时更是一个极具天赋的研究者和思想者。他善于吸收别人的观点，再用自己的想象力重新思考，提出独树一帜的论断。

上面语录中的第一段取自弗朗西斯·培根的《新工具》。亚里士多德的《工具论》一书最先奠定了逻辑的规则，但在这一新书中，培根提出了：科学始于实验和观察。

当时，伽利略是站在了古代和现代思想转折的风口浪尖上。他知道科学的不断进步依赖其准确性，而数学正是能提供这种确切语言的工具。

伽利略的儿子温琴佐这样描述他的父亲："有乐天派的一面，在他老年时尤其如此。正直、健壮，这都是他从事繁重的天文观测工作所必需的。"在托斯卡纳的佛兰德艺术家于斯特斯·萨斯特曼斯（Justus Sustermans），曾为老年时的伽利略画过两次像，其中包括左图所示的这幅油画肖像。

亚里士多德曾提出过一些很有价值的问题，但他却不能用数学证明来解答它们。托勒密曾试图这样做过。哥白尼也认为必须这样做，并在一个新的方向上走得更远。但到了伽利略，才真正使得物理学数学化了。利用数学工具和测量方法，科学将变得更加精准。下面是他对这一观点的著名阐述：

伽利略使用一种类似于下图所示的圆规，用于测量恒星和行星高于地平线的高度。

哲学是关于宇宙的鸿篇巨制，它值得我们长久地、不间断地关注。但如果不事先学习和理解它所使用的语言，以及构成这种语言的字母，你就无法理解这本书的真谛。这种语言就是数学，它的字符包含有三角形、圆以及其他几何图形……没有这些，人们只能在黑暗的迷宫中游荡。

谁发现了杠杆定律?

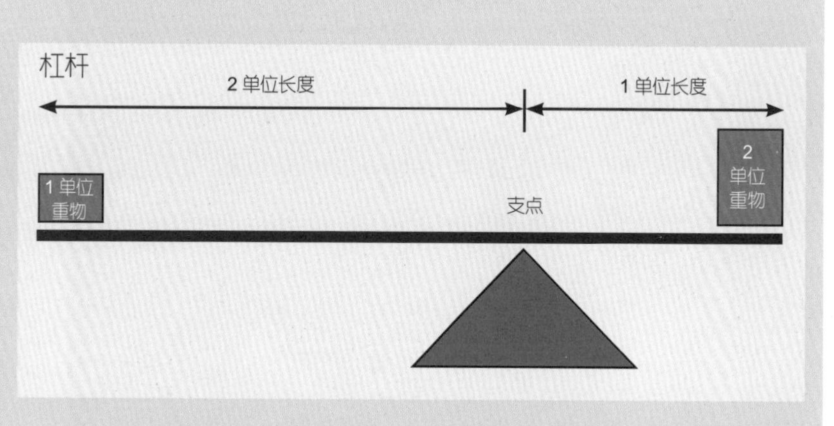

阿基米德发现，要使跷跷板（实质上是一个杠杆）平衡，则它两端物体的重力之比，应等于它们到支点的距离之比的倒数。这一奇妙的方法告诉我们：若要使一个一边坐一个较重的大人，另一边坐一个较轻的小孩的杠杆保持平衡的话，则大人坐的位置要比小孩更靠近支点，反之亦然。这就是所谓的杠杆定律。利用这一定律和一台起重机（用杠杆组成的机械），一个小孩也可以轻易地举起一辆汽车。

比伽利略时期早约1 800年，另一位伟大的数学家阿基米德发现了杠杆定律（Law of the Lever）。阿基米德所做的，几乎所有科学成就者所做的，就是揭示出原先看起来毫不相关的事物间的联系。如在本例中，阿基米德发现了重力和长度间的联系。然后，他又将这些概念用数学式表示了出来。这样，其他人就可以方便地使用这个式子。正因为阿基米德发现并记录了它，杠杆原理看起来既简单又显而易见。但是，自然界中事物间的联系往往是藏而不露的，需要有人去发现它们。

如伽利略就用小球帮助他发现了隐藏着的有关联的因素，使他能建立起运动速率与距离、时间之间的联系。当我们说一辆汽车以100千米/时的速率运动时，其实我们正在比较两个不同的量，即距离和时

伽利略在去世前不久，他还在思考如何制作一台自动运行的摆钟的问题。他的儿子温琴佐改进了他的设计，并制作了如右图所示的模型。

速率（speed）是表示物体运动快慢的量。它是物体在单位时间内通过的距离。其计算公式为：

$$\text{速率}=\frac{\text{距离}}{\text{时间}}$$

速度（velocity）包含了物体的运动速率和运动方向。如300 km/h，向西。

加速度（acceleration）则表示了物体在单位时间内的速度变化。这个词是很微妙的。在日常用语中，它表示“速率变大”。但对要求严谨的科学家而言，它既可表示速率的增大，也可表示速率减小或速度方向的变化。用公式表示为：

$$\text{加速度}=\frac{\text{速度的变化}}{\text{时间}}$$

间。伽利略引导我们走上了这样的道路。

几何学是研究线、三角形、圆和数等的学问，伽利略之前的科学家们将它限于静止的（即不运动的）领域中。而伽利略与他们的不同在于，他不相信几何学只限于研究静止的状态。例如，若要测量从一个时刻到另一个时刻的时间间隔，则时间就可以用数学工具来处理了。这一想法将在接下来的几个世纪中得到广泛的传播和发展。但伽利略受到当时尚未发展的数学的限制。所以，尽管他能够应用已经掌握的几何学知识测量速率和运动，但有时要经过大量的运算。这使他有时不得不用数月的时间来解决简单的问题。微积分，这一能用于分析运动的有效数学工具正呼之欲出。

自由落体（free fall）是一种物体只受到重力作用的运动。自由落体的加速度等于重力加速度（g）。沿斜面滚动的小球不是自由落体，因为它还受到摩擦力、支持力①等的作用，但伽利略没有别的选择，他无法准确地测量自由落体的加速度。与较轻的球相比，重球克服摩擦阻力更困难。你在做伽利略的实验时，要保证使用相同质量的物体②。

测量手段和技术也需改进。伽利略经常因为测量仪器的不精确而陷入困境，如他用于测量时间的钟表等。当伽利略从同一高度释放不同质量的小球时，他注意到了它们几乎是在同一时刻落到地面上的，但却不能精确地测量出小球的下落时间，亦即小球在下落这一过程中的时间间隔。这都归因于那时的钟表等时间测量工具都不够精确。那么，自由落体是否存在着一定的下落规律呢？如果有，能否准确测定并用数学式表达出来呢？伽利略迫切地想知道答案。

和他之前近一个世纪的莱奥纳尔多·达芬奇一样，伽利略猜想自由下落的物体的速度是在不断增大的（即速率增大）。如一块从高处落下的石头，它看起来是向着地面变得越来越

右图所示为一幅自由落体的现代频闪照片。其记录了一根羽毛和一个小球每隔1秒的位置。空气阻力通常使羽毛飘忽不下。但此处的环境是真空的，由此显示了地球上所有自由落体（无论轻重）的下落规律。下落物体在从上到下各秒内通过的距离是在增大的，这表明它的速率是逐秒增大的。

译者注：① 原文没提支持力。

② 原文不严谨，更重要的是摩擦系数，而不是质量。当然，最好采用相同质量的物体进行实验。

摩擦力通常是由物体间的粗糙程度决定的。它是两个相互接触的物体间阻碍相互滑动的力。摩擦力越大，则它们就越不容易相互滑动。没有摩擦力，则它们可自由地相互滑动。通常情况下，摩擦力会使运动的物体慢下来。

伽利略设计了如下图所示的木制斜面来测量加速度。随着球在这一斜面上滚下，它将使悬挂在斜槽上方的小铃发声。球经过各铃间的时间是相同的，但铃间的距离却越来越大。这表明球在加速，铃之间的距离可显示出其速度的变化。

快的。他能做什么来证明这一猜想是正确的呢？他需要一只停表、一台高速摄影机。但这两者当时都还没有被发明出来。他想要理解自由落体的内在规律（这需要另一方面的知识，即重力的概念）。但囿于当时的测量仪器，他应怎样做呢？

伽利略决定通过减缓球速的方法改造他的落体运动实验。他让一个黄铜球沿着一个有槽的斜面（即一块倾斜放置的板）滚下。这时是有摩擦力存在的，而摩擦力将会对实验结果产生影响。与此同时，他还设计了一种测量加速度的方法。由这一实验他发现：斜面倾斜得越厉害，则小球下落得越快。

他使用一个倾斜适度的斜面，并仔细测量了斜面的长度（作为距离），以及球从斜面顶部滚至底部的时间。然后，进行了更为复杂的实验：他将斜面分成了相同长度的小段，测量球滚过每一小段的时间，来看小球在沿斜面滚下的过程中是匀速还是加速（即速率发生变化）。

结果是：小球在沿斜面滚下的过程中，没有保持匀速运动，而是变得越来越快了。但是其变化率总是不变的，无论实验重复多少次或斜面的倾角有多大。亦即每次实验中的加速度是恒定的。这也意味着，在每次实验中，小球的速度在相同的时间间隔内的变化是相同的。

还有更令人吃惊的结果。他发现小球速率的变化呈现“奇数”的规律。换言之，即如果小球在第1秒内通过斜面上的1个刻度，则它在第2秒内将通过3个刻度，而在第3秒内将通过5个刻度，如此类推。我们将这一规律称为**伽利略自由落体定律**（Galileo’s Law of Free Fall）。他由此进一步得到正确的猜想：小球在斜面上的滚动和其从高塔上做自由落体运动具有相同的规律。

数学是科学的语言

伽利略的匀加速运动定律可用如下简单的数学方程式来表示：

$$速度 = 加速度 \times 时间$$

这一方程式还可用另一种方式表述为：

$$距离 = \frac{1}{2} \times 加速度 \times 时间^2$$

用字母可表示为更简洁的形式：

$$s = \frac{1}{2}at^2$$

用这一公式，可以非常方便地计算下落（或滚下，如在伽利略的实验中）物体自起点开始经过的距离。时间单位可以是秒，也可以是一次脉搏或从瓶中滴落一滴水的滴落时间。距离可由斜面上的刻度知道。如前 2 秒内，球经过的距离是 1 个刻度加 3 个刻度，即共通过 4 个刻度；在 3 秒内，则为 4 加 5，即共 9 个刻度；可如此一直类推下去。这种总刻度数构成的数列是令人惊奇的，它竟然是整数的平方序列：1，4（2^2），9（3^2），16（4^2）…这种比例关系总是相同的，简直让人觉得不可思议。

这个实验有一个小麻烦，你一定要能理解：在研究自由落体运动时（仅有重力作用）没有考虑摩擦力的作用。摩擦力会导致实验结果发生改变。因此，斜面实验并不是单纯重力作用的精确展示。实际上，严格讲从斜塔上抛出的落体也不是自由落体，因为还有空气阻力存在。但这一实验却能揭示加速度保持恒定时的运动规律。自由落体运动是一种普遍运动形式的特例，即**匀加速运动定律**（Law of Uniformly Accelerated Motion）。斜面实验给出了重力的一种测量方式，而知道如何测量重力，很快就将帮助人们解释宇宙中天体的运行规律。

匀加速运动定律表明，运动的距离与所花时间的平方成正比。例如，时长延长至原来的 2 倍，那么距离就增大到原先的 4 倍。如果时长延长至原来的 3 倍，那么距离就增大到原先的 9 倍。这里的时间有平方效应，而且类似的规律在自然界中广泛存在。上述定律是动力学、运动和力研究的基础，设计师在设计汽车、飞机、火箭的时候，必须考虑这一定律的效应。

那么，伽利略是如何进行测量的呢？他需要测量时间来计算速度和加速度。但当你手头没有可靠的钟表时，将如何测量时间呢？为此，伽利略建造了一座水钟。他描述道：

为了测量时间，我们用一个装满水的大容器，并将其放在一个较高的位置上。在这一容器的底部，我们事先焊接了一根直径很小的管子，从中可射出很细的水流。在实验过程中，流出来的水被收集到一个玻璃杯中……然后，将收集到的水进行称重……这些重量就给出了不同的时间和时间的比率。为了保证测量的准确性，这种操作将重复进行很多次，其结果没有明显的误差。

由此可知，他是用称水的重量的方式来测量时间的。更重要的是，他用重复实验的方式来保证实验的准确性。这为后人引入了一种验证实验可重现性、减小实验误差的操作方法。

伽利略对运动的研究并没有到此为止。很多人都相信，所有运动的物体都有一种内在的要使自身停下来的趋势，并最终保持于静止状态。这一观点是亚里士多德最先提出的，而我们看到物体运动的实际情况也确实如此。但伽利略不轻信这一点，而是要去证实它。因此，他又做了更多的实验以对运动进行研究。最终他发现，看似为真理的观点，并不一定是正确的。

伽利略分别推动一些物块，使其在一块光滑的木板上滑动，它们在运动了一段距离后都停了下来。然后，他将木板打磨得更光滑后再推动物块。这时它们在运动了较远的距离后才停下来。这时他进行了深入的思考：是什么使物块停下来的？可能是物块和木板间产生的相互

关于运动的困惑

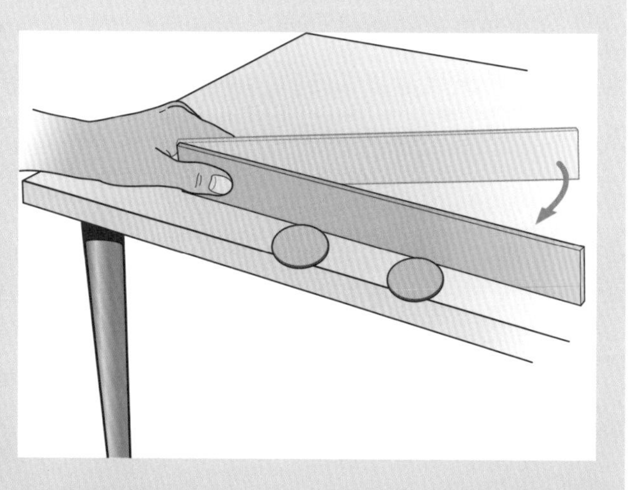

重球能比轻球滚得更远吗？它们是否起步得更慢些？不要只想着从我这里得到答案，自己探究一下吧！你可以用糕点盒的硬纸板或带槽的直尺自己做一个斜面，然后取一些弹子球，使它们从这个斜面上滚下来。先后用质量相同、质量不同、大小不同等多种弹子球进行实验。

如果你已经尝试过如本书第75页文中所述那样的释放小球的实验，就会知道小球会同时落到地面上，这就是所谓自由落体定律所给出的结果。但在两小球的质量不相同，且用不同的力将它们抛出时将又会如何？按下述方法试一下：如图所示，将两枚硬币并排排列在桌面的边缘，贴近它们放一把尺子。然后用一只手捏紧尺子的一端作支点，另一只手将尺子的一端向后拉再猛然松开。这时一枚硬币将比另一枚飞得更快，因为尺子对它施加了较大的力。但如果我们细听两枚硬币落地的声音，就会知道它们是同时落地的。这是因为它们在竖直的方向上的每一时刻具有相同的速度和速度变化率（这要归结于重力的作用），而飞得远的硬币仅具有较大的水平速度。

这一由朱塞佩·本卓利（Giuseppe Bezzuoli）于19世纪创作的壁画中，显示了三个层面的科学情景。中间跪着的教士正用脉搏为滚下斜面的物体计时。伽利略身穿长袍，正站着向一位哲学家显示实验结果，同时学生们在好奇地观察着。左侧持怀疑态度的学者正在亚里士多德的著作中寻求解释，但却找不到。在右侧坐着的人是乔瓦尼·德梅迪奇（Giovanni de' Medici），他是科西莫一世（Cosimo I）的儿子。他非常不高兴，因为伽利略证明这位王子的发明是行不通的。不要忽略了这幅画中的背景：大教堂和比萨斜塔。

摩擦造成的吗？如果能做到将木板打磨得非常光滑，以至于达到了摩擦力消失的程度，那么结果又会是怎样的呢？这时物块会一直运动下去吗？伽利略认为它们是会一直运动下去的。但他却无法证明这一点，因为他无法建造一个不存在摩擦力的运动轨道。

但他的想法是正确的，正是摩擦力的作用使得在水平面上做直线运动的物块停下来的。如果物块和木板间不存在摩擦力的话，运动着的物块将永远保持运动的状态。物体的这种保持运动或静止状态的趋势称为**惯性**（inertia）。**如果没有"净力"作用在一个物体上，即相当于不受力的作用，那么原来运动的物体将以原来的速度永远运动下去，原来静止的物体将保持静止状态。**这就是惯性定律（Law of Inertia）。这是一个非常重要的定律，但人们往往要经过很多的思考，花费很多的时间才能认识它、理解它和接受它。（惯性的概念也有助于说明为什么地球和月球能一直保持运动。如果没有惯性，我们也将不能进行太空旅行。）

就这样，伽利略用严谨的科学方法推翻了亚里士多德的观点。虽然在当时，只有极少数的人能够理解这一观点。

运动的相对性还是相对性的运动？

万物最初始的就是运动，但是哲学家们极少有相关的论著。我发现了有关运动的一些值得了解的性质，这些性质还从没有被观测或者揭示过。

——伽利略·伽利莱（1564—1642），《关于两门新科学的对话》

纯粹的逻辑思维不能给我们任何关于经验世界的知识：所有现实世界的知识都是始于经验，又终于经验……正是由于伽利略看到了这一点，特别是因为他将此引入科学界，他成为近代物理学之父——实际上，也是整个近代科学之父。

——阿尔伯特·爱因斯坦（1879—1955），德裔美国物理学家，《想法和意见》

运动问题。选它来做一个课题会怎么样呢？太枯燥了？你可能认为是这样。但伽利略凭着他睿智的头脑，把它变得完全不枯燥。理解了运动的机理，你也就能理解为什么地球在绕太阳运动，而我们却丝毫感觉不到。理解了运动，也就能理解为什么子弹不能笔直飞行。因此，读下面这段文字，让伽利略引领你的思考：

若将你和朋友一起封闭在一艘大船甲板下的一间大舱室中，然后在里面放入诸如苍蝇、蝴蝶等一些能飞的小动物，再放进一个盛满水且水中有鱼在游动的鱼缸。在舱室天花板上悬吊着一个瓶子，并使它能不断地向下面的宽颈瓶中滴水。然后，在船静止不动时，仔细观察那些有翅膀能飞的小动物（苍蝇、蝴蝶等）的运动将是什么样子的。可以看到，它们在房间中是以相同的速率向各个方向飞行的。也可以看到鱼缸中的鱼向各个方向游动的速率也是相同的。悬吊着的瓶子滴到下方宽颈瓶中的水滴的方向也没有发生偏离。如果你抛什么东西给你的朋友，将不会感到向一个方向掷比向其他方向掷更费力。只要距离相等，则抛掷所用的力就是一样的。同样地，双脚起跳，如果用的力一样，那么朝任何方向跳出的距离也是相等的。

这是一个假想实验，假想实验是优秀科学家通常做得很好的事情之一。按照伽利略所想象的，一艘系泊在码头上的帆船，客人们都聚集在船甲板下的舱室里。设想这一舱室中没有舷窗，因此其中的人无法看到船外的情况。在这个漂亮的舱室内，鱼在鱼缸中自由地游，苍蝇在嗡嗡地飞，水从一个瓶中滴到另一个瓶中，你和朋友在玩“跳房子”游戏。一切都和在家中进行别无二致。

虽然你毫不怀疑在船静止不动时所有事物都应是这样的，但在你仔细观察这些事物的同时，船就以你所希望的速度起航了。假设船的运动状态是保持一致的，即它的速率和方向都不变，那么你将会发现舱室内的一切都和静止时的没有一点变化，你也无法说出船是在运动之中还是处于静止状态的。

让我们进一步开展假想实验吧！正如伽利略所说，这艘船现在是处于运动之中的，但船所在的湖中的水是平静的，使船中的人感觉不到船的运动。

当你向前跳跃时，将和船静止时跳出的步幅一样大，即无论是向船首跳还是向船尾跳，跳出的距离将是一样远。即使船以很高的速度行驶，情况也是一样的。无论你向哪个方向跳，即使跳在空中，下面的地板也肯定是向与你跳动的相反方向运动的。

当你向朋友抛出一个物件时，无论这位朋友是位于船首还是位于船尾，只要距离相同，则你抛这一物件所用的力都是一样大的。

悬吊着的瓶子中的水仍滴到其下瓶子中，在滴下的过程中也不会向船尾的方向偏离。虽然在水滴下落的这段时间内，船已向前行驶了一段距离了。

那么，在这一过程中，你和甲板下舱室中的苍蝇、鱼发生了什么情况呢？你是否感到走或跳会比以前更费力？答案是否定的。若你对伽利略的观点和我的说法感到怀疑，则可以通过乘火车、飞机或轮船的机会，在其中走、跳、抛球等进行亲身体会。你将会感到一切如常。要注意的是：若你所乘的运输工具发生摇晃、颠簸等情况，上面的结果则不可能成立。因为这时存在着加速度。而伽利略所说的现象都是在平稳和恒定的运动条件下发生的。

将伽利略的上述文字读几遍，以确保你已经理解了其中的道理。更好的做法是（我常这么做），将它们用自己的语言重写一次。

为什么伽利略关于运动的观点具有如此特别的意义呢？对于原先持亚里士多德观点而排斥哥白尼观点的人，新的运动观点可以解答他们心中的一些疑惑：如果地球是运动的，为什么我们感觉不到？若地球果真是转动的，是否会出现下列情况：我们将被风吹走；鸟飞起来后树将"跑"到前面；我们向前跳，落下时却在原来位置的后面？

伽利略意识到，这些情况在上述的船上都将不会发生。那么，为什么在封闭的舱室里，我们发觉不了船的运动呢？他没法对此作出解释。因为他确实不知道背后的原理，然而却能详细描述他的实验所告诉我们的一切。

伽利略通过观察发现，如果你处于封闭的车、船中，任何力学实验都无法告诉你车、船是否在运动，从而引出了**相对性原理**（The Principle of Relativity）。下面是伽利略关于相对性原理的文字（转译自意大利文）：**"所有稳定的运动都是相对的，如果不选取外部参考点的话，就无法探知这种运动。"**

这意味着你若不观看车窗外的景物，就无法知道车是否在运动。

伽利略的这段话点燃了科学进步的引信。

在英语中，单词relative在日常用语中意为"亲戚"。但对科学家而言，它的意思为"事物间的相互依存或联系"。

相对性（relativity）一词在某本词典中的定义为：一个事物是否存在或是否重要的状态，完全取决于其他事物。

这是真的吗？坐在汽车、轮船或飞机中，如果不向窗外看就不能确定自己在运动吗？你可以自己体验一下。记住：如果颠簸前行，你不用看窗外也能判断出车在行驶当中。伽利略所说的是平稳地匀速行驶的情况。此处之所以重复强调这一点，是因为它是非常重要的因素。

伽利略所做的探索改变了科学的进程。这只有天才才能做到。他将两个看来毫无关联的事联系了起来（船的运动和地球的运动）。这需要多么大的想象力呀！在他之前无人能做到。

伽利略知道在平稳航行的船中，我们无法感知运动的效应。那么地球是否就像一艘在太空中航行的大船呢？伽利略认为就是这样。

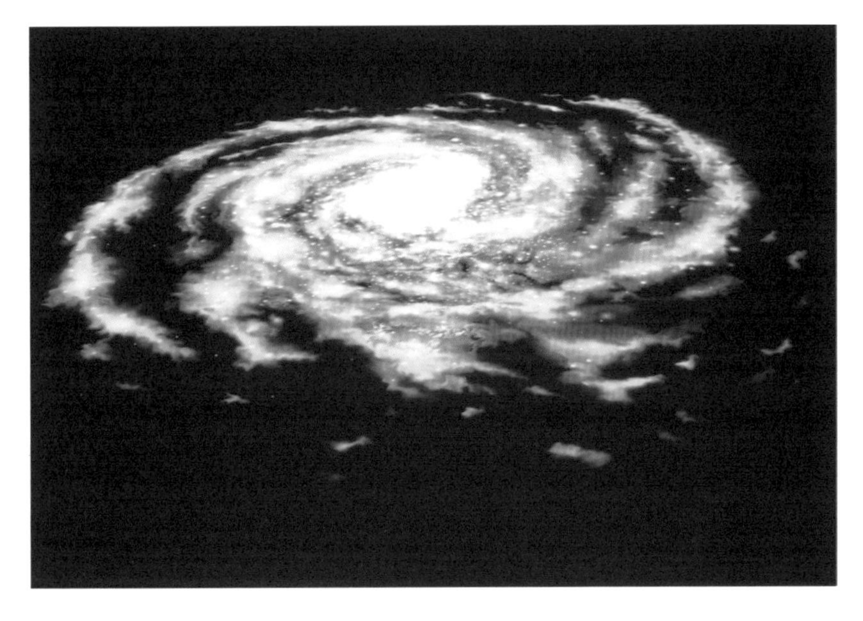

银河系是一个螺旋形的星系。从其他星系上看，它可能就是如左图所示的样子。我们认为银河系有六个绕中心旋转的臂。我们的太阳系在其中的一个臂上，地球在绕太阳运动的同时还要绕自身的中轴旋转。你会因此而头晕吗？根据伽利略的假想实验，你不会头晕的。

就是在现在，你和你正坐着的椅子都是在运动着的，而且是快速地运动着的，因为你和椅子都在运动着的地球上。运动得有多快呢？如果你站在赤道上，地球将载着你绕着它的自转轴以约1 670千米/时的速度运动，而这个自转着的地球又以约30千米/秒的速度绕着太阳转动。我们的太阳系又以约217千米/秒的速度在绕银河系中心的轨道上运动着。这还不是全部，我们所在的银河系还在向其最近的邻居——仙女座星系运动着，其速度约

太阳系（solar system）是由太阳和其他通过万有引力维系起来的物质所构成的天体集合体。这些物质包括八颗行星、它们的卫星、无数小行星和彗星（许多在冥王星之外）和尘埃。

星系（galaxy），犹如我们的银河系，由数以亿计的绕着稠密中心在轨道上运动的恒星组成。一些恒星也有绕其运动的行星。

为什么我们感觉不到地球的运动？

这是一个合理的问题，许多人都会这样问。下面是一位法国哲学家为寻求这一问题的答案而做的实验。

1640年，亦即在伽利略去世的前两年，皮埃尔·伽桑狄（Pierre Gassendi，1592—1655）找来一辆当时最快的海军大帆船。在他驾着这艘船横渡地中海时，从船的桅杆顶上不断释放很多重球，掉落到甲板上。结果表明，所有的球都落于桅杆的根部，没有一个因船的运动而向后落。

这一实验能说明我们为什么并没有被运动着的地球甩在后面，也感觉不到地球在运动吗？伽桑狄、伽利略和很多现在的人都认为能说明，但并非所有人都这么想。

皮埃尔·伽桑狄是一位怀疑论者。他在接受某一观点前都要先科学地验证。

为130千米/秒。银河系和仙女座星系都只是本星系群中的两个成员，而本星系群（Local Group of Galaxies）也以约600千米/秒的速度向长蛇座星系运动。对于这些运动，你感觉到了任何一个吗？

需要重复强调一下伽利略所述：“所有稳定的运动都是相对的，如果不选取外部参考点的话，就无法探知这种运动。”这种外部的参考点是存在的。我们并非生活在一个与外界完全隔离开的封闭的盒子中。但当我们站在地球上观察天空时，为什么还不能感觉到我们及脚下的地球是在运动着的呢？

其实，我们能感受到。当我们观察天空中的行星、恒星、太阳等越过天际的天体时，我们就应能“看到”地球的运动。这就如同坐在疾驰的汽车中，看到车窗外路边的树飞快地向后掠去时一样。这时可将地球视作汽车，而将天上的恒星等视作路边的树。这一图景有点复杂，因为恒星等天体也是在运动着的，而树却是扎根在地上，是静止不动的。

对此，伽利略用下面的话说明了这一现象：

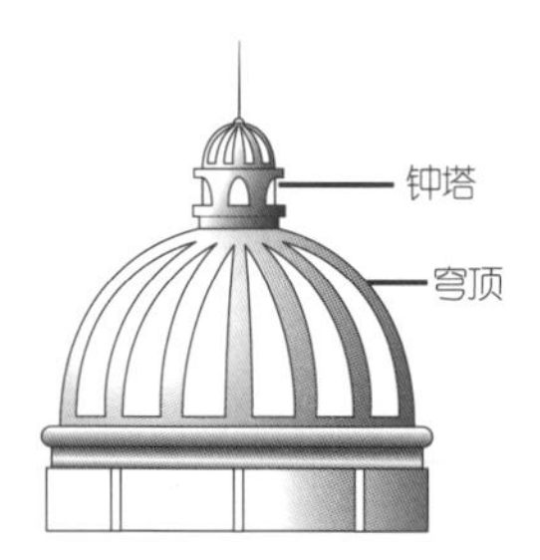

有人认为，为了使地球保持静止状态，就得让整个宇宙转动起来。这其实是很不合理的。这类似于有个人爬上了钟塔想要一览全城的景色，但是连转动一下自己的头都嫌麻烦，而要求整个城郊绕着他旋转一样。

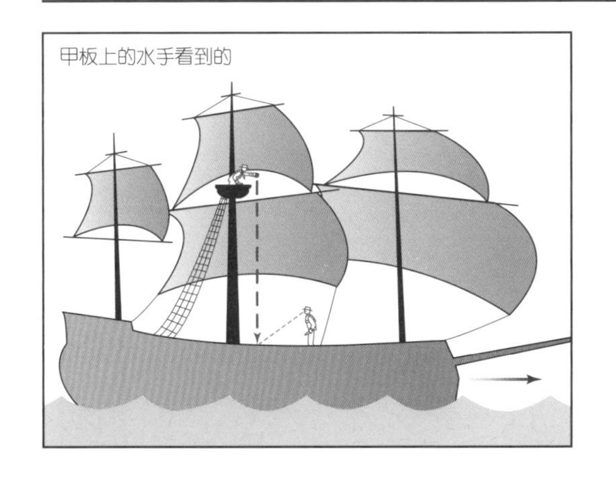

在上图中的船上，桅杆顶部的水手释放了一个球使其落下。两图中相同的船、相同的水手、相同下落的球，为什么船上的水手看到球竖直下落（左图），而岸边的人却看到球沿弧线下落（右图）？两人在观察同一个事件，看到的景象却是不同的。这可以用伽利略的相对性理论来解释。在本例中，出现这种差异的原因在于船上的水手是随船运动的，而岸上的观察者则固定在同一个位置。

对了不起的相对性原理的讨论尚没有结束。因此，现在你要屏住呼吸，放松心情，并准备用另一个假想实验来扩展你的思维。

在上图中运动着的船上，有一个人爬到了高高的桅杆之上，并从桅杆顶部释放了一个球。它落在甲板上一个水手的旁边（见上左图所示）。站在船上的水手通过观察认为，这个球是竖直下落的。但站在岸边的观察者看这艘运动着的船和下落的球时，则是大不相同的另一图景了（见上右图所示）：他看到球不是沿直线下落的。这是因为船是运动着的，岸上的观察者看到球是沿着一条弧线下落的。（但船上的水手和岸上的观察者都看到球掉在离桅杆相同距离处。）

请等一下！运动着的船上的人看到的是一番景象（球竖直下落），而岸边的人看到的则是另一番景象了（球沿弧线下落）。那么，谁看到的才是真实的呢？

他们看到的都是真实的。在本例中，观察结果的真实性是相对的，即球既可以说是沿直线下落的，也可以说是沿弧线下落的。因为这要取决于观察者所在的位置和所处的运动状态。伽利略没有解释其中的原因，他只是说明了所发生的情况。但他所说的都是正确的。伟大的科学家爱因斯坦在20世纪将要对其作进一步的阐述。

我们已经观察到投射物和抛体都沿着某种曲线运动。然而，尚无人能指出它们的轨迹实际上是抛物线……这……我已经成功地证明了……我的工作仅仅是开始，……其他更敏锐的科学工作者将作深入的探索。

——伽利略·伽利莱，《关于两门新科学的对话》

我们的讨论还没有结束。还有另外一些观点需要牢记在头脑按照亚里士多德的说法，射出的炮弹是沿直线飞行的。当它到达尽头时，将会竖直落到地面上（如右图所示）。但这种情况仅能在想象中出现［如怀尔·E. 凯奥特（Wile E. Coyote）的大炮］。为什么亚里士多德以及他数千年来的追随者都不去验证一下这种说法呢？

中。（本章内容是较为难懂的，但一定要坚持搞懂它，因为所涉及的观点都是十分重要的。）

伽利略通过研究运动的实验，从而对炮弹、子弹及其他抛体在空中的运动有了较为深刻的理解。物体在空中运动时所经过的路线称为轨迹（trajectory）。

持有亚里士多德观点的人认为，使一个球水平飞出后（如掷出一个棒球），它就会沿直线飞行。他们认为，如果一个球不再受力，它将竖直下落，即直线向下。他们还认为，球的轨迹是一件随机的事情：有的球以一种形式下落，而其他的则以另外的形式下落。这是亚里士多德学派的典型做法，他们就这一主题写下大量的学术文字，却从不到户外去抛掷几个球，观察和测量一下它们的运动。而这件事伽利略做了，并由此发现所有球的运动轨迹具有相同的基本形状。

第一次真正使用大炮是在1346年法国的克雷西。当时正处于百年战争时期，炮的构造也是非常原始的，由英国的长弓射手来负责操作。

按照惯性定律，在水平方向上掷出的球，由于在水平方向上没有受到外力的作用，水平方向上的速率将恒定不变。

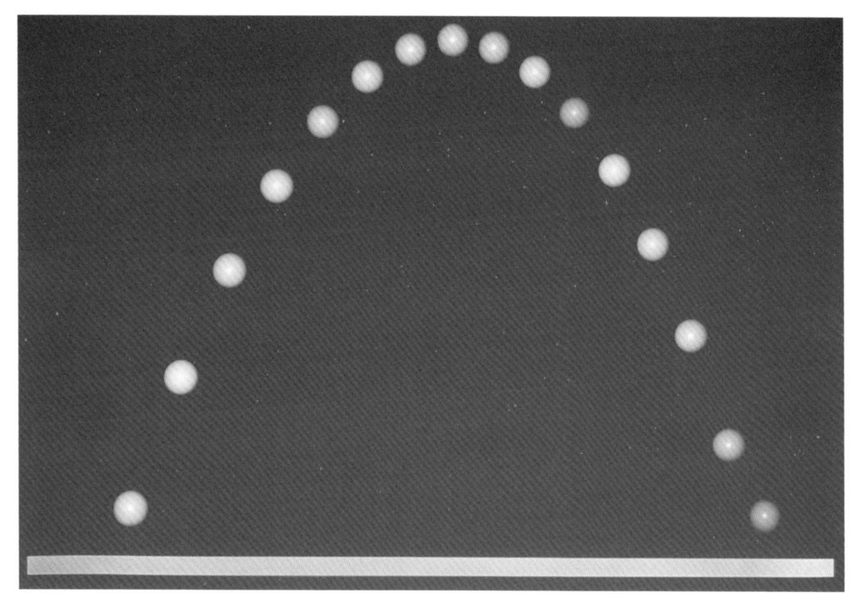

所谓抛体，即为诸如左图中小球那样被抛出的物体。当然你也可以将自己抛出而形成抛体（如跳跃等）。地球上所有的抛体都沿着相似的可预测到的曲线路径运动，因为它们都受到相同的重力的影响。它们都是在上升时变慢，而在下降时变快。

但由自由落体定律（有重力的存在）可知，球在竖直方向上朝地球运动的过程中，将会变得越来越快。

伽利略搞明白了，所有抛体的运动轨迹都是水平方向匀速运动和竖直方向加速运动的合成。他还证明了其结果是抛物线。因为他已经得出了上述运动规律的几何图形，将它们合成在一起就没什么困难了。他发现，任何抛出去或发射出去的物体的运动路径的形状都是抛物线（如上图所示），从喷泉喷出的水到球棒击出的棒球，它们的运动轨迹毫无例外地都是抛物线。当然，空气阻力、风等因素的存在将会令这一曲线有所改变，使其不再是精确的抛物线。

再重复强调一次：伽利略的研究表明，做抛物线运动的物体，都是由两个相互独立的运动合成的。其中一个是沿水平方向的匀速运动，这一恒定速度是由初始推动力（如枪膛中火药爆炸产生的力、投球手手臂的力）产生的。另一个是竖直方向上速率不断变化

如下面第一幅图所示，如果一位航天员在飞船内沿一张桌子推出一个小球，它将在水平方向上以恒定的速率运动。第二幅图显示你在地球上让球自由下落时的情形，此时重力使球竖直向下加速运动。第三、第四幅图显示了小球的水平恒定运动和向下加速运动的合成情况。

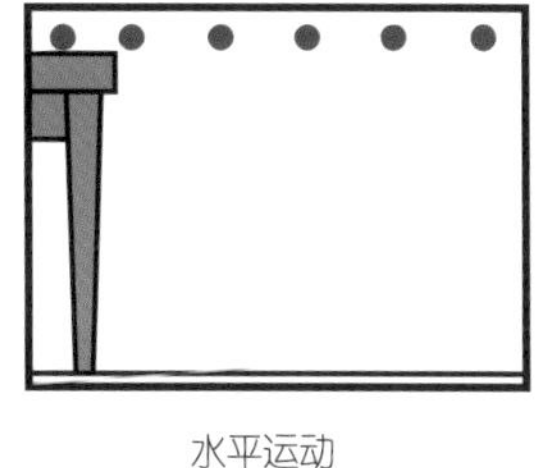

水平运动

竖直运动（自由落体）

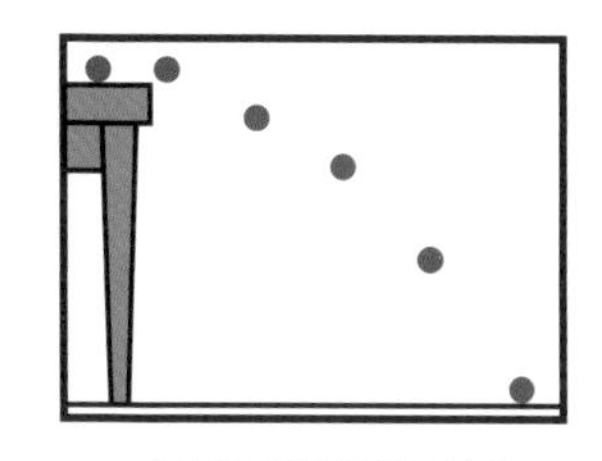

水平运动和竖直运动结合

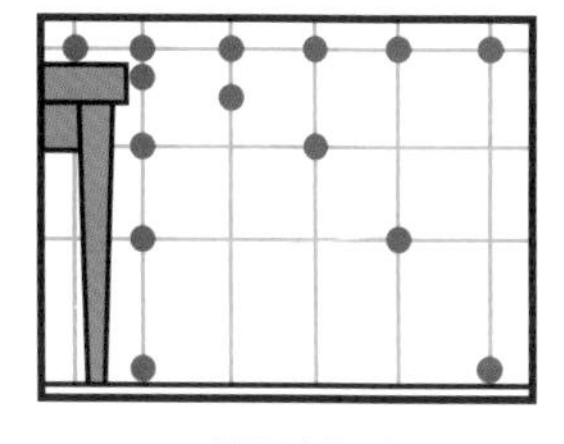

三种运动的比较

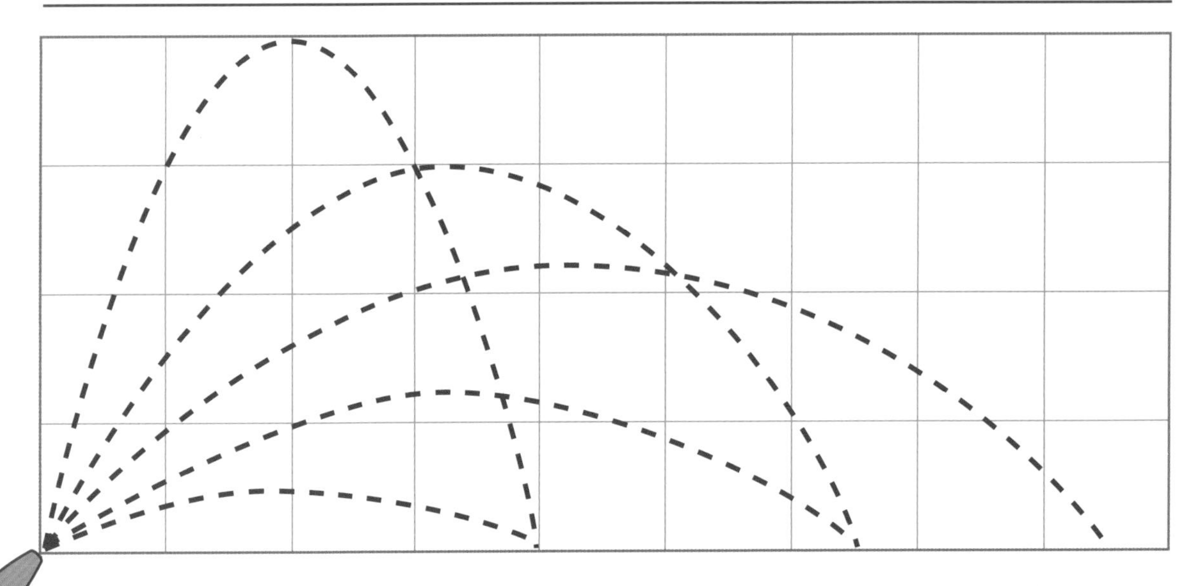

发射一枚炮弹（或击出一个棒球、推出一个铅球），要使其射得最远，则以多大的发射角度为最佳？若炮口近乎竖直，则炮弹能飞很高，但射程很短。但若将炮口指向几乎水平方向，则炮弹很快就落地了，射程也很短。

抛石机（ballista）是古代一种抛掷石头的武器。其英文源自希腊文动词 ballein，意为“掷出”。现代弹道学（ballistics）一词即源于此。

的运动，速率的变化规律遵从伽利略的自由落体运动公式（加速度即为重力加速度）。这两种运动的合成便产生了轨迹为抛物线的运动。如果考虑一直存在着的空气阻力，那么这个抛物线形的“射程”将会变短。

现在，这一规律在军事上有着重要应用。一门大炮以一定的初速度、炮口以一定的仰角射出炮弹，就可以计算出炮弹落在哪儿。对这一规律的研究也催生了一门学科——弹道学。它改变了枪炮的设计原则和安放方式。在当时，那些有权势的人，都极大地关注着这一科学性的突破。社会的发展都是和军事技术的进步相互关联的。

至于我们现在津津乐道的相对性原理，在伽利略时期人们尚没发现它的重要价值，甚至在20世纪之前都几乎无人提及。科学就是这

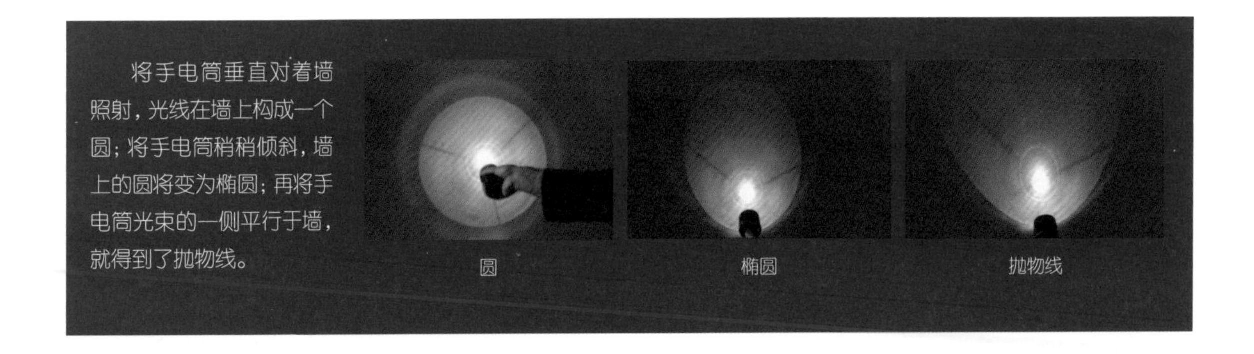

将手电筒垂直对着墙照射，光线在墙上构成一个圆；将手电筒稍稍倾斜，墙上的圆将变为椭圆；再将手电筒光束的一侧平行于墙，就得到了抛物线。

圆　椭圆　抛物线

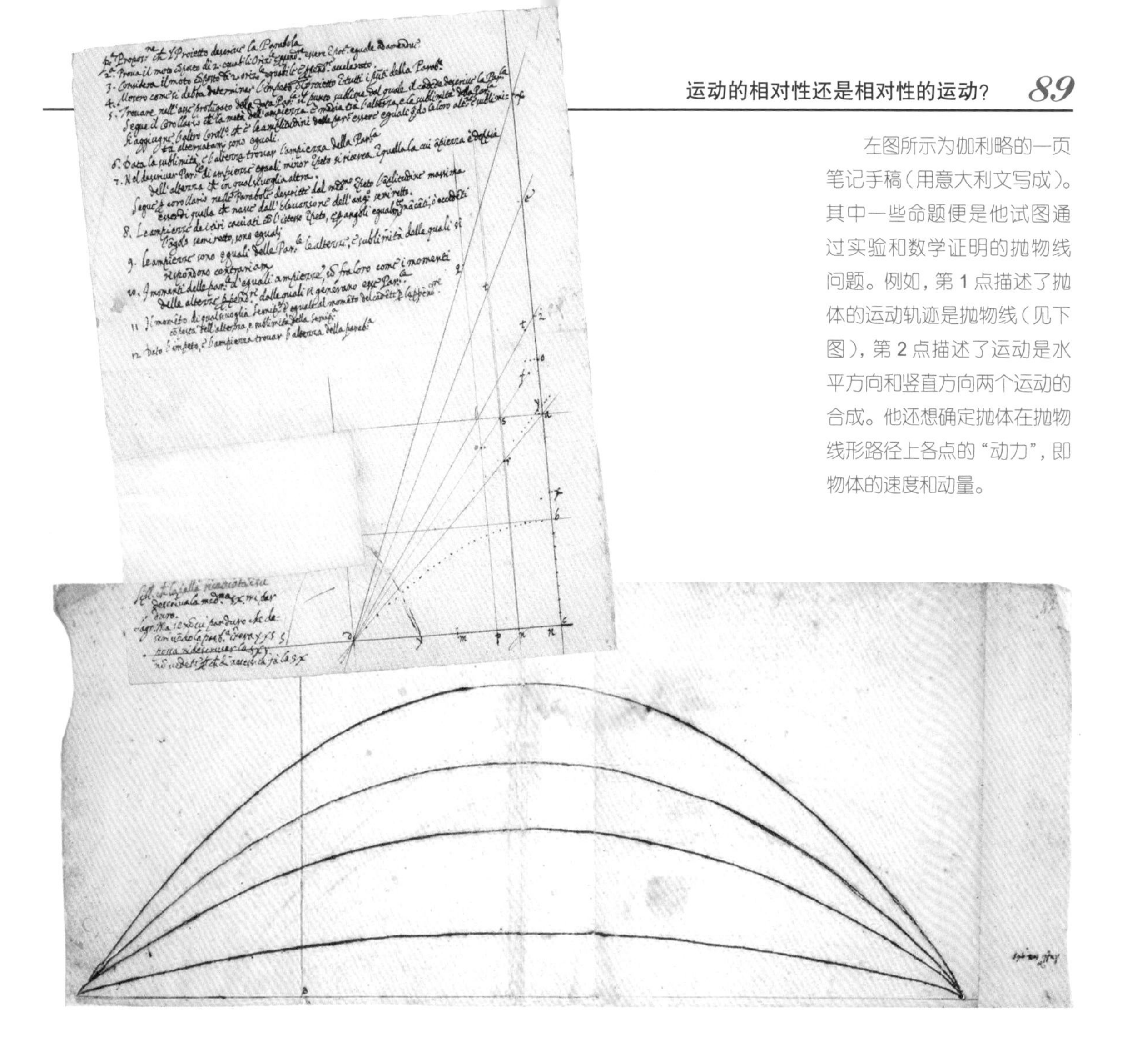

左图所示为伽利略的一页笔记手稿（用意大利文写成）。其中一些命题便是他试图通过实验和数学证明的抛物线问题。例如，第1点描述了抛体的运动轨迹是抛物线（见下图），第2点描述了运动是水平方向和竖直方向两个运动的合成。他还想确定抛体在抛物线形路径上各点的“动力”，即物体的速度和动量。

样，谁也无法预知，一种思想会在何时何处生根发芽。

相对性原理在等待了很长的时日后才引起了人们的关注。当它为人们所重新认识时，就立即展现了它的重要意义。常识让我们相信，科学应该具有绝对的、永恒不变的规律。而相对性却说：“慢着，等一下！两位观察者（一位在运动的船上，一位在静止的岸上）看到的事实却是不一样的。”哪个“事实”是真实的？什么又是真实？伽利略身后的3个世纪中，这些问题以及对它们的探索将创造一个全新的科学时代，拓展后的相对性原理将处于这个新时代的核心位置。

新星真的是“新”的恒星吗？超新星？！

一颗超新星在一分钟内释放出的能量，可能超过全宇宙可观测范围内所有普通恒星在同一时间里释放出能量的总和。这些能量中只有一部分，可能只有万分之一那么小的一部分，是通过可见光的方式发射的，但是这足以让这颗超新星在它所在的整个星系中成为最耀眼的了。

——蒂莫西·费里斯（1942—），美国科普作家，《预知宇宙纪事》

一闪一闪小星星，
我在天天想着你。

——安·泰勒（Ann Taylor，1782—1866）和简·泰勒（Jane Taylor，1783—1824），英国作家，《小星星》

尽管他有敌人——那些心生妒忌的教授们，但伽利略的天才却是正当其时。甚至老天爷也在助他一臂之力。在伽利略 8 岁那年，被第谷记录下的那颗新星照亮了天际。当然，伽利略也看到了它，并听到长辈们用惊奇的话语来谈论它。1604 年，另一颗新星再次搅动了天空。这一年，伽利略已经 40 岁了，并生活在意大利的帕多瓦。这颗新星发出了使人目眩的光芒，但当时无人能知道，哪怕是猜想它应是一颗超新星，即一颗垂死的巨大恒星在“回光返照”。但人们确实知道自己正在观察某种具有重大意义的事件。这对他们而言，是一颗从没见过也没听

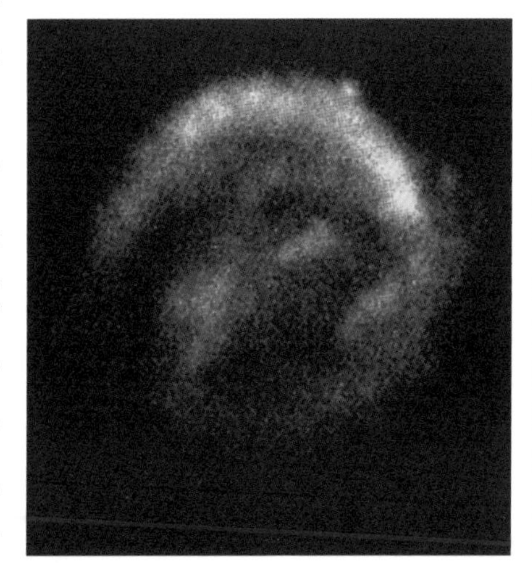

现代的 X 射线照片显示，伽利略于 1604 年看到的超新星实际上是超新星所留下的一团炽热的气体云。伽利略和他同时代的人使用了 nova 一词来描述它，其意为“新”，亦即说这颗星为“新星”。我们现在知道，无论是所谓的新星还是超新星，实质上都是老的、垂死的恒星最后爆发的现象，因变得足够明亮而使人们突然能看到它们。

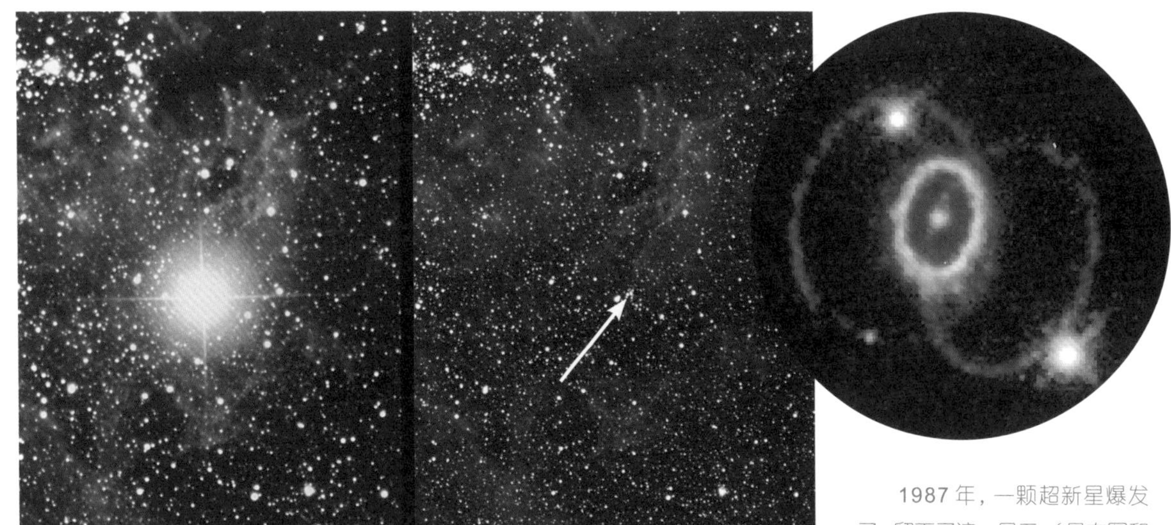

1987年，一颗超新星爆发了，留下了这一星云。（最左图和上图中间）这颗超新星的亮度足以照亮整个星系。1054年爆发的超新星看起来如同四分之一个月亮。1893年，天文史学家阿格尼丝·玛丽·克拉克（Agnes Mary Clerke）曾写过这些恒星爆发的情景：“其强度超出了任何想象。”

说过的“新”星。但这颗“新”星的出现却对人们普遍认为的“宇宙不变”的观点提出了挑战。第谷由这颗新星意识到亚里士多德关于宇宙的模型是错误的。这颗新星也将伽利略变成了一位严谨的天文学家。伽利略还记录了这颗新星不存在视差的情况（见本书第58～61页）。由此他意识到，这一现象意味着新星离我们是相当的遥远。他还特意为此作了一首诗：

它的位置绝不在其他恒星之下，
且不会以其他的方式进行运动，
比之所有固定的恒星——也不改变征兆和大小。
我们在地球上测不出它的视差，
因为天空是多么广阔无垠。

广阔无垠的天空继续给天文学家们带来惊喜。1607年，一颗明亮的彗星如同礼花爆竹一样出现在深度无限的天空中。因为当时没有地面灯光的干扰，故人们很难会错过在漆黑的夜空中出现的明亮天体。因此，这颗彗星不仅被许多人观察到了，并且成为轰动一时大新闻中的明星。想象一下，在没有电视的时代，你有可能不去观察这种天空奇观吗？

天文学家的工作是观察、测量和解释来自恒星、行星、彗星、月球等天体的光。我们在夜空中看到的它们发出的光，是经过长时间的传播才到达地球的，且还有更多的我们看不到的辐射。现代仪器能帮助我们“看到”那些电磁波谱中的非可见光部分，如红外线、X射线等。

约在伽利略身后的100年，埃德蒙·哈雷（Edmond Halley）发现了一颗长周期，但在可预测轨道上的彗星。1705年，他写道：伽利略于1607年看到的彗星将于1758年再次出现。事实确实如此！这并非魔法，而是一个人思考的结果。我们现已知道，彗星的大部分组成是脏冰等，它的造访不像我们想象的那样可怕。我们可用望远镜观察它，记录它。甚至我们的身体中还有来自它的粒子呢。

彼得·阿皮亚努斯（Petrus Apianus）是第一位注意到彗尾的指向总是背离太阳的西方天文学家。他于1540年写的《皇帝的天文学》一书中，描述了1531年出现的彗星，其就是人们熟知的“哈雷彗星”。在书中还有手绘的如下图所示的可调星表，其用拉线的方式可以转动纸做的表盘。

这颗彗星的运动方向与各行星在轨道上的运动方向相反，且速度更大。各种诸如小册子之类的宣传品都将彗星与流血事件、饥荒、贵族死亡等联系起来，认为是各种凶险事件的前兆。对此，人们常引用最受欢迎的剧作家威廉·莎士比亚的话。他在1599年创作的话剧《尤利乌斯·凯撒》中写道：“乞丐死去了，没有彗星出现；但国王死亡时，上天会向外喷射光芒。”对星相学家而言，彗星的出现是一种预兆，但绝非吉兆，而是凶兆。

因此在当时，每当彗星出现在天空中时，大多数人都跑向教堂，在牧师面前虔诚地祈祷。还有人甚至躲藏起来。他们不去关于宇宙的科学定律中寻求解释，因为他们不相信会存在什么宇宙定律，至少不相信会存在人类可以理解的定律。

但是伽利略却不同，他要寻求发生这一现象的原因。他曾说：“我决不……相信那给了我们感觉、语言、智慧的同一个上帝会禁止我们使用这些功能，教会我们用其他的方式取代利用这样的功能。利用这些功能，我们自己是能够弄清楚的。”当他说“我们自己是能够弄清楚的”时，他正在倡导进行科学的思考（而不是从《圣经》中寻求

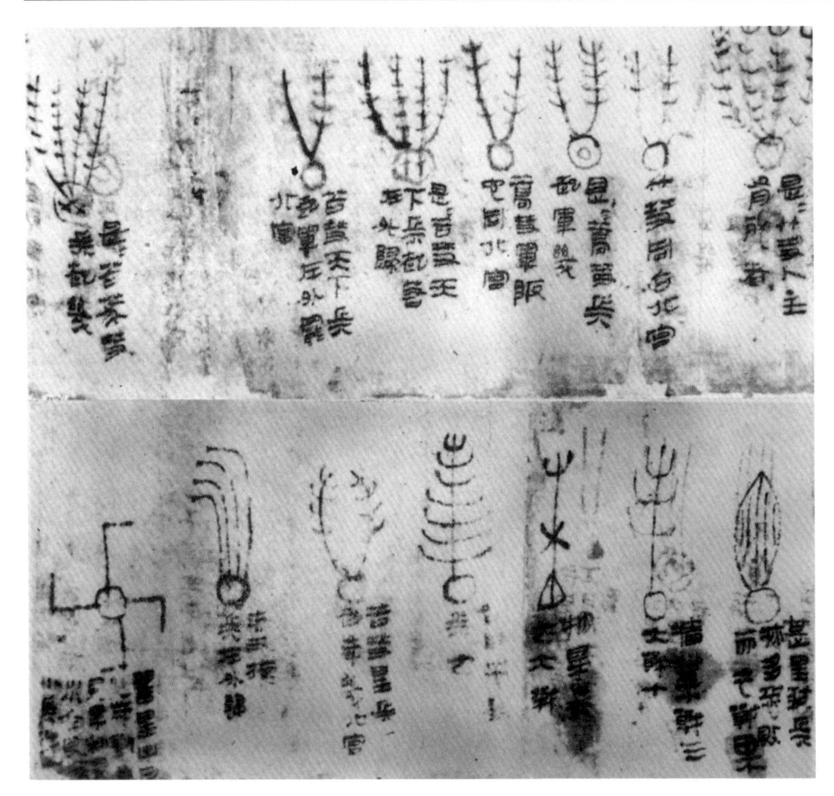

左图所示为1973年在湖南长沙发现的马王堆三号汉墓彗星图。这种图被用于预测战争和收成等。

《彗星志》的作者加里·克龙克（Gary Kronk）说：“在贯穿17世纪的大部分时间里，古代的中国人、日本人和朝鲜人观察到了很多彗星，而在欧洲却没有过这类报告。那些对星相有着强烈崇拜意识的中国人迅捷地建立起了天文研究团队，在每一个晴朗的夜空中详察星空。每位观察者分别负责罗盘上标注的一个方向（东、西、南、北）……他们认为彗星能预卜未来，越早发现，就能应付得越好。而在相同时期内，欧洲人好像仅是在观赏那些明亮的彗星。”

答案）。他笔下所写的当时的天文学：“（《圣经》中）对天体的叙述少之又少，甚至连一颗行星的名字都没有。”

伽利略决定永不抛弃自己敏锐的感觉和智慧的分析。在17世纪初，一颗前所未闻的天体进入了人们的视野，这就是超新星（当时他称其为nova，即“新星”）。此外，还有漫游的天体——彗星。于是他将注意力转移到了它们之上，在研究天体方面投入了比原来大得多的精力。他相信这是上帝的安排。

但在当时大学的讲义中，却认为天空中是不会出现什么新天体的。天空应该如上帝创造时的那样，是完美的（不完美的地球是个例外）。绝不会出现如此的事情来改变完美的天空。那么，上帝这时为什么又来改变这种完美性了呢？亚里士多德也说过：“那些神圣的运动应该是永恒的。”

伽利略认为科学就是测量

哥白尼及其以前的科学家，都是利用头脑的思考和推理来从事研究的，他们几乎都不做实验。但伽利略却主要是用实验来进行研究的。他的脑子里充斥着数字、重量、大小和运动等。他测量，实验，为现代科学方法的建立做出了贡献。

伽利略在描述自己的方法时写道：

无论是什么物质和材料，一旦我形成了概念，都会先去感受它的边缘和形状，和其他物体比较是大还是小，它的位置是在这里还是在那里，是运动的还是静止的，它和其他物体有无接触，它是唯一的、罕见的还是常见的，等等。

1607年，在看到天空出现彗星后，占星术士就预言法国国王亨利四世（Henry IV，如左图所示）将要死去。亨利对此并不买账，他说："在某一天，他们的预言将成为现实。预言的偶然成功将被人们牢记，所有那些不成功的预言将被人们遗忘。"1610年，一群狂热的宗教暴徒袭击并杀死了这位受人爱戴的国王。占星术士们可能认为这是自己预言的结果。

爱思考的人们究竟要相信什么？亚里士多德的天文学认为宇宙是永恒的、永远不会发生变化的，这与以永恒的真理为核心的宗教哲学完全一致。然而，新天文学，即基于观察和测量的天文学则揭示了变化中的宇宙。这就对几千年来一直灌输给几乎所有人的观念发起了挑战。

但这种挑战是非常危险的，特别是对那些权贵们。如果人们对亚里士多德的关于星空的理论提出质疑，是否也会对教会关于上帝的观点提出质疑了呢？因为当时教会、统治者和理论导师的权力绞合到一起，牵一发而动全身。

对古希腊人而言，实验似乎无关紧要……但伽利略抛弃了古希腊人的观点并发起了一场革命。他不失为一位令人信服的逻辑学家和公关天才。他如此清晰和戏剧性地描述了他的实验和观点，从而赢得了整个欧洲学术界的认可。

——艾萨克·阿西莫夫（1920—1992），俄裔美籍作家，《阿西莫夫最新科学指南》

关于星星及其组成物质（伽利略对此一无所知）

我们的太阳是一颗中等大小、金黄色的恒星，它诞生于约50亿年前的旋涡状气体和尘埃之中。这种由气体和尘埃团构成的云是很冷的，比绝对零度高不了几度。直到这些物质聚到了一起，其中的分子间产生的摩擦使其温度不断升高。同时，万有引力又将更多的粒子吸引到一起，使其中产生了更多的热量，形成了由气体和尘埃层环绕着的白热化原恒星。又经过5 000万年后（这一时间对宇宙来讲不算什么），这颗原恒星的温度已升到足以使本身能发生聚变反应的程度，这也意味着它的温度已达到了数百万摄氏度。

巨人和矮人（Giants and Dwarfs），这些神话故事中的人物都成了一些恒星的名字了。要记住的是，所有的恒星都是难以想象的巨大。各种天体有大有小，如下图所示：从图1中可以看出，中子星的直径比我们能探测到的最小的黑洞要大很多，黑洞是一种超致密的质量巨大的恒星；图2显示，大小和地球相当的白矮星的直径约是中子星的700多倍；图3显示太阳的直径约是地球的100倍；图4显示，若将一个红巨星比作一个沙滩排球的话，则太阳的大小仅仅相当于一粒小黄豆。

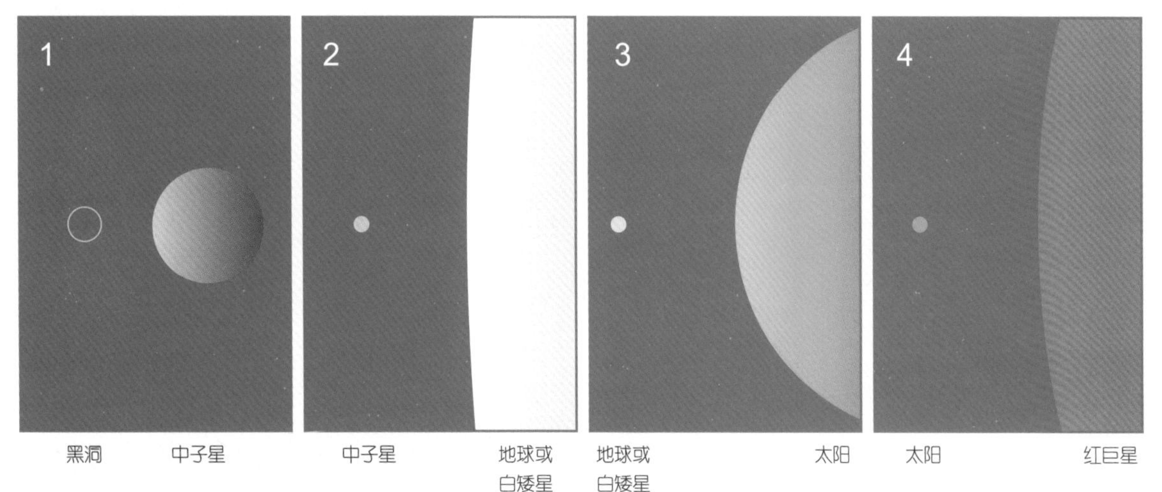

一颗太阳大小恒星的生命周期

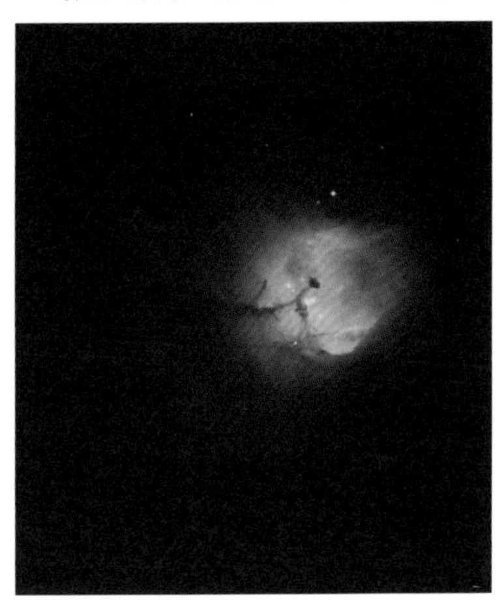

1. 一颗被气体和尘埃包围着的原恒星。万有引力的作用使得它变得越来越致密，所产生的热和压力也越来越大，从而导致了核反应的发生。

2. 像我们太阳这样的主序星，不断地在把氢原子核（H）通过聚变反应转化成氦原子核（He）。

氢原子核开始发生聚变反应，并生成氦原子核。在这一过程中释放出大量的能量，这也就是太阳发光的能量来源。这一过程现仍在进行之中。

从恒星诞生之日起，这一过程就从没停止过，也没发生过什么大的变化（至少到目前为止我们没有看到过）。如果你能在此后的50亿年中持续观察的话，将会发现太阳仍能和现在一样为我们提供光和热，这意味着其上的氢核还在持续地发生着聚变反应。但这时的太阳已经出现了老态。它开始膨胀了，尺度大约将是现在的55倍，其表面也因变冷而使颜色由黄色变成了红色。但此时它放出的能量却是现在的400倍之多，将把水星气化。这时，人类将无法在地球上生存：海洋早已因沸腾而蒸发殆尽，大地也早已成为不毛之地。

这时的太阳已经成了所谓的“红巨星”，但它仍将悬在地球之上约1亿年之久，直至将自身的燃料耗尽而不再有光照射出来。最终，它缩小成了与地球大小相当的“白矮星”。在广袤无垠的宇宙之中，白矮星是一个不起眼的小角色。在这一阶段中，氦（不再是氢了）又成了其中的燃料。但此时故事仍未结束。白矮星是如此致密，以至于一汤匙构成它的物质甚至比一头大象还重（当然这时整个太阳系已经不复有大象存在了）。到这时，已经步入老年的太阳仍在向外散发出光和热，并不断萎缩。那么，这时的人类将如何呢？此时，人类可能早已移居到另外的太阳系中了，也可能是另外的星系，甚至另外的宇宙。否则，一切都将化作灰烬。

3. 随着氢的耗尽，太阳将膨胀成为红巨星，将比原来大 10 至 150 倍之多。左图所示为增强了的参宿四图像。它甚至比红巨星还大，是一颗超巨星，形成了猎户座的一支臂。超巨星能比红巨星发出更多的光，体积也大得多。

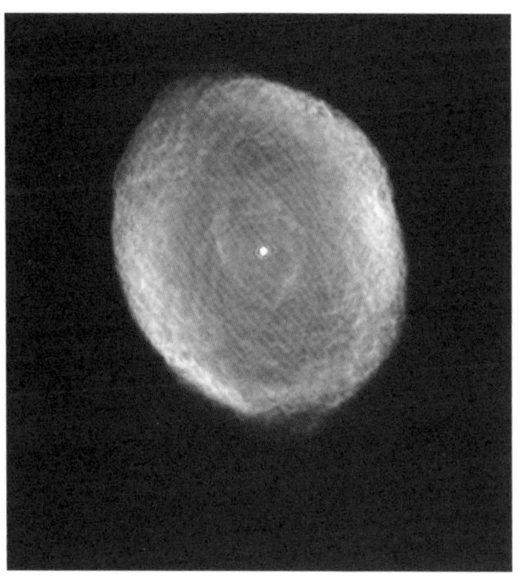

4. 一颗垂死的恒星核向外喷发出的气体和尘埃形成了行星状星云。上图中的螺旋状星云有时看起来像我们的太阳。

5. 当星核最终也消亡后，恒星就变成白矮星了。这是一种炽热的、较暗的、密度极高的恒星。在它的中心部位，一汤匙构成它的物质就比一头大象还重。上图中是用 X 射线成像揭示的图像。图中的小天狼星的质量和太阳差不多，但它的体积比地球还要小些。图中较亮的点是大天狼星，即狗星。因此，小天狼星的绰号为“小狗星”。

科学家是如何知道包括太阳在内的恒星在今后数百万年内的演变规律的？物理学定律能够预测能量和物质间是如何相互影响的。物质的总量是恒星寿命周期中的关键因素，我们也通过对天空的观察取得了证据。右图所示为 NGC3603 星云的惊人照片，我们可以通过对它的一瞥而了解恒星的整个生命周期。先从右上角那小而暗的尘 - 气星云博克球状体说起。其下方是巨大的柱状气体，早期的恒星就是由它诞生的。图中间那明亮的蓝白色团状天体是年轻的超热恒星簇。左上角则为一颗已成为蓝色超巨星的老年恒星舍尔（Sher）-25。它在即将寿终正寝时还在喷发出苍白色的气体。

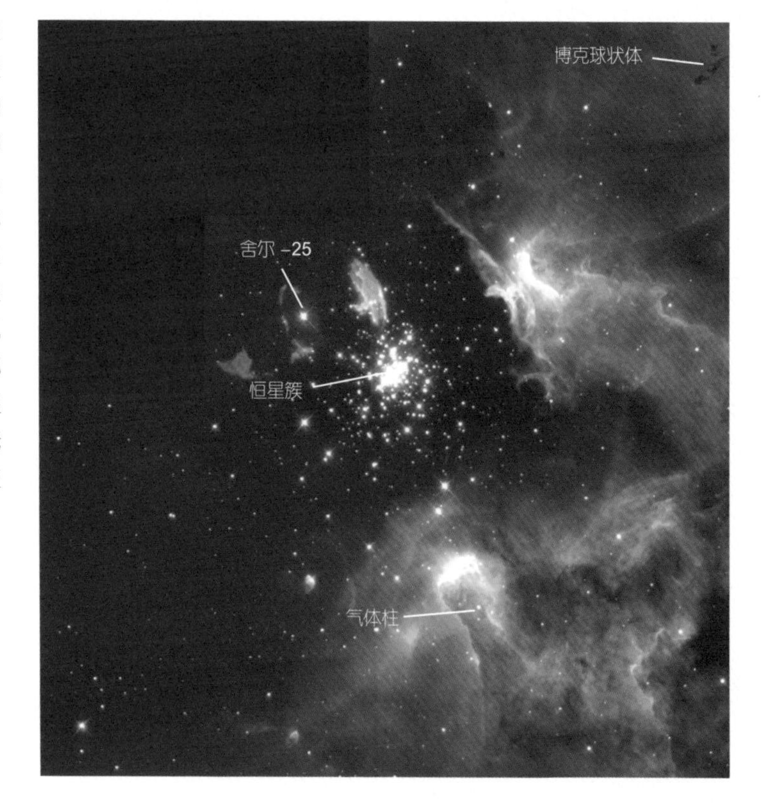

推动太阳和地球

伽利略提出的与直觉完全相反的颠覆性理论，史无前例地震动了人类的思想：我们不是宇宙的中心，我们世界的静止只是幻觉。我们是旋转的，我们在空中穿行，我们环绕太阳运动，我们随着脚下的星体而游走。

——达瓦·索贝尔（Dava Sobel，1937—），美国作家，《伽利略的女儿》

把月亮设想成一块满是尘土、没有水也没有空气的干石头，而不是一面打磨过的镜子，这对所有人而言都会感到震惊，而对于教会而言更是亵渎神明的罪行。如果月球上有类似地球的生物，那它们的存在必须是为了人类。不然的话，怎会说上帝创造天国只是为了取悦和造福人类？但他说过月亮上有人类居住吗？要是如此，那里的人怎么会是亚当的子嗣？是大洪水时逃过去的吗？

——詹姆斯·赖斯顿（小）（James Reston Jr.，1941—），美国作家，《伽利略的生活》

伽利略是一个有点傲慢的人，特别是对那些没有他聪明的人往往显得很不耐烦。但他又是一位非常优秀的老师，拥有数不清的拥戴者。他经常策划一些活动，以讽刺拥护亚里士多德观点的人，并且每次都能全身而退。其中，伽利略带领一批议员到圣马可广场去的故事最是广为流传。因为圣马可广场是一个环水的广场，并有着宏伟的大教堂，这是威尼斯人的骄傲。当伽利略和这些议员爬上了作为全城最高点的圣马可塔之后，他让那些议员们透过他刚制作的“观察管”来观察周围的景色。这件事发生在 1609 年。

几个月之前，伽利略听到了一个传言，说有一位荷兰人发明了一种令人惊奇的仪器，用它来观察时，可使远处的景物看起来非常近。他还听说，如果用荷兰人发明的这种观察镜（即现在所称的望远镜）来观察一个相距 1 千米之外的人，那么人看起来就如同在眼皮底下一样。而且，通过这种仪器所看到的远方景物不仅变近了，而且看起来也变大了。

荷兰人将这种可以观察远方景物的仪器视作一种有趣的玩具或新奇的玩意，因此在市场上广为出卖，收益丰厚。荷兰人制作的这种仪器（有很多种）都是由两个凹透镜构成的，人们通过它看到的是倒立的像，其放大率约为3倍。

伽利略在听到这一信息后立即也进行了研制。虽然当时他甚至还没有见过这种望远镜（telescope），但他制出的望远镜甚至更好。他将一个凹透镜和一个凸透镜分别装到一根管子的两端，用它能看到放大、正立的像，是凸透镜将景物的像转变成了正立的。这些透镜都是他通过精确的测量后自己磨制的。他的第一台望远镜的放大率达到了5~6倍，此后他又进行了不断改进。

他让那些威尼斯议员用于观景的“观察管”就是这样一架望远镜，它的放大率达到了9~10倍。议员们透过这一望远镜观看外面的景物时，简直都惊呆了：他们竟然用它看到了55千米外的海船。后来，伽利略写道：“我已经制作了一架望远镜，用它能详细观察所有海洋上或陆地上的

托斯卡纳艺术家

约翰·弥尔顿在他创作的著名史诗《失乐园》中，将撒旦之盾与用伽利略（他称其为“托斯卡纳艺术家”）的望远镜看到的巨大月球相比较：

> ……那个阔大的圆形物，
> 好像一轮挂在他双肩上的明月，
> 是那个托斯卡纳的艺术家在落日时分，
> 于飞索尔山顶，或瓦达诺山谷，
> 用望远镜搜寻到的
> 有新地和河山，斑纹满布的月轮。

弥尔顿从不接受甚至反对新天文学。在他脑海中，上帝正在嘲笑人类所做的无谓努力：

> ……他的天织物，
> 他离开了争论现场，可能走开了，
> 他嘲笑他们那些离奇的观点。

威尼斯元老院的成员和总督（城市的统治者），最先在意大利威尼斯的圣马可广场中的圣马可塔阳台上用伽利略的望远镜观景。伽利略说他们的反应是“无比地惊愕”。左图中的照片定格了科学历史长河中那重要的一幕。

事物，它具有难以评估的价值。人们用它可以在很远的距离之外就发现敌人的战舰了。而这在以前是无法想象的。由于可以在敌人发现我们前两小时（甚至更早）便发现他们，通过提前辨别对方舰只的数量和战斗力，从而决定是追击、开战或者撤离。”

对依赖海上贸易的城市来讲，望远镜也有着非常重要的作用。如过去的威尼斯人常受到海盗的劫掠，现在就能提早发现而做好准备了。这一发明被认为是一大奇迹，其价值是不可估量的。于是，伽利略因为制造出了实用的望远镜而被视作了英雄，除了极高的荣誉之外，他还被授予了帕多瓦大学的终身教职（现在这一职务被称为终身教授），享有更高的薪水待遇。当时，伽利略很需要钱，他有两个女儿、一个儿子要抚养，还有一些亲戚需要他来资助，他看上去经常一文不名。

出现上弦月（一种月相）时，月球呈现的是一半亮另一半暗的景象（见上图）。伽利略选择这种月相来作图，是因为：在明亮和黑暗交汇的区域，阳光以锐角照射到月面上，所产生的阴影显现出了月面的特征——山脉、深渊、火山口、月海（黑暗而平坦的“海”实质是变硬的熔岩）等。

在年轻时，伽利略曾说他的目标是“赢得一些声望”。现在，他的声望已经不成问题了。他发明的望远镜被认为是全欧洲的一大奇迹。但他仍没有止步，而是在不断地进行改进，探索提高放大率的方法。而当他将望远镜指向天空时，他便跨出了改变整个科学领域的重要一步。他是第一位在天文学研究中用望远镜观测天体，并将看到的情况记录下来的科学家。

开始时，他能清晰地观察月球表面的情况。他发现月球表面并非如人们说的那样洁净如玉盘（亚里士多德就是这么认为的）。月球上也有山脉和峡谷，和地球表面的情况很相似。但这是可能的吗？

当伽利略将望远镜指向木星时，他简直就不敢相信自己的眼睛了：木星周围附近竟然存在着4颗“小星”！它们是行星还是恒星呢？古巴比伦人早就发现了5颗行星：水星、金星、火星、木星和土星。而现在，就在一瞬间，伽利略一次就发现了4颗星！他无法用托勒密的模型或亚里士多德的理论来解释它们。

伽利略坚持将他夜间对星空的观察用日志记录下来。木星周围的“小星”中，3颗在木星的西侧，1颗在其东侧。有时候“能呈现出来的只有3颗星”，有时候全部4颗星是排成一行，它们的位置一直在变化之中。那里到底在进行着什么？他认为，对这一现象的唯一解释就是它们都是在绕着木星的轨道上旋转的。它们应该都是像绕地球运动的月球那样。然而，人们都认为只有地球才有卫星绕着转动的。如果说木星具有卫星且不止一个，那么，同样有卫星但只有一个的地球就应是一颗行星。这真是一场头脑风暴。

这时，伽利略的观测才刚刚开始。在其后的数年中，他的眼睛几乎一直贴在望远镜的目镜上。在这段时间内，他看到了太阳上的斑点，并发现这些斑点在做跨越太阳表面的运动，且在运动过程中，它的大小和形状也在不停地发生着变化。通过对这些斑点的观测，他相信太阳也是在转动着的。但太阳上的斑点是怎么回事？按照亚里士多德的说法，太阳应是完美的。因此，伽利略面临着很多要考虑的问题。

当伽利略将望远镜指向银河系时，他所能看到的好像只是朦胧的云。由此他意识到，这些云是由大量的恒星构成的。至于观察恒星，随着他不断增大望远镜的放大率，他看到了如此多的恒星，就如同在海滩边的沙子那样密集、那样多。实际上，太空中的恒星确实比地球上所有海滩沙子的总和还要多。但这一点是在几个世纪后大型天文望远镜帮助我们认识到的。

伽利略在一本薄薄的《星际信使》书中描述了自己的观察结果。按当时的习惯，这本著作是用拉丁文写的。这本书在当时的欧洲非常流行，甚至还有一些中国的读者。“他首次推翻了所有先前的天文学……然后又摈弃了占星术。”英国驻威尼斯大使亨利·沃顿（Henry Wotton）这样写道。这本书使伽利略成了名人。

伽利略想进一步扩大他的读者群，故他

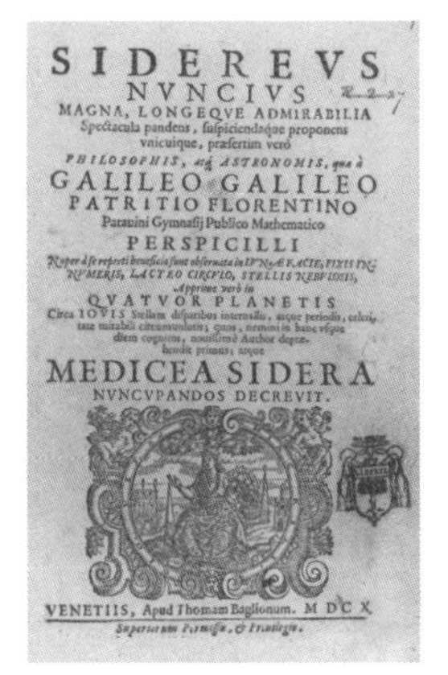

SIDEREVS
NVNCIVS
MAGNA, LONGEQVE ADMIRABILIA
Spectacula pandens, suspiciendaque proponens
vnicuique, præsertim verò
PHILOSOPHIS, atq; ASTRONOMIS, quæ à
GALILEO GALILEO
PATRITIO FLORENTINO
Patauini Gymnasij Publico Mathematico
PERSPICILLI
Nuper à se reperti beneficio sunt obseruata in LVNÆ FACIE, FIXIS IN-
NVMERIS, LACTEO CIRCVLO, STELLIS NEBVLOSIS,
Apprime verò in
QVATVOR PLANETIS
Circa IOVIS Stellam disparibus interuallis, atque periodis, celeri-
tate mirabili circumuolutis; quos, nemini in hanc vsque
diem cognitos, nouissimè Author depræ-
hendit primus; atque
MEDICEA SIDERA
NVNCVPANDOS DECREVIT.
VENETIIS, Apud Thomam Baglionum. M DC X.
Superiorum Permissu, & Priuilegio.

千万不要像伽利略那样直视太阳！要用如本书第23页所示那样的针孔投射来得到太阳的像。如果你的时机正确的话，那么也能看到太阳上的斑点，即太阳黑子。

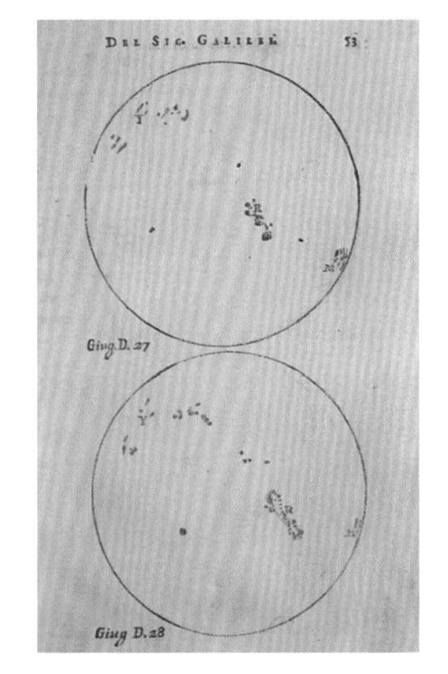

中国天文学家在公元前4世纪就知道了太阳斑点。在西方，因为认为天空是完美的，故也认为太阳上是不可能有斑点的。1610年后，随着望远镜技术在欧洲的发展，一些科学家也观察到了太阳上的暗斑。上图为伽利略所绘的图。他认为这是有云“粘”在了转动的太阳的表面，而其他科学家则有另外的观点。伽利略关于太阳转动的观点是正确的。但现在我们知道那些斑点是太阳上相对较冷的区域，它释放出的能量较少。上左图中的太阳黑子照片摄于2003年。

左图所示为伽利略的《星际信使》拉丁文本，描述了他第一次用望远镜的发现，包括发现了木星的卫星等。

木星的星空伴侣

1610年1月7日，伽利略将他自制的新望远镜首次对准了木星。漆黑的夜空中，他发现在非常靠近木星的位置上有3个小光点。几天后，他又观察到了第4个小光点。伽利略称它们为“小星”。他就这么夜夜坚持观测，并根据观察到的现象作出了如下图所示的草图。通过缜密的分析推理，他很快就得出了关于它们的惊人结论。

证据是非常明显的。他向世人报告，木星周围的这些发光的物体都不是恒星。除了能观察到这些物体十分靠近木星外，他还发现它们是在木星的赤道上方自东向西排列成行的，且是围绕木星转动的。它们每过一夜，甚至每过几个小时，位置就会有调整。但真正使伽利略大吃一惊的事情是：它们从没从木星附近独自跑开。它们伴随着木星在绕太阳的轨道上缓慢地转动着，且从不离开木星。伽利略惊奇地发现，它们绕木星运动的形式“与金星、水星等行星绕太阳运动的形式一致”。

伽利略将这一新发现的“四人组”星称为“美第奇星”，以表达对统治者美第奇家族的敬意。现在，它们被称为“伽利略卫星”，且被分别命名为木卫三（Ganymede）、木卫四（Callisto）、木卫一（Io）和木卫二（Europa）等。现代望远镜和太空飞船已经向我们揭示了，这些看来相同的发光点，实质上是有着火与冰之间巨大差异的（见对面页中内容）。

——LJH

1610年1月7日

两颗星靠近木星的东侧，一颗靠近西侧……我想知道它们到木星的距离……起初，我认为它们是固定的恒星。

1月8日

……我发现了它们的一种非常不同的排列方式。与前相比，这3颗小星在木星西侧靠得非常近……木星怎样把这些恒星从东边变到西边，这一问题让我十分吃惊。

1月10日

……木星旁只有两颗小星，且都在木星的东方。

1月13日

第一次同时看到了4颗小星……它们的排列近似直线，但西边中间的那颗有点向北偏离直线。

注：那第4颗星是木卫三，是木星最大的卫星。它一直在木星后运动，但这时呈现出来了。

1月15日

4颗星……都位于木星西面，其排列更趋直线，除了第3颗有点向北偏离……它们都很明亮，且不闪烁。好像它们一直都是这样的。

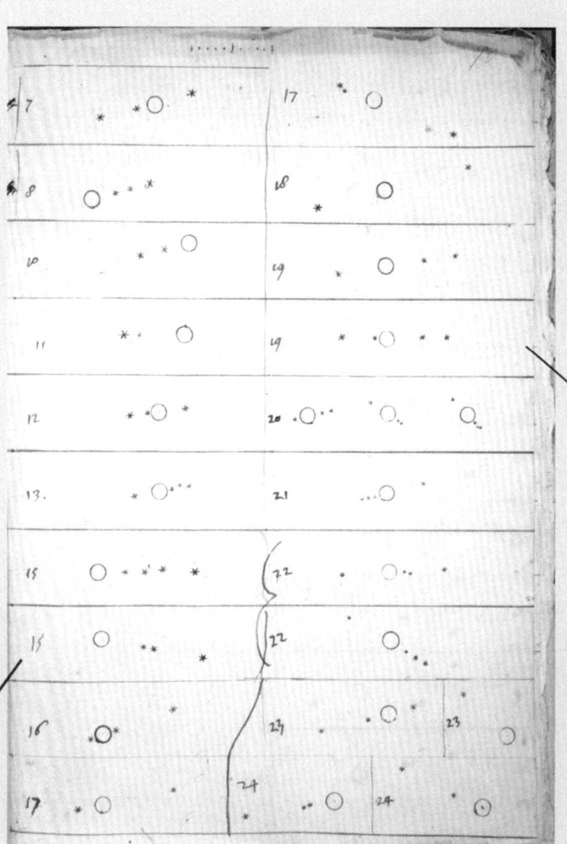

“伽利略卫星”表现得像在玩抢椅子游戏，因为它们绕木星运动的速率是不同的。和行星一样，它们也都遵从开普勒定律，即越近的速率越大。最近的木卫一绕木星运动的周期少于2天，而最远的木卫四则为约17天。开普勒于1609年发表了他最初的两条定律，早于伽利略的这种夜复一夜的木星观察约1年。

1月19日

有3颗星精确地沿贯穿木星的直线排列……这时我不能确定是否在东方的星和木星间还有1颗几乎靠上木星的小星。

注：伽利略的记录并非是完备的。他的望远镜视场较小，故有时会错过活动范围较广的木卫四，且有时木星反射的亮光也会掩盖掉较小且离木星最近的木卫一。当然，在有的夜间，地球上的云也会使他什么也看不到。

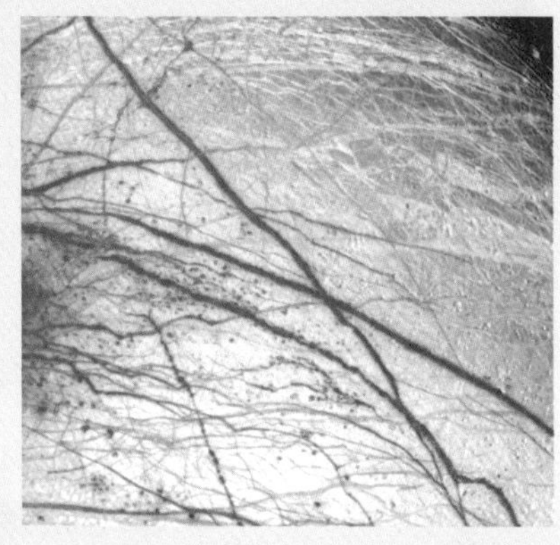

左图中的木星具有60个太空旅行伴侣。但它的大多数卫星都是形如土豆的小行星，它们都是在经过木星近旁时受到万有引力的作用而被俘获的。上图中的“伽利略卫星”都是球形的且比其他的大得多。木卫三比冥王星和水星都大；木卫四是一颗布满坑的星体，其壳体的历史和太阳系一样悠久；较小的木卫一有着熔融的核，它常因木星或其他较大的伙伴的万有引力作用而作幅度较大的运动，火山喷发出的熔岩会不断改变它那“年轻”的、色彩丰富的外层。木卫一上的火与木卫二上的冰相反，故上顶图中用伪色来显示（计算机着色）。木卫二光滑结冰的表面被从坑口中喷出的矿物质覆盖上了褐红色的条纹。间接证据表明，在它的冰层下蕴藏着液态海洋。

的下一本书是用意大利文写成的，而不是学术界常用的拉丁文。他说："我只有用大家都能读懂的语言，才能使大家都来读。"他请很多普通人来听他的讲座，以使他们知道他的新观点。"我要让他们知道自然给予了他们什么，像哲学家那样，他们的眼睛都能观察大自然的杰作。而大自然也赋予他们的大脑具有洞察力，从而也能理解这一切。"

伽利略喜欢他的喝彩，并且充分利用了这些资源。如果我们称呼他为机会主义者的话也不应有错，他大概是必须这样做：他的亲属们常烦他要钱。他的两个女儿都成了修女，故她们所在的修道院也需要资助。对于这些花费，他都是慷慨大方的，即使囊中羞涩也是如此。

下面是哥白尼和伽利略都要挑战的亚里士多德的观点（取自《论天》）："神圣的运动必然是永恒的……天空是神圣的，理由是它被给予了圆的天体（如太阳），它们也具有绕着圆周运动的本性。那么，为什么整个天空的各部分性质并不完全一致？这是因为必须有某物静止在这些旋转天体的中心……因此，地球必须存在，且必须静止在这一中心。"

伽利略的成就给托斯卡纳大公科西莫二世·德-美第奇（Cosimo II de' Medici）留下了深刻的印象。当科西莫授予他"哲学家和首席数学家"的地位时，他几乎立刻就接受了。这一称号收入丰厚，并可以自由地进行写作、研究和实验。除此之外，这一宫廷地位比大学教职有着更高的声望。这也意味着他可以从威尼斯搬到佛罗伦萨去居住了，而佛罗伦萨是托斯卡纳最主要的城市。

但在政治上，这次搬迁对伽利略来说却不是什么好事。那些给予了他终身荣誉的威尼斯人被激怒了。另外，托斯卡纳地区并不像威尼斯城邦那样思想开放。

富有的美第奇家族是一个银行家之家，在文艺复兴时期统治着佛罗伦萨共和国。在他们的资助下，文艺和文学进入了繁荣时期。在伽利略的全盛时期（17世纪初），他们甚至具有了皇家的头衔和权威。1609年，斐迪南一世（Ferdinand I）大公去世了。作为他的儿子，当时还是伽利略学生的19岁的科西莫·德-美第奇立即继承王位，成了"尊贵的陛下"科西莫二世大公，成为托斯卡纳的元首。一年后，伽利略即被任命为哲学家和首席数学家。左图描绘了科西莫二世（死于30岁）和妻子玛利亚·玛格达莱娜（Maria Magdalena）、儿子费迪南二世（Ferdinand II）在一起的情景。

伽利略对此毫不在意，他已经处在了他名望和权力的顶峰，成为从军事技术到天文学多个领域中的顾问。他结交了很多的朋友，而对那些他认为愚蠢且自负的人敬而远之。因此，他致力于科学研究，不会因敌人的攻击而烦恼。

伽利略每次通过望远

这是由乔治·瓦萨里（Giorgio Vasari，1511—1574）所绘的文艺复兴时期最具影响力的中心——美丽的佛罗伦萨。当时，很多意大利的天才，如作家但丁、皮特拉克（Petrarch）、马基雅弗利，艺术家米开朗琪罗、波提切利（Botticelli）、达芬奇，设计了图中所示的宏伟大教堂的布鲁内莱斯基等都居住于此。

镜进行观察时，都会认真做好记录，然后反复演算，竭力思考他所观测到的现象。因此，没过多久他就意识到哥白尼的观点是正确的，即他也赞同地球是绕着太阳转的说法。这也意味着亚里士多德的观点是错误的。伽利略认为，如果亚里士多德也能用他的望远镜来观察星空的话，他也将会改变自己的观点。作为很久之前的古人亚里士多德没有机会使用望远镜观察天体，而现在拥护亚里士多德观点的人却又不去用。

“我亲爱的开普勒，”伽利略在写给第谷的搭档、德国天文学家开普勒的信中说，“那些固执得像骡子的学者坚决拒绝使用望远镜看上一眼。你在听说这事后将有何感想？对此我们应作何反应？是该笑，还是该哭？”

当然，这足以使任何人都哭出声来。拥护亚里士多德观点的人是不可能用上现在才发明的新东西，也不可能改变他们的观点了。教会的领袖同样不会，而他们是权力拥有者。慢慢地，他们开始想到要利用手中的权力了，因为接受伽利略的观点将会彻底打破他们所熟知和传授的一切。

对此，伽利略是无畏的。他援引早期天主教红衣主教的话说，“《圣经》为我们指引了通往天国的道路，而从未指明天国要走的路”。

伽利略引用的这句话与原文在文字上稍有出入。原文应为“每一句《圣经》都教我们如何到达天国，而不是教我们天堂如何运动。”这是凯撒·巴罗纽斯（Caesar Baronius，1538—1607）所说。他当时是一位宗教历史学家，也是一位红衣主教。

谁是望远镜的真正发明者

英语中的“望远镜”一词 telescope 来自于希腊语的两个词。一个是 tēle，意为“远”，另一个为 skópos，意为“看”。你知道有多少含有 tēle 成分的英语单词？还知道多少含有 skópos（-scope）成分的单词？

据说，伦纳德·迪格斯（Leonard Digges）于 16 世纪中期最先发明了望远镜。因他没有机会向外界宣传他的发明，故很少为人所知。迪格斯参加了推翻英格兰玛丽王后的密谋活动。后来，这一密谋被揭露了，因此他的所有财产都被没收。但不幸中的万幸是，他没有被处死。后来，他那已成为著名科学家的儿子托马斯·迪格斯对此写道：“我的父亲……是很有才能的，他曾经将几个透镜以适当的方式组合到一起，用它能发现远处的事物……能看到 7 英里外人们在某一时刻的所作所为。”

荷兰有一位名为汉斯·利伯希（Hans Lippershey）的人，他是一位为制造眼镜而磨制透镜的店铺主人，他通常被认为是望远镜的发明者。1608 年的一天，他的一个学徒在玩耍镜片时，无意中将一个镜片放到了另一个的前面。他注意到，通过这样组合的透镜看到的远方景物似乎近了很多。他将这一发现告诉

伽利略的望远镜筒是用木头、纸和黄铜制成的。它长约 1.3 米，含有微调器及能测量天体的仰角和距离的工具等。

1610年3月3日，英国驻威尼斯大使亨利·沃顿在写给英国国王詹姆斯的信中，报道了一则关于重大技术突破的大新闻：

请来看现在刚发生的大事，我为陛下附上了最新奇的一则新闻（请允许我这么称呼它）。陛下大概还从其他地方听说过这事。在帕多瓦大学一位数学教授写的书中（此书一并奉上，它今天刚从国外带来），他借助一种在弗兰德斯发明，又经他自己改进的光学仪器（它既能放大物体，也能将物体拉近），发现了很多固定在天空中的恒星，还发现4颗新的小行星在绕着木星的球面旋转。

两种望远镜

伽利略望远镜的最大问题之一是视场太小。他一直在考虑如何增大望远镜的视场问题。望远镜的放大倍数越大，它的视场也将越小。用他的望远镜，伽利略一次只能看到月球表面的四分之一。

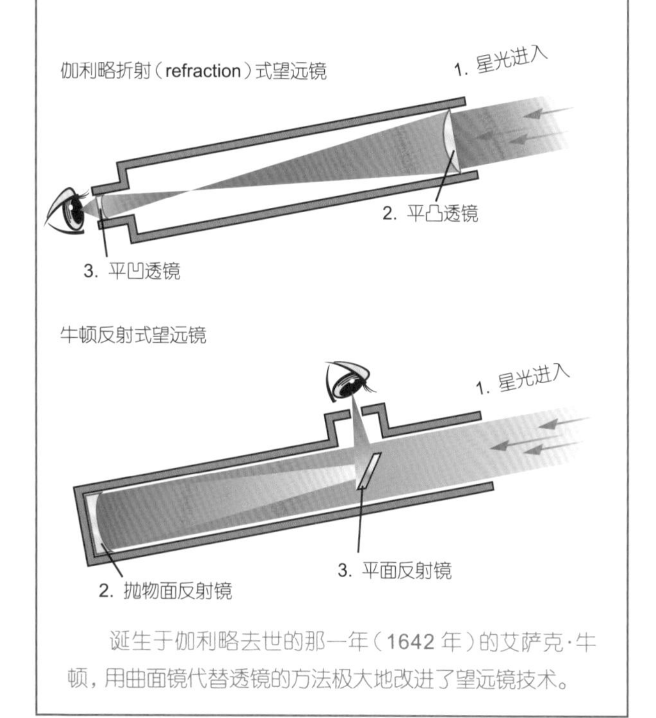

诞生于伽利略去世的那一年（1642年）的艾萨克·牛顿，用曲面镜代替透镜的方法极大地改进了望远镜技术。

了老板。于是，利伯希将两个透镜装到了一根管子中，向荷兰政府申请了“能观远的仪器”的专利。在两个星期之内，又有两人申报类似仪器的专利。因为这种仪器的结构很简单，小道消息的传播速度又快，很多荷兰人都知道了其中的奥秘。于是，荷兰的相关机构觉得这种“玩意”过于简单且容易复制，因此没有理由授予专利权。

伽利略也是在听到关于这一仪器的传言后，才利用自己掌握的数学和光学知识制作了当时最新式的望远镜，并很快用其观察星空。下面即为伽利略在他的著作《星际信使》一书中关于制作望远镜的记述。

约于10个月之前，一则报道传进了我的耳朵中：一位荷兰人发明了一种能看清远处景物的小“玩意”，用它能将相当远处的影像清晰地呈现在眼前，就如同它在近处一样……几天后，我又接到了来自巴黎的一封信，其中再次给出了肯定的报道……这使我也绞尽脑汁，想发明出一种相似的装置。在其后不久，我通过对折射理论的深入研究后，首先准备了一根铅皮管，在它的两端我分别安装了两块玻璃透镜，它们的一个面都是相同的平面。但它们的另一面却是不同的：一个是向外凸的球面，而另一个则是向内凹的球面。然后我将眼睛紧贴在那个向内凹的透镜上，我看到的景象令人非常满意：它看起来既变大了，也变近了。看

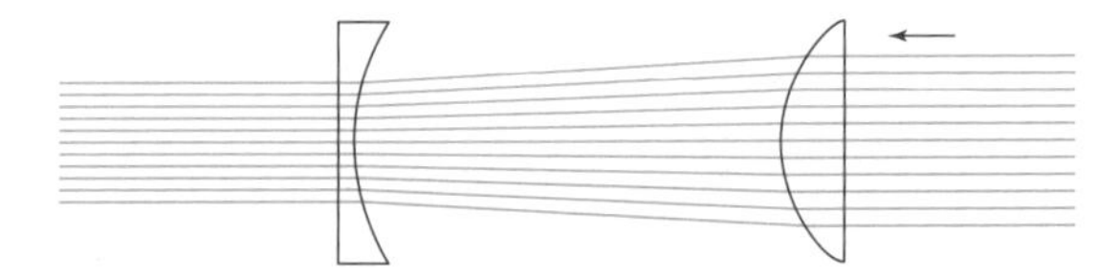

这是来自遥远物体上的光线通过伽利略望远镜的示意图。在本图中，光线是从右向左传播的。彼此平行的较宽的光线束（最右侧），在通过右侧的平凸透镜时受到弯折（折射）而变窄，它们间也不再是平行的了。当它们再通过眼睛所贴近的左侧平凹透镜（即目镜）时，光线再度变成平行的，但光束的宽度变窄了。

到的景象比我们直接用眼睛观察靠近了约3倍，放大了约9倍。

后来，利伯希和伽利略都发现，如果将望远镜反过来使用的话，它又成了能看清微小物体的显微镜了。

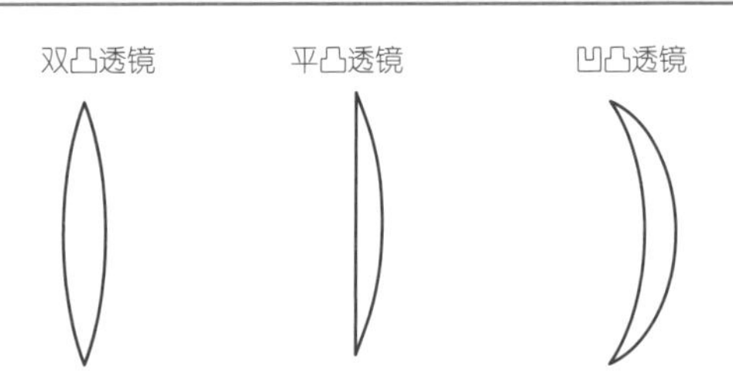

凸透镜（convex lens）的两个面都是向外凸的曲面。平行光通过这种透镜后将被折射而聚向一点，即焦点（focal point）。光通过焦点后所成的像是倒立的。平凸透镜（plano-convex lens）的一个面是平面，另一个面是凸面。在《星际信使》一书中伽利略写过，他的透镜都有“一个面是平面”。

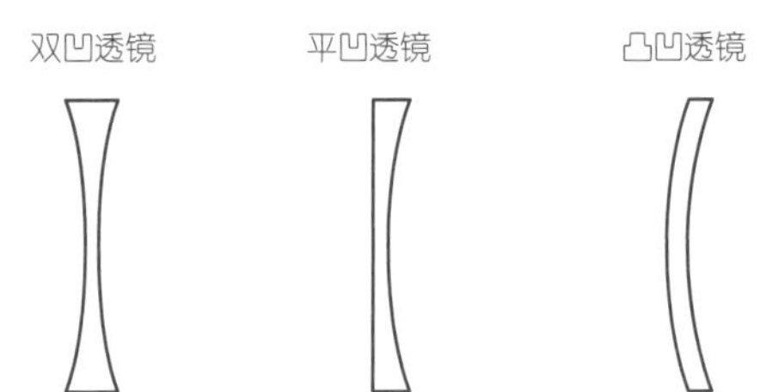

凹透镜（concave lens）的两个面都是向内凹的曲面。它对光线具有发散的作用，因此也常被称为发散透镜。

仙女座星系到我们的距离是令人难以置信的约220万光年。然而，无需借助任何望远镜，仅凭你的双眼就可以直接看到它。看到它的景象如上图中的右上角的斑点。通过高倍望远镜观察，可知它实质上是如右图所示的旋涡状白色发光体。其中的两个发白光的小球则是两个较小的星系。

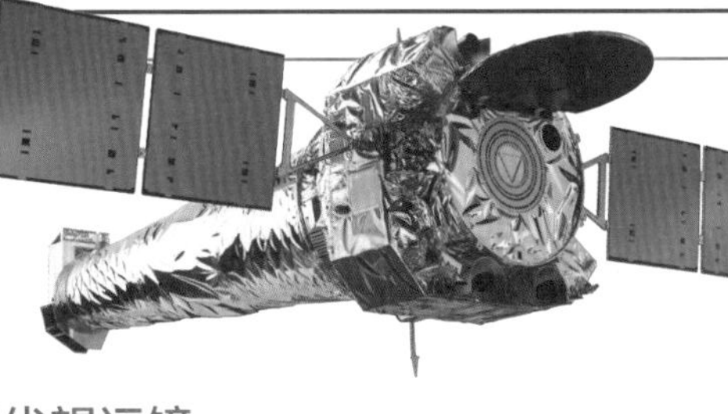

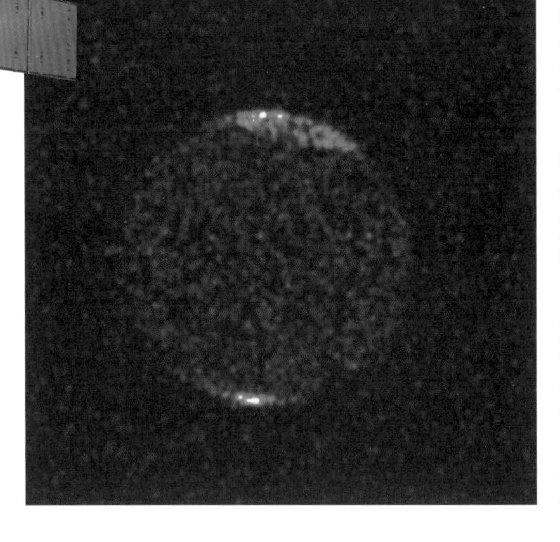

现代望远镜

世界上第一架望远镜是利用可见光工作的。但可见光只是天体辐射向我们的能量中的一小部分（见《经典科学——电、磁、热的美妙乐章》第 151 页）。美国航空航天局（NASA）发射的钱德拉 X 射线望远镜（上图所示），它在环绕地球的轨道上运动时，可以不受大气层的遮蔽来观测宇宙，且它能探测到 X 射线，诸如木星南北极的神秘极光。X 射线太空望远镜已经为我们揭示了宇宙大爆炸时所产生的恒星气体和充满活力的新的恒星。

称为脉冲星的快速旋转星体和其他天体还发射出无线电波，即辐射出另一种形式的电磁（EM）能量，如左图所示为在新墨西哥州索科罗安装的高塔般的碟形天线，它们构成的巨大的阵列（VLA）能俘获来自太空的无线电波。站在边上，你会感到自己像只蚂蚁。27 个这种天线塔分布的地域比一座大型城市还大。它们共同工作时效果才好。它们收集信息的作用如同一台巨型的无线电波望远镜。想了解它是如何工作的，可观看 1997 年拍摄的电影《超时空接触》，它是由 VLA 和乔迪·福斯特（Jodie Foster）“合演”的。

可见光、X 射线和无线电波等其他各种辐射能的样式都可被记录为计算机数据，计算机再将它们转化成我们所能看到的图像和地图等，用它来揭示我们所感兴趣的信息。右图所示为基于由 VLA 收集到的无线电信息合成的水星地图。水星是最靠近太阳的行星，图中的颜色分布表示出了其表面下温度的分布。因为无线电波和雷达波一样，都可以穿透致密的物体，正如 X 射线能穿透皮肤显示骨头一样。图中红色（热）的斑块是它面向太阳的一面，而蓝色（冷）的区域则表示的是阴影区。

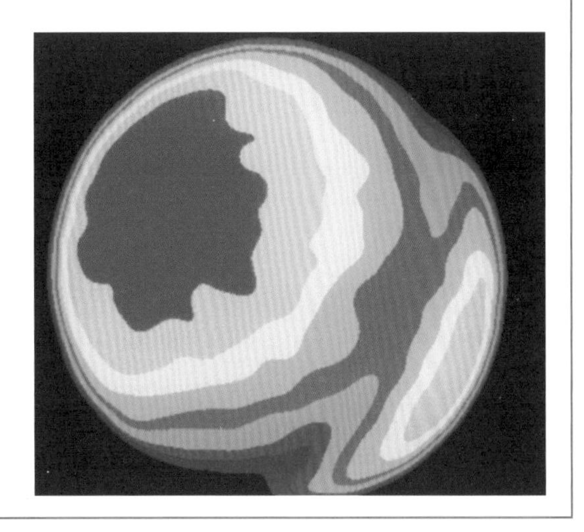

你遇到麻烦了吗？

让我先谈谈月球的表面……我确信月球表面不像大多数哲学家所认为的那样，和其他天体一样同是光滑、对称、均匀的圆球形状；相反的，它是凹凸不平的，低洼和隆起满布其上，就如地球表面一样，到处有高山与深谷。

——伽利略，《星际信使》

纵观整个科学史，所记录的都是一些敢于犯错误的男男女女们的事……对他们上千页的指责和批评都是由那些不敢犯错的人写就的。这些指责他们的人从不想让自己招受批评，更不用说让自己犯错了。

——劳埃德· A. 布朗（Lloyd A. Brown，1907—1966），美国历史学家和制图学家，《地图的故事》

这是一幅绘于 1510 年的有着强烈基督教色彩的画。在画中，上帝之手托起整个宇宙（但伽利略说这不是真实的，它仅起一种隐喻作用），受伤的耶稣基督站在一只羊的下方，而圣－凯瑟琳手持百合花、头戴荆冠站在《圣经》之下。上帝之眼盘旋在一切之上。

伽利略在写给朋友的信中说道，《圣经》当然是正确的，但这并不意味着必须从字面上加以理解，如它说的“上帝之手”“天国的帐篷”等。这些说法或词语只是隐喻，是为了传递某种观点。他甚至主张，科学事实可以用来理解和解读《圣经》。这些说法对伽利略与教会的关系没有好处。

教会领袖问道：为什么伽利略不能私下坚持自己的观点而不到处宣扬呢？但伽利略并不信奉沉默是金，即便知道讲出来可能会给自己

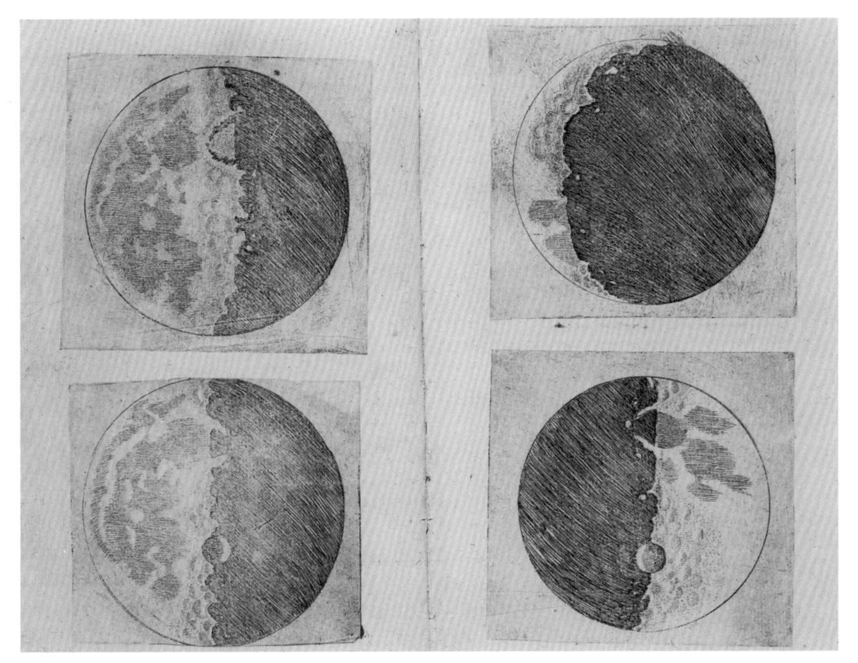

任何人都能看到月球表面到处有斑点，而并非是光滑的。伽利略甚至作出了他在不同月相时观察到的斑点草图（如左图所示）。那些相信天空是完美无瑕的人宣称那仅是阳光反射时产生的效果，而不是月球表面不平造成的。伽利略给出了相反的不容置疑的事实证据，其中包括了山脉产生的能确定山高的影子等。

带来危险。对宗教领袖而言，更糟糕的是他的著作都是用意大利文写成的，故普通百姓都能读懂他的观点。而在当时，那些受过良好教育的精英们都是用拉丁文写作的，故他们的观点只能为学者教授们所知。伽利略倡导的是知识民主，要使所有人都能掌握它。

"地球绕自身的轴自转，同时又在绕太阳转动。"这是伽利略著作中的中心议题。他应该保持缄默吗？当他在描述通过望远镜看到的太阳上的斑点时，就有评论家写道："他用在太阳和月亮上看到的斑点，玷污了天使们的住所，想要我们放弃对天堂的美好希望。"很多人确实陷入了迷惘之中。

但伽利略随后又写了一本名为《试金者》的著作，用充满了睿智的观点驳斥了对他的批判。他在书中除了使用优美的语言和精美的插图外，还用数学和原子的观点来描述自然界。伽利略还是一位伟大的作家，《试金者》被广泛地阅读着。他向教皇乌尔班八世（Urban VIII）谈了关

怀疑拥有广泛拥趸的"绝对真理"的任何人，都应该去看一下伽利略的例子。

——洛基·科尔布，《天空的盲目观察者》

左图为伽利略《关于托勒密和哥白尼两大世界体系的对话》1641年版的封面，其显示了想象的亚里士多德、托勒密和哥白尼间的对话。在书中，他们分别使用了辛普利西奥、萨格雷多和萨尔维亚蒂（他也作为伽利略的替身发言）之名。他们讨论了地球的运动、行星系统和海洋潮汐等问题。其中有一些是伽利略自己的观点。

于写一本天文学新观点的著作的想法。为了让这部著作得以出版，教皇要求在书中也应呈现托勒密和亚里士多德的天体理论系统。伽利略照办了。在他于1632年写就的《关于托勒密和哥白尼两大世界体系的对话》一书中，虚构了三个人物：萨格雷多（Sagredo）、萨尔维亚蒂（Salviati）和辛普利西奥（Simplicio）。他们为太阳和地球的位置问题就自己的观点进行了辩论。其中的辛普利西奥持亚里士多德的观点（辛普利西奥的名字向我们暗示了伽利略让他所持的观点）。这是一本非常好的书，本不应该引起太多争论。伽利略断定，他可靠而合乎逻辑的论证将说服他的对手。然而，事实上他激怒了他们。他已经明显地显示出他是一位哥白尼学说的支持者。这一点使得教皇乌尔班非常生气，而且教皇错误地认为，书中的辛普利西奥是影射他本人。

自从伽利略将自己制作的望远镜用于观察天空后，就一直认为哥白尼的学说是正确的。一种反对哥白尼的论证是：既然月球是绕着地球转动的，则地球就不可能同时做绕太阳的运动；地球和月球会彼此分离开来（大概当时几乎所有

因其参与了对伽利略宣扬异端的指控，我们现在知道教皇乌尔班八世（如右图所示）。然而，他是一个博学之士，起初支持伽利略的理论，而反对教会所盲目信奉的亚里士多德理论。但是，当伽利略抨击了以辛普利西奥代言的亚里士多德观点时，教皇就不再为他辩护了。

权力、信仰和审查制度

指责当年天主教廷对伽利略的判罪是件很容易的事，但新观点的出现常常是不被人们所接受的。回溯至古希腊时期，阿利斯塔克就提出了太阳是宇宙的中心的观点，但人们却将这视作无稽之谈。他的批评者们说，只要看一下天上，就会知道太阳是在绕着地球在转动的。除此之外，宙斯和其他古希腊传说中的诸神被认为是掌管着天空的。因此，阿利斯塔克的观点被认为对古希腊的权势人物造成了威胁。

再后来，到文艺复兴时期的欧洲，教会的领袖们认为应加强人们对天主教的信仰。因此，他们就开始查禁那些他们认为对教义构成威胁或不道德的书籍，并在1559年列出了一份官方的禁书名单，称为《禁书目录》。如果有人读了或拥有了《禁书目录》中的图书的话，就被认为是罪恶。在1616年保罗五世（Paul V）任教皇时，哥白尼的著作在《禁书目录》中赫然在列。

对伽利略而言，当他清楚地表明了站到拥护哥白尼学说的立场上去后，他的对手们就利用这一点来攻击他。于1623年成为教皇的乌尔班八世说："愿上帝原谅伽利略先生对这些问题的干涉……我们的新教义是按照《圣经》来制定的。最好的方式是遵从公众的意见。"作家詹姆斯·赖斯顿在他所著的名为《伽利略传》一书中写道："（教皇）看问题不是看其是否是真理，而是要看是遵从还是违抗。"

当伽利略于1633年因所谓的"异端邪说"受到指控时，他已经年近70岁了，但仍是一位虔诚的天主教徒。他清楚记得布鲁诺的遭遇，因此作出了放弃自己主张的声明："因受神圣的教廷的责令：我完全放弃坚持太阳在宇宙中心且不动的观点。我现在诅咒和厌恶这些错误观点和异端邪说，以及其他和宗教相对立的说法。我发誓今后将决不再以口头或书面的方式，表达或主张此类会招致同样质疑的任何问题。"伽利略的所有著述也被收录进入了《禁书目录》，这种状态一直被保持到1835年才结束。

最终于1966年，对《禁书目录》的编印停止了。到了1979年，教皇约翰·保罗二世（John Paul II）认为是建立一个委员会和重审伽利略案的时候了。他说："在经历了伽利略事件以及后面的反思过程，教会走向了更加成熟、更加能理性把握、对自身也更加合适的权威之路。" 4年后，约翰·保罗又说："我希望神学家、科学家和历史学家将通过真诚的合作精神的引导而更加生机勃勃，也能更加深刻地审视伽利略事件，并通过认识自己的错误……将能驱散这一事件导致的在很多思想领域中不断增加的不信任感，并促进科学和信仰间富有成果的和谐。"

1992年10月31日，在伽利略去世的350年后，教皇约翰·保罗二世正式承认教会当年对伽利略的定罪是一个错误的决定。

难道这仅是一个引人入胜的历史事件？也许并非如此。生物进化理论、克隆技术和干细胞研究这当今三大领域，又以某种形式在科学和宗教间划了一道鸿沟。它们应该分离吗？你对这种审查制度怎么看？它会是合理的吗？

1633年，在受到传播异端邪说的指控后，伽利略在宗教裁判所收回了自己的观点。

1610年，伽利略借助望远镜揭示了金星在自己的轨道上从地球边上划过的现象，当时看到的金星为镰刀般的新月形（如右图第二排所示）。然后，作为运动较快的行星，它很快消失在了地球人的视野之外，“镰刀”也在逐渐被填充，最后在离地球的最远端变成了全相的了（最后一图所示）。这时它正对着太阳。伽利略认为，这种相面只有金星绕太阳运转，而不是绕地球运转时才会发生。

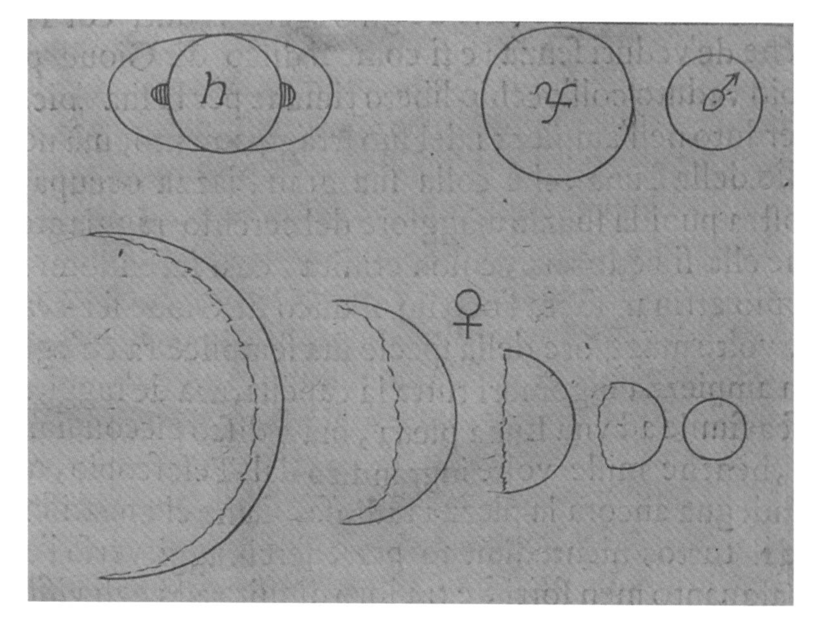

贝内代托·卡斯泰利是一位本笃会的教士，也是一位有天赋的科学家。他曾是伽利略在帕多瓦大学时的学生，并因此而特别敬重伽利略，也用一生帮助和支持伽利略的研究。当伽利略被指控为异端时，卡斯泰利作为集教职和科学家于一身的人为伽利略辩护。

人都是这么认为的）。

当伽利略发现木星有4颗卫星在绕它的轨道上运动时，他立即意识到自己叩开了一扇思想的大门。他设想：如果木星在运动的同时，还能带着它的4颗卫星一起运动的话，那么，地球为什么就不能和它一样带着自己的月球一起运动呢？

伽利略收到了他的一位以前的学生贝内代托·卡斯泰利（Benedetto Castelli）的一封信。信中说，如果哥白尼的说法是正确的，即行星都是在绕着太阳运动的，那么金星也就应和月球相似有着阴晴圆缺。于是，伽利略用望远镜仔细观察了金星，还真的看到了金星的位相变化！卡斯泰利提出了猜测，而伽利略用观察证明了这一设想是正确的。这正是科学方法应用的实例！而这也从另一个侧面为证明哥白尼理论的正确性提供了证据。

但对教会领袖们而言，他们对这些证据都视而不见，其中就包括教皇乌尔班。《天球运行论》出版73年后被查禁。伽利略的《关于托

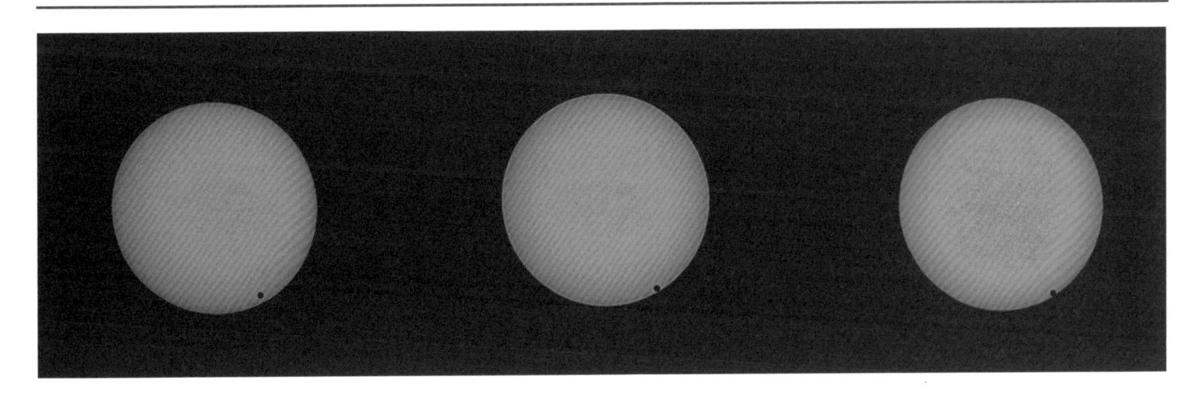

勒密和哥白尼两大世界体系的对话》出版后不到一年，他就被传唤至宗教裁判所接受审讯，并于1633年受到了宣扬异端的指控。对那些如同伽利略一样虔诚的基督教徒来说，这是令人畏惧的。在天主教会主导整个欧洲的时期，这是一个严重的问题，而且是非常的严重。教会采取了行动。读过关于伽利略的传记后，你就会了解接下来所发生的一切。这是科学史上的一个大事件，直到几个世纪后才给出了最后的结论。但也不必单单责难天主教会，它的复杂性远非我们所能看到的。当时的变化让许多人都措手不及，事实上伽利略同时向科学和宗教思想发出了挑战。

2004年6月，金星由于在太阳面前划过而大出风头（在上图中的黑点即为金星）。这种情况在2012年6月再现了一次。但下一次出现这样的情况则要等到2117年和2125年了。19世纪时的天文学家就是利用金星的这一活动来测量地球和太阳间的距离的（利用三角学）。

天主教会对伽利略的观点的抨击对伽利略来讲是严厉的，然而，从长远看，这对科学也是好事。因为在此之前，每个人都只接受教会所讲的所谓科学。但自此之后，每个人都认真思考了。科学将如何发展？为什么会出现认识上的混乱？于是，很多人对科学有了新认识。

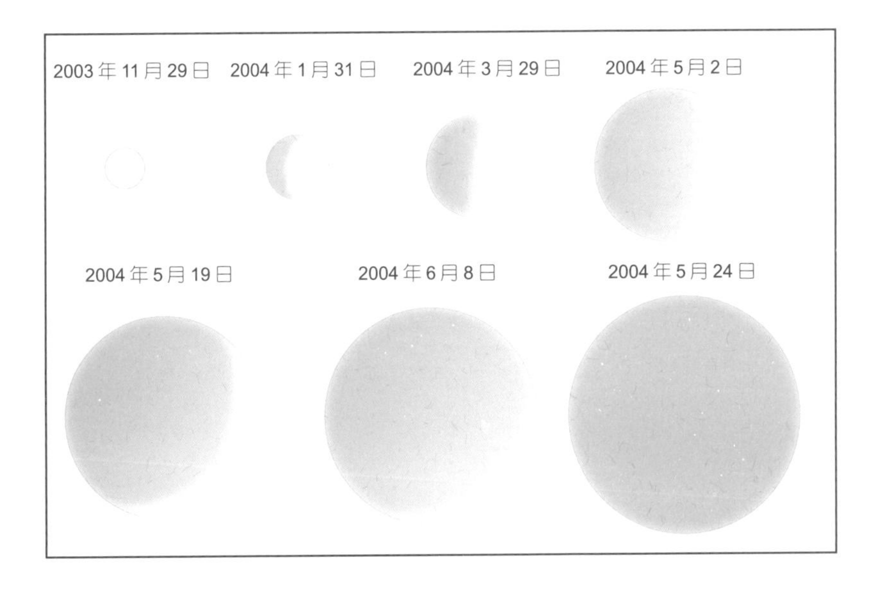

金星具有和月球相似的相。左图为现代拍摄，对面页中的是伽利略绘的草图。它们有一个很大的差别：金星不像月球那样，它在通过的过程中是在不断变大的，即从满月到新月形。这是因为它离地球越来越近的缘故。满月时，金星处在正对着太阳的位置，这时它离地球最远。

各行其道：宗教和科学的相处之道

1644 年，英国诗人约翰·弥尔顿为抗议议会要求政府审查所有出版物的决议，而写了一本名为《论出版自由》的小册子。他慷慨陈词，为言论自由的必要性进行辩护。在这本书中，他虚构了一次会面[上图为 19 世纪的画家安尼巴莱尔·加蒂（Annibale Gatti）描绘的会面场景]。

其中有一段如下的话："我找到并拜访了伽利略，自从成为宗教裁判所的囚徒后，他老了很多。他是因为思考天文学而不是方济各会的、多米尼加认可的思想而被指控的。"

在伽利略时期，人们通常认为，宗教寻求的是真理，而科学寻求的是理解。其间的差异是微妙的，但却是非常重要的。在更早的时期，这两者间是没有分开的。祭司和统治者们是仅有的掌握知识资源的人，他们用这些来控制人们的信仰和对科学知识的学习。欧洲的圣罗马皇帝既是政治领导人，也是宗教领袖。当时的英格兰国王也是如此。

到伽利略时期，科学已经具有了较高的水准和较快的发展速度。国王和诸如修道院长那样的高级神职人员的思维和观点已经跟不上科学的发展了。尽管如此，他们仍不想放弃权位，将具有重大影响力的科学牢牢地掌控在自己的手中。由此就产生了很多严重的问题，因为科学是要在自由氛围中才能得以生存和快速发展的。科学家需要考虑所有的观点，甚至那些被视为异端的观点。当权者不会允许这样做，宗教权威并不习惯于学术自由。这就是伽利略事件上冲突的要害。

和伽利略一样，当时的大多数科学家都是信仰宗教的。如著名天文学家约翰尼斯·开普勒就说过："我最想发现和最急切想知道的莫过于此：我能自己找到上帝吗？当探视宇宙时，似乎用我自己的手就能抓住他。”虔诚的艾萨克·牛顿也说过：“这一由太阳、行星和彗星构成的最美丽的系统，只能按照智慧的和强有力的神的劝告和支配来运转。”对他们而言，宗教和科学间不存在什么冲突。

但对其他许多人则不是这样。经过了超过一个世纪的宗教战争，著名政治家托马斯·杰斐逊看到了建立一部将宗教、科学和政治相分离的法律的必要性。他企望建立起这样一种社会，在那里自由的思想到处开花，没有任何一种宗教能够控制人们的思想。杰弗逊的这一观点于18世纪末，在他起草《弗吉尼亚宗教自由法令》的时候，第一次被加入到法律文件的文本之中。将宗教和各州政府分离，是在美国诞生的一种新概念。后来，詹姆斯·麦迪逊（James Madison）又将这种政教分离的观点加入了《美利坚合众国宪法》中，写进其第一次修正案。其强调：“国会不得制定尊教（宗教）的法律，或者禁止其自由行使。”

右栏中是一些人关于宗教与科学的想法。若你搜寻一下，则可以找到更多关于这方面的观点。

“在《圣经》中，真理被比作一泓汩汩外流着的山泉。如果水不能长久地流淌，那么它就有可能退化成一个泥浆池，这是符合规律和惯例的。”

——约翰·弥尔顿（1608—1674），英国诗人，《论出版自由》

“真理是伟大的，如果让她自行其道的话，必然会盛行于世。”

——托马斯·杰斐逊（1743—1826），美国总统，《弗吉尼亚宗教自由法令》

“害怕科学的宗教即为对上帝的不敬和形同自杀。”

——拉尔夫·沃尔多·爱默生（Ralph Waldo Emerson，1803—1882），美国散文作家和诗人，《随笔》

信仰是个微妙的发明，
当绅士们能看见的时候。
但显微镜却是谨慎的，
在紧急的时候。

——埃米莉·狄更生（Emily Dickinson，1830—1886），美国诗人，《埃米莉·狄更生诗集第二辑》

“没有宗教的科学是残缺的，没有科学的宗教是盲目的。”

——阿尔伯特·爱因斯坦（1879—1955），德国出生的美国科学家，《爱因斯坦晚年文集》

“科学给人以知识——力量；宗教给人以智慧——驾驭。”

——马丁·路德·金（Martin Luther King Jr.，1929—1968），美国人权领袖，《爱的力量》

“完美的和谐……能够存在于科学的真理和信仰的真理之间。”

——教皇约翰·保罗二世（1920—2005），1979年在教皇科学院爱因斯坦会话时的演讲

可怜的开普勒

[第谷]布拉赫有很多棒极了的助手，其中最厉害的当数约翰尼斯·开普勒。这位举止怪异且神秘的数学家兼天文学家……他能从布拉赫收集的山一般的观测数据中，识别出简单而深奥的道理……他是最早提出太阳系的正常运行需要借助力的作用的科学家之一。

——莱昂·莱德曼（Leon Lederman，1922—），美国诺贝尔物理学奖获得者，《上帝粒子》

说到运动，太阳是行星运动的动因，也是宇宙的原始推动者。

——约翰尼斯·开普勒（1571—1630），德国天文学家，《哥白尼天文学概要》

你认为自己的生活压力大吗？不妨听听下面的描述：

在4岁时，我差一点死于天花……我的双手几乎是完全残废的……在14至15岁期间，我又持续患有严重的皮肤病，浑身长满了疥癣，非常难受的瘙痒；脚上久不痊愈的伤口发出难闻的腐臭味……我右手的中指上长了寄生虫，而左手则是疼痛难忍……到16岁时，我又差点因高烧而命丧黄泉……好不容易长到19岁，我又被要命的头痛和手足病症所困扰……身上一直不断地长疥癣，并患有皮疹。

开普勒的名字有时为约翰（Johann），有时为约翰尼斯（Johannes）。那么哪一个才是正确的呢？在德国他的出生地，他的名字是约翰。但过去科学家在交流时都使用拉丁名，他的拉丁名为约翰尼斯。从签名上看，开普勒似乎更喜欢这个拉丁名，故本书中也采用了这个名字。

这就是约翰尼斯·开普勒所讲述的他小时候的故事。开普勒生于1571年，他的母亲是一位德国小客栈主的女儿。后来，他用这样的语句来描述自己的母亲："个子很矮，身材削瘦，皮肤黝黑，爱说闲话，动不动就吵架，气质很差。"但除了这些之外，据说她也有令开普勒感激的一面：在他6岁时的一天，母亲将他拉到门外，指着夜空说："看吧，大彗星！”就是这一句话，触发了小开普勒对天文学的兴趣。开普勒称他的父亲是一个“不道德的、粗暴的、好斗的士兵”“心肠狠毒、自以为是”。

就是这样一个父亲，常年不在他身边，每年也见不到几次。特别是在开普勒17岁那年，他竟然抛妻弃子，永久地离开了这个家。

那么，小开普勒能否到祖父母那里寻求帮助和爱护呢？这也是不可能的。他的祖父是一位皮货商，还是他们那个小村庄里的村长。但他也是一个“傲慢的……脾气极坏且非常固执”的人。而他的祖母则是“谎话连篇……脾气火爆……是一个戒不掉的麻烦制造者，内心满是忌妒，对任何人都持有敌意，喜欢使用暴力，是一位怨恨的承载者”。

这幅约翰尼斯·开普勒的画像是由汉斯·冯·亚琛（Hans von Aachen）所绘。画中的他看起来是一个严肃的人。在一次聚会上，他的思绪全部集中到了想发明一种测量酒桶中能装多少葡萄酒的数学方法上。不管你信不信，这次聚会正是他第二次婚姻的婚礼。

但开普勒也有些运气：一位地方上的公爵愿意将聪明的穷困平民的儿子送到大学里深造。在那里，睿智好学的约翰尼斯·开普勒如鱼得水，拼命地汲取知识营养。更幸运的是，指导他的教授信仰哥白尼及其学说。开普勒也从来没有怀疑过哥白尼的观点。

开普勒的个人生活却越来越糟。26岁时，他用第三人称描述了自己这时的生活：“他每天就像一条小哈巴狗一样……他对很多人都充满了仇恨，别人对他也是犹恐避之不及……他像狗一样恐惧洗澡。”

当他尝试着到宗教色彩很浓的神学院中去教授数学课时，在课堂上他老是喃喃自语。一些学生也时常捉弄他，来听他课的人变得越来越少。现在看来，这些学生错失了与古往今来最强科学大脑之一进行自由对话的机会。当开普勒出版了他第一本著作时，这一点就展现无遗了。这本书将天文学纳入了数学的系统之中。开普勒将他的这部著作赠送了一本给当时欧洲最著名的天文学家第谷·布拉赫。

第谷被震撼了。他邀请年轻的开普勒到他在布拉格的城堡中作客，后来又将开普勒雇佣为自己的助手。这对开普勒来讲可是双喜临门：除了获取一份他喜爱的工作之外，还免于因是新教徒而被天主教会逮捕。

因为幼时多病而留下的眼疾病根，开普勒无法自己观测星空。他

皇帝鲁道夫二世（Rudolf II）患有抑郁、狂躁和偏执等症状不是什么秘密。在这一幅由卢卡斯·范瓦肯博赫（Lucas van Valckenborch）绘于16世纪的画中，鲁道夫正在寻求治疗之策，但他的精神状态非但没有变好，而是变差了。1611年，他被迫签名退位，由他的弟弟马蒂亚斯（Matthias）继任。画中侍者肩上的猴子象征着恶习、愚蠢和虚荣。

渴望能对第谷收集到的全部数据进行统计，并且自信一定会有所发现。但第谷却不愿意将耗费了他毕生心血的观测数据全部交给一个他几乎不了解的人。因此，他每一次只交给开普勒少许观测数据。

在开普勒成为第谷助手一年后，这种情况也没有得到好转。但就在这时，第谷病得非常厉害。他精神错乱并不断地重复："让我不要再活在虚荣之中。"在证人面前，当他清醒时，第谷将他所有的著述和图表都交给了开普勒。

开普勒很好地利用了这些资料，但却不是沿着第谷最初的设想方向上展开。第谷想让开普勒证明哥白尼的理论是错误的，而他倡导的地球是宇宙中心的观点是正确的。但开普勒保持着客观、开放的思维方式，在得出最终的结论之前，他年复一年地认真研究第谷留下来的图表和测量数据。

当第谷于1601年去世时，开普勒刚好30岁。他接替第谷成为具有神圣罗马帝国"帝国数学家"称号的人。虽然如此荣耀，但他个人的麻烦却没有终止。皇帝鲁道夫二世也有自己的难题（他之后于1611年被废黜），他经常"忘记"为他的那些数学家和天文学家们发薪水。虽然这是十分不公平的，但这却没能阻止开普勒进行缜密的思考和计算工作。

开普勒对光现象也很着迷，一直想理解光的特性以及我们能看到物体的原因。这也引起了他对眼睛机能的思考。古人们，特别是托勒密，都认为是眼睛会放出光，当这些光遇到物体沿原路返回后，眼睛才产生了视觉。

到开普勒时期，尽管眼镜已经有几百年的历史，但几乎没有人能说清楚它能矫正视力的原因。开普勒也是一位眼镜佩戴者。对此，他解释说：对正常的眼睛，光线进入眼睛后能在视网膜上会聚到一点，在那

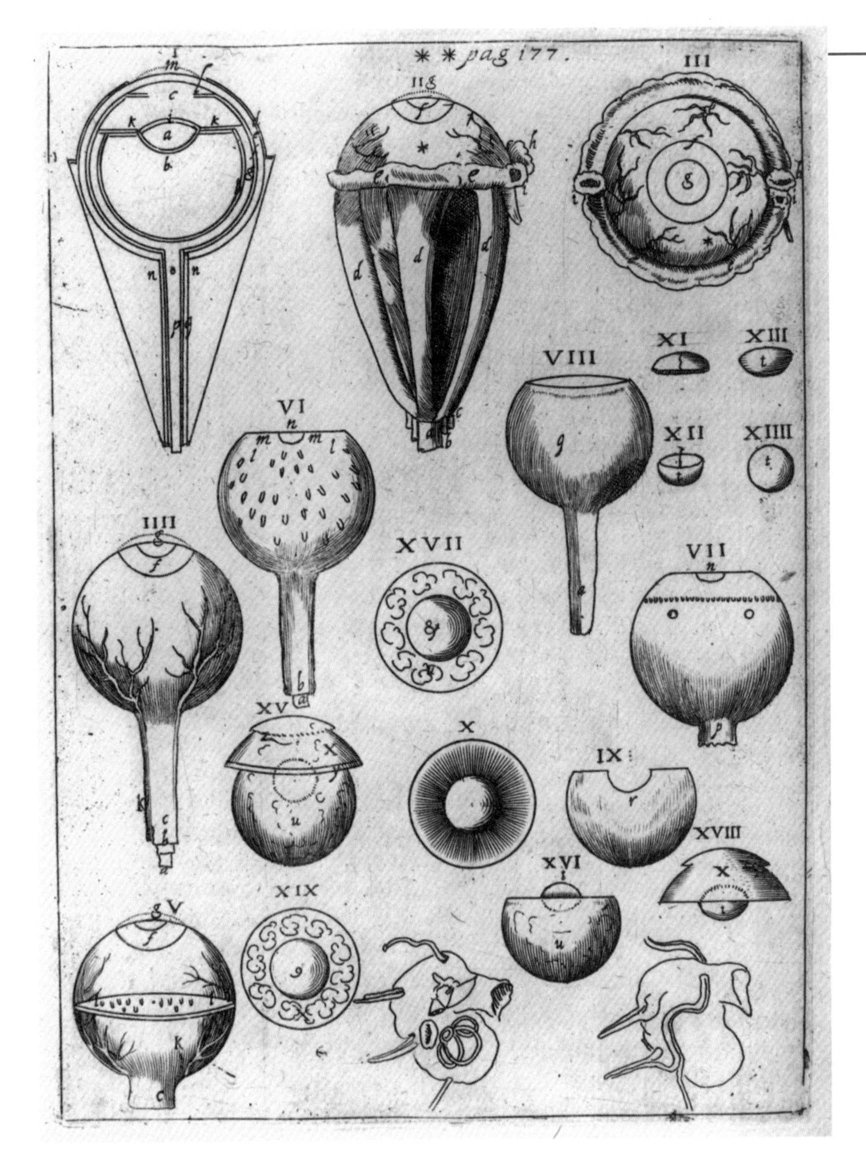

因为眼镜的曲面透镜能将光线会聚成像，开普勒想知道透镜和人类的眼睛是否是以相同的方式工作的。因此，他在 1604 年写就的光学著作中，有很多如左图所示的眼球图。开普勒的研究揭示了透镜将像投射在视网膜（位于眼球的后壁上）的事实。如果会聚点较短或较长，那么所成的像将是模糊的（如下图所示）。

里形成一个倒立的像（大脑再将它倒过来）。但有一些眼睛，光线进入后将会聚到视网膜前方或后方，于是视觉就出现了模糊。我们分别称其为近视眼和远视眼，而用曲面透镜制成的眼镜就能够矫正这一问题。

开普勒在于 1604 年撰写的著作中，就专门讨论了透镜、光学仪器、来自太阳的光、视力等问题。这可以说是现代光学的发端。

当时，他听说了伽利略的望远镜后，就写信给这位托斯卡纳的天文学家，请他帮助配置一台："让我也能和你一样欣赏到天

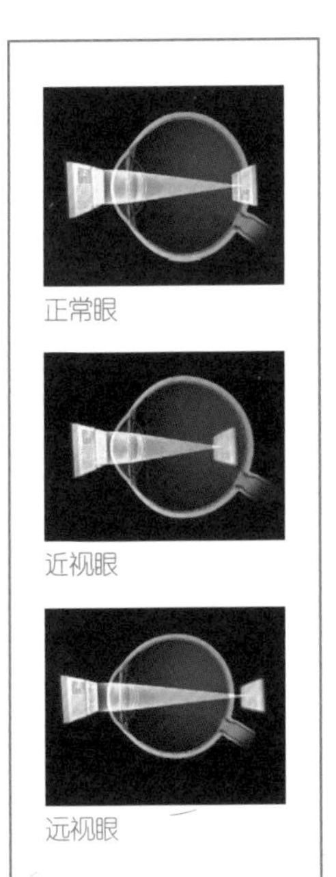
正常眼

近视眼

远视眼

六角星的奥秘

像雪花这样简单的东西能引起科学家的好奇，这确实令人惊讶。开普勒的脑海中一直萦绕着雪花的形状："我们的问题是，雪花……为什么总是以六个角的形状飘落下来，它的六个臂都如同羽毛一样……若这是偶然产生的，那为什么就没有五个角或七个角的雪花呢？"

一位非常富有的资助人和开普勒一样，也对哲学问题和哲学语言感兴趣。开普勒与他分享了对雪花的六角形问题的思考研究。由于雪花在德文诗句中被称作"洁白无物"，开普勒在给自己的资助人的信中写道："我清楚地知道你是多么喜爱无物。"他知道资助人对他的双关语"无物"会报以轻笑。

但是，水蒸气是如何转化为美丽而又洁白的六角形晶体的呢？它为什么不是同样美丽的五角形的呢？科学经验告诉开普勒，在寻求这一问题答案的过程中，他可能在向错误的方向迈进。他写道："我必须得说，应该从与很多错误线索的比较中寻找真理的机会。"

开普勒的这一认识是对的，他确实没有找到正确的解释。但这不怪他，因为当时还没有关于分子的知识，他就不可能从水的构造方面寻求这种答案。通过观察，他知道水蒸气是看不见的，小水滴是圆形的而不是六角形的之后，得出如下结论："原因并非出自物质本身，而应是在中间过程之中。"

他所寻找的"中间过程"是一种外在原因。通过对自然界中其他六角形物质的观察，特别是对蜜蜂的蜂窝结构的了解之后，他发现蜂窝中的每个小单元都是六角形的，并且每个单元的壁都是与其他单元共用的。这是一种用最少的蜂蜡就能高效地贮存蜂蜜的方法。开普勒写道："因此，蜜蜂自然地就有了这种天性……来建造这种形状的巢，而不是其他形状的。"

但雪花不贮存蜂蜜，也不具备建造本能。这一定是有某种物理学上的原因使它形成了这种六边形的形状的。那么其原理究竟是什么呢？开普勒想到了"冷"即是缺少热量的表现。冷可以使水蒸气凝结并结冰。但是，他写道，任何物质"似乎都应凝结成十分扁平的形状才更为合理"。对于近乎圆球形的水滴来说，它在结冰后则更应成为小冰球才对。对他来说，四边形、立方体等形状都应是自然界物质更好的选择，因为它们的对角线正好以直角相交。

当然，除此之外，开普勒还仔细观察了无数雪花的细部结构：无论多少、无论何时何地形成的，都具有令人困惑的六角形外形，即使内部结构不同，但外形无一例外都是六角形的。他推想，雪花在形成时，都是从中心开始，然后在外围的角处生

空中的美景。"当开普勒如愿以偿地获得一台望远镜时，他非常高兴地说："它比任何王权的权杖都珍贵。"

在读了伽利略的《星际信使》一书后，开普勒写下了 3 篇论文：一篇描述了望远镜的工作原理，另两篇肯定和支持了伽利略的发现。对此，伽利略在给开普勒的信中写道："我要感谢你，因为你是第一位，且

绰号“雪花”的威尔逊·本特利（Wilson Bentley）出生于1865年，他是第一位用照相术来展现雪花独特美的人。经过了大量的实验和失败后，他完善了一种将雪花放在天鹅绒上，再将照相机靠近而不熔化雪花的方法。左图中为本特利拍摄的部分雪花照片。现代照相机能捕捉到六臂的雪花晶体的细节（如对面页中的图所示）。为什么是六臂的？水分子结冰成了六角形，就像下底图中所表示的那样。

长成“棒”。但这仍不能说出其中的理由。为什么？他最终只好说，这是它们的天性使然。他也知道，这不是一个令人满意的答案：“我还没有了解出现这种情况的底细。”

在其后的300多年中，一直没有人知道这种情况的“底细”。在20世纪的早期，科学家们借助于X射线仪和对原子结构的了解，最终解开了这一谜团。这里给出对这一问题的部分解释：所有的雪花都是由水分子，即H_2O构成的。如右上图所示，它是一个由3个原子组成的分子。结冰后，这些分子就结合到了一起。这种由三原子分子构成的物质点阵结构只能是六边形的（如右下图所示），而这种六边形具有六个角，且在每一个角中都有一个可以和外界结合的氢原子。氢原子具有和其他水分子中的氧原子结合的趋向，这也说明了雪花晶体具有六个臂，且每个臂都在一个角上的原因。

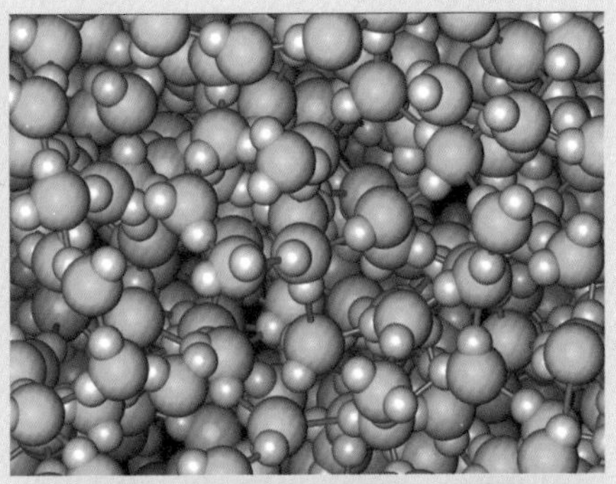

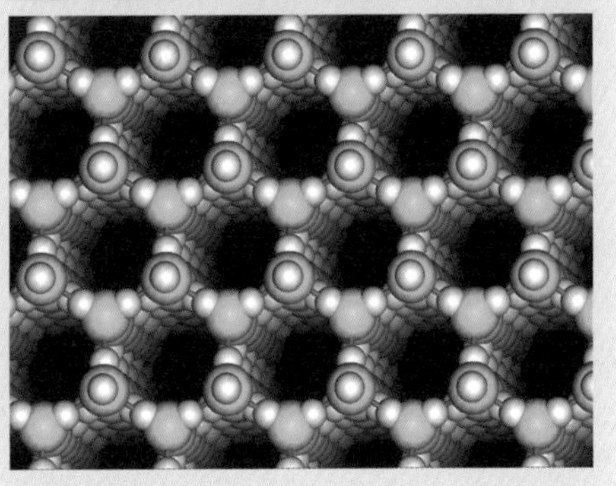

那么，为什么每一个雪花各不相同呢？开普勒当时联想到了“冷”的因素，这是正确的方向。在非常冷时，冰晶体有尖锐的角，很快便形成了羽毛状的六角星外形的雪花。在稍高的温度（仍然寒冷）下，缓慢形成的雪花则具有光滑且更为简单的外形，故它们都是六边形的柱状、针状或盘状的。

实际上仅有的一位……完全相信我的观点。”

一个冬天，开普勒在经过布拉格的一座石桥时，发现自己穿的夹克上覆盖着一层雪花，并注意到它们全是完美的六角形。“我不认为雪花构成的这种有序图形是偶然造成的。”带着这一想法，他写了一本关于雪花几何形状的书，这本书于1611年正式出版。

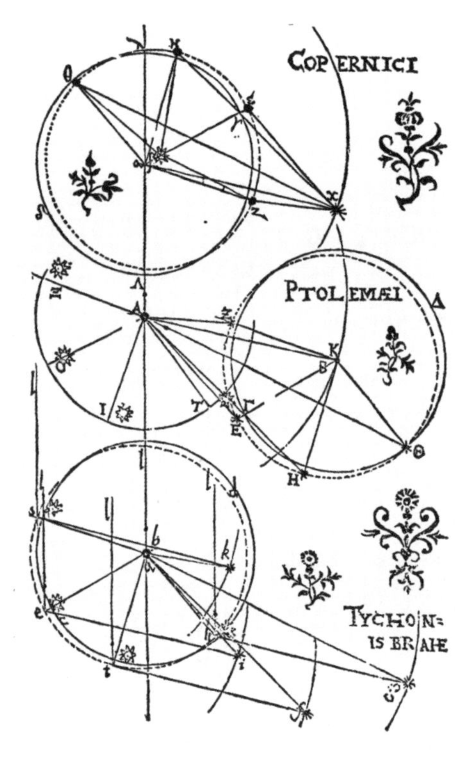

哥白尼、托勒密和第谷以不同的方式作图来解释行星不规则的运动轨道。托勒密的地球中心说需要本轮——轨道之中暗藏轨道（见左图中间）。开普勒用三角学证明，无论使用哪种系统，轨道的形状都是椭圆而不是圆。这一图取自他1609年写的《新天文学》。

同时，他坚持不懈地研究着第谷的星图。这些图表使开普勒更加坚信哥白尼的理论是正确的（纵然第谷对此从来没有理解过）。在开普勒所著的书中，他所表达的观点甚至比哥白尼走得更远。他不仅知道了地球和其他行星一样，都是在绕着太阳运动的，而且他还相信，是太阳对行星产生的力的作用而使行星做这种运动的。行星离太阳越远，它们间的这种力就越弱。这是一种具有前瞻性的激进想法。一些固守传统的人认为，是天使推动这些行星的，其中大多数的行星是粘在一些运动的透明的球壳上。

但是，如果亚里士多德所说的球壳状天空是不存在的话，那么势必要有某物来取代它。是什么使恒星和行星能保持在各自的轨道上运动的？问题的答案是否在于太阳？哥白尼提出了太阳是静止不动的观点。开普勒相信，太阳一定具有某种力量或作用（他称其为“活力”）。但这种活力又是什么呢？他也不确定，然而他正在向一个富有成效的方向前行。

1957年，德国音乐家和作曲家保罗·欣德米特（Paul Hindemith）基于约翰尼斯·开普勒的生平，写了一部名为《世界的和谐》的歌剧。欣德米特11岁时就离家出走了，因为他想成为一名音乐家，而他的父母坚决反对他这样做。后来，阿道夫·希特勒（Adolf Hitler）驱逐了他，并查禁了他的音乐。但他在英国、瑞士和美国受到了热烈欢迎。在美国，他还成了耶鲁大学的一名教授。

对于他的这些设想，当时几乎没有什么人感兴趣。随着激烈的宗教战争的进行，欧洲大部分地区都是战火连连，谁还有时间和心情去读天文学的书呢？《世界的和谐》是开普勒的一本具有伟大历史意义的著作，他的另一本著作被很不明智地称作《哥白尼天文学概要》。

开普勒认为，是“上帝之手”指引着自己走上天文学研究的道路的。他曾写信给自己原来的老师说：“我想成为一个神学家（即宗教学者），但我长时间地感到不安。然而现在，我通过努力观察发现在天文学中上帝是如何受到赞美的。”但他又写道：“我满足于守卫着一座寺庙的大门，而哥白尼则在它那高高的祭坛上作出了牺牲。”开普勒相信上帝已经将天空装到了一本书中，在这本书中写着井井有条的计划，而人类的头脑被设计得能理解书中的所有内容。哥白尼瞥见了书中的计划。

而他，开普勒则是要尝试更详尽地描述它。

开普勒曾做了一个假想实验。在其中，他设想自己先处于月球之上，然后又先后到了火星和太阳之上。他利用第谷留下的图表进行思考、计算。直到有一天，他终于总结出了三个具有里程碑意义的定律，这就是著名的开普勒行星运动三定律（Kepler's Laws of Planetary Motion）。它们在科学发展的过程中起到了石破天惊的作用（详见本书第 130 页）。

开普勒曾写过一本名为《梦游月球》的书，是关于一个人做梦到月球上去的事。书中描写了月球的表面。这很可能是第一部科幻小说。多年以后，经过朱尔·凡尔纳（Jules Verne）等小说家的努力，这种科幻小说的文体逐渐流行起来。

他的观点是：行星在绕着太阳的椭圆形（不是圆形）的轨道上运动。行星离太阳越近，则它运动得越快。速度的增减规律可用他给出的公式计算出来。

古希腊人认为天空是完美的，而圆是他们认为的最完美的形状。故他们由此推想，所有行星的轨道一定是圆形的。纵观古代世界，似乎没有人对这一观点提出过质疑，所有人都相信所有的行星都是在完美的圆轨道上运动的。

开普勒手中有第谷通过实际观测绘出的图表和测量数据，其中关于火星的数据尤其详细（第谷极为关注火星）。但第谷观察到的和记录下的内容与用圆形轨道计算得到的结果都不相吻合。显然什么地方出错了。当他最终尝试用椭圆轨道进行计算时，第谷的观察结果便解释得通了。由此他意识到，**包括地球在内的所有行星，它们绕太阳运动的轨道都不是圆形，而是近乎圆形的椭圆形。**他发现太阳总是位于这些椭圆的两个焦点中的一个上。

在某种意义上，古希腊人是正确的，他们认为星体的运动存在着某种基本形态，只不过那是椭圆。（从本书第129—131页中可以了解更多的相关内容。）

开普勒写道："对行星为什么愿意在椭圆轨道上运动的理由，我思考着和探究着，直至近乎疯狂。……啊，看我是一只怎样的笨鸟吧！"他可能认为自己愚蠢，但科学史学家查尔斯·吉利斯皮（Charles Gillispie）将开普勒的洞察力比作"人类心智最伟大的、最灵活的壮举之一"。

开普勒也被自己的发现惊呆了，以至于要跪下来惊呼道："啊，上帝！我所想的正是你的思想，你的旨意。"

新哲学引发了所有的疑问，
火元素快熄灭了；
太阳消失了，之后是地球，没有哪个人的智慧，能指引人类该往何处搜寻。
——约翰·多恩（1572—1631），英国诗人，《第一周年》

多恩曾拜访过开普勒。十分遗憾我们不知道他们谈话的具体内容。诗中"太阳消失"有着怎样的含义？

行星的轨道并非是圆形的，这一发现对人们一直信奉的古希腊思想不啻又是重重的一击。

1571 年，约翰尼斯·开普勒出生于德国的魏尔。他的一生一直处在颠沛流离之中，但都生活在属于神圣罗马帝国一部分的德国和奥地利。三十年战争（1618—1648）席卷欧洲大陆，夺去了数百万人的生命。当威斯特伐利亚和约签署（1648 年），战争结束时，欧洲就不再由神圣罗马帝国主宰，国界也重新划分了。这是欧洲一体的结束，也是各国分离，国家地位上升的开始。

“太阳将像熔化奶酪一样毁掉托勒密的所有装备，他的追随者们也将分崩离析，”开普勒写道，这时的他已经完全接受了哥白尼的学说。“我的主要目标就是要证明天空机器不是如我们所想象的那样是神圣的、人性化的，它只是如钟表一类的机器而已。”

开普勒认识到，如果不完美的地球是一颗行星的话，那么其他我们已知的天体可能也都是不完美的。可以说，他是第一位能够说出“**所有的行星都和地球一样，是由普通物质构成的**”的重要思想家。这一观点为研究太空铺平了道路。

所有人都知道开普勒的思想和发现是灿烂夺目的，但却没有人从财力上支持他，对他持有的“地球不是宇宙的中心的观点”更是敬而远之。而且，事情变得越来越糟，可怕的事情接踵而来。当时，在欧洲大部分地方，特别是在奥地利和德国，新教徒和天主教徒们在宗教战争中互相残杀，史称“三十年战争”。这场战争完全是出于宗教的目的而发动的。

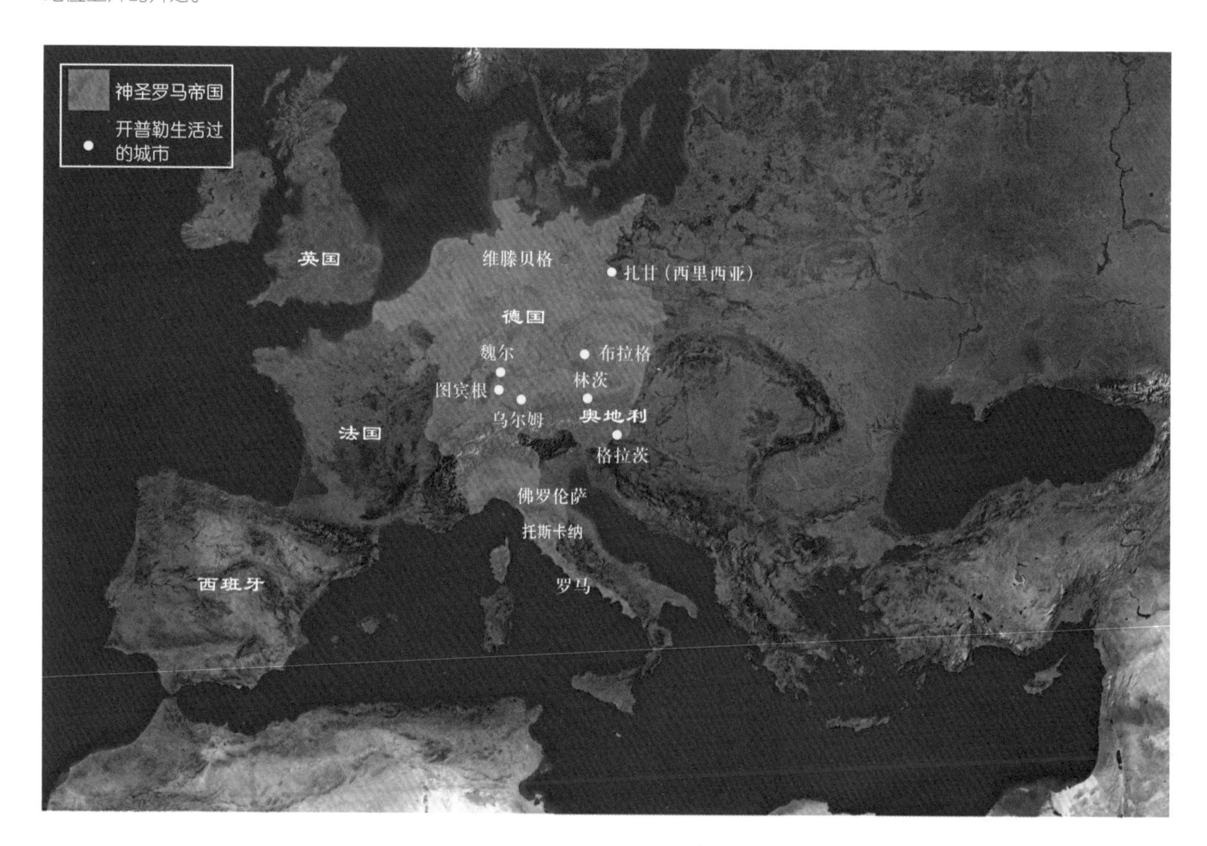

开普勒是一位路德会的教友，但他的孩子却被迫参加天主教的弥撒。他的母亲被别人指控为女巫。这一名称在17世纪时可不是用来开玩笑的。谁一旦被判决是女巫，则是要在火刑柱上被烧死的。开普勒亲自出庭为他的母亲辩护（要知道，这是需要很大勇气的），并最终使她免于被火刑处死。

这时，他的儿子和妻子都死于淋巴腺鼠疫。这种疾病是随着行军打仗的士兵到处传播的。

部分出于开普勒的和平主义观点（他认为天主教徒和新教徒们原本都是可以和平相处的），他被所在的路德教教会开除了。其实，他是一位虔诚的教徒，故这对他的打击是非常严厉的。被赶出教会后，他就如同一个弃儿，没有人愿意与他共事或探讨科学观点。他那谨慎而内向的个性更是对此无所帮助。为了挣得能糊口的收入，他不得不用星座来为人算命，虽然他也知道这种星相学都是骗人的把戏。在写给朋友的信中，他把来找他算命的顾客称为“傻瓜”，而把星相学说成是“愚蠢和空虚”。他的最后一位赞助人是一位帝国的将军，他也来找开普勒为他预卜未来。开普勒算得他将来会有灾难发生，谁知这次竟然被他蒙对了！这位将军先是失去了职位，然后又丢掉了性命。但没人能赞赏如此的预卜。

马丁·路德（Martin Luther）的观点引发了一场改革。当时新教刚创立，很多欧洲人都成了新教徒。没过多久，反改革运动席卷而来，很多人重新成为天主教徒。这一时期人们的信仰并不自由，常常随着国家强权而转变，而那些不愿改变宗教信仰的人则可能面临死亡、监禁、流放的威胁。很多人选择流亡到了美国。

开普勒也曾试图作出完美的圆形行星轨道图。这种模型如下图所示，里面嵌套着五层柏拉图多面体（立方体、正四面体、正八面体、正二十面体和正十二面体）。但在发现了行星的轨道应该是椭圆形之后，他便抛弃了这种构想。

此后，开普勒再次结婚，并重新生养了三个孩子。但这时他仍然没有任何稳定的收入。1630年，他去政府部门讨取之前欠下的薪俸。不幸的是由于沿途饥寒交迫，他虚弱的身体终于一病不起。他因高烧而过早离世，享年不足59岁。在去世之前，他曾为自己写了如下的墓志铭，并希望死后镌刻在他的墓碑上：

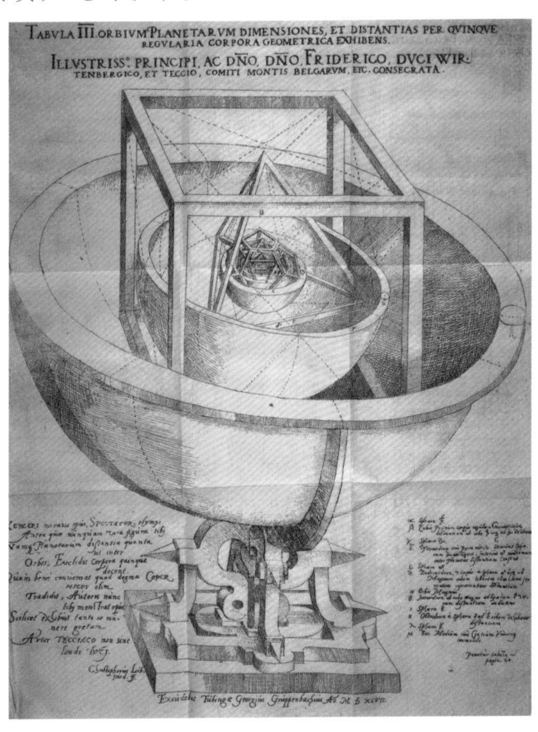

我曾测天高，
今欲量地深。
我的灵魂来自上天，
凡俗肉体归于此地。

现在，已经无人知道他身葬何处了。

我们将去往哪里?

尽管他是以悲凉的形式结束了一生，但开普勒却为人类作出了巨大的贡献。他能够看到和听到来自天空的和谐之声，能预计到人类终有一天将“驾驶着神奇的太空船，升起能驭太空之风的船帆”，满载着“无惧浩瀚太空的”探索者们去探索宇宙。现在的太空飞船是这样的太空船吗？航天员是他所预见到的探索者吗？

第谷·布拉赫用他对彗星的仔细观察和缜密思考，打碎了“水晶球壳形成的天空”。而约翰尼斯·开普勒却比他走得更远，他所提出的椭圆形轨道的观点是可以用科学的方法证明的。

但如果不存在水晶做成的天空的话，那么是什么阻止了行星向太空中逃逸的呢？开普勒认为，这一定是太阳施加的一种力作用的结果，而这种力极可能是磁力。虽然这是一种朴素的理论，后来被证明是错误的。

在当时的意大利，乔瓦尼·博雷利(Giovanni Boreli，1608—1679)继承了伽利略在比萨大学中的数学教授的职位，帮助传播了开普勒的椭圆形行星轨道的观点。博雷利推测，木星对自己的卫星施加的影响力应比太阳对在椭圆轨道上运行的行星的大。是什么原因产生了这种影响呢？博雷利以对人体结构的出色研究而闻名于世，但此时对天体运行的规律却束手无策。

必须要有人能挑起这副重担！如果有人能将伽利略关于运动的研究结果、开普勒关于行星及其轨道的定律、博雷利关于宇宙影响的设想综合到一起，形成一套可被从数学上证明的基础性理论，这将会改变科学的进程。

一个即将出生于英格兰的男孩，在他长大后将成就此事。

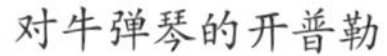

对牛弹琴的开普勒

那些偏心的椭圆

椭圆（ellipse）并非是卵形的，它不同于任何蛋类的外形。

你可以自己动手绘制一个椭圆：先取两枚图钉（或大头针），将它们分别钉在一块较重的木板上。再取一根细线，将它的两端分别系在两枚图钉上。将一支铅笔靠在细线上并拉紧细线，使铅笔尖沿着细线的内侧绕顺时针（或逆时针）方向移动。这时，铅笔在木板上画出的运动轨迹便是一个椭圆。若将这两枚图钉远离或靠近，所画出的图形仍然是椭圆，但这时它变得“扁瘦”或“丰满”了。又若这两枚图钉所在的位置点是重合的，则画出的图形是一个圆，而这时图钉所在的位置即为圆心。

因此，一个椭圆中有两个固定点（由两枚图钉所确定），它们都被称为焦点（focus）。若从椭圆上选取任意一个点，测量从这个点到这两个焦点的距离，将这两个长度加起来。再在椭圆上任意选取另一个点，测量从它到两个焦点的距离，并将这两个长度加起来。你会发现这两个和是相等的。对椭圆上的其他任意点都有这样的规律。从椭圆的作法也可知，细线的长度是不变的，而它恰是椭圆上任意点到两个焦点的距离之和。

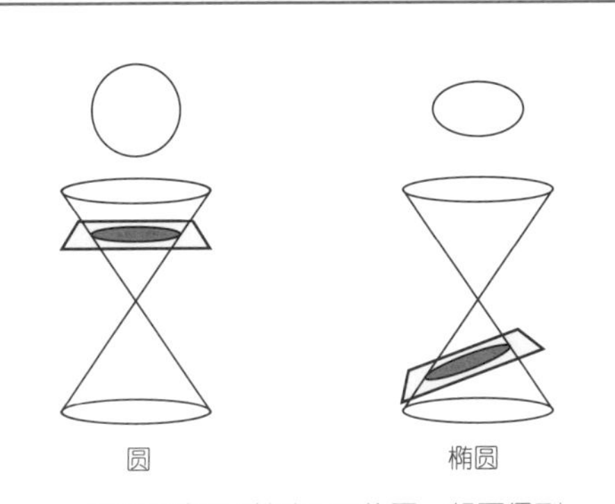

椭圆就像是“挤扁”了的圆。想要得到一个椭圆，可如上图所示，以不平行于底的角度切割一个圆锥，其截面即为椭圆（若平行于圆锥的底切割的话，则得到的是一个圆）。

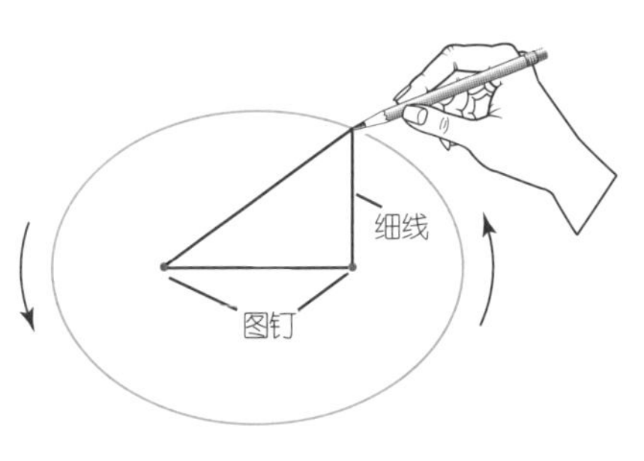

作椭圆的方法（见右侧正文）

开普勒的三条定律

开普勒行星运动三定律细致地描述了行星运动的路径：

1. 每颗行星都在各自的椭圆轨道上绕太阳运动，而太阳在这些椭圆中都是偏心的，故各行星在运动的过程中到太阳的距离是在不断变化的。

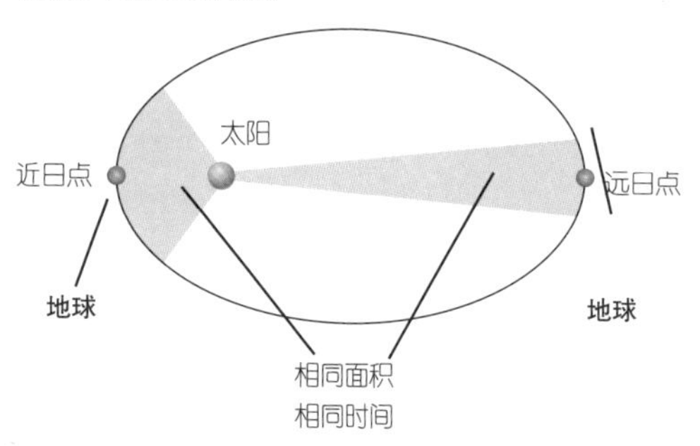

上图中用夸张的椭圆显示了地球在近日点（离太阳最近的点）和远日点（离太阳最远的点）的情形。事实上，地球真实的轨道接近于一个圆。

2. 行星在绕日轨道上的速率取决于它到太阳的距离：它离太阳越近，速率就越大；离太阳越远，则速率就越小。各行星在相同的时间间隔内扫过相同的面积。

左图中的椭圆是一个夸张的行星轨道。其上的每两个相邻点间的时间间隔，即从一点运动到相邻的另一点的时间是一样的。请注意这两点间的距离是不相同的：离太阳越近，则这距离越大。要在相同的时间内通过较长的距离，则它就要运动得更快。奇妙的是，每种色块的面积都是相同的。

3. 离太阳越远的行星，绕太阳运动的周期就越长，亦即它一年的时间越长。

以地球在椭圆轨道上绕太阳转动为例，太阳并不位于椭圆的中心位置，而是位于其一个焦点上（在另一个焦点上得到的效果是一样的）。开普勒发现，所有的行星轨道都是椭圆形的。

追溯到古希腊时期，当时的阿波罗尼奥斯（Apollonius）首先对椭圆进行了认真的研究。他当时可能只是将它看作纯数学练习的一部分。绝大多数数学家会跟你说，他不知道他的数学会应用到哪里去。

椭圆是了解天文学的重要途径，这里给出了更多的关于椭圆的性质。你无论从哪个角度来测量一个圆的直径，都会得到相同的结果。而要通过类似办法测量椭圆的“直径”，即通过椭圆中心到椭圆上的线段，则会发现在不同的取向时，其长度是不同的。这样得出的最大直径称为椭圆的长轴，最短的则称为椭圆的短轴。而圆的轴都相等，即直径的长度。椭圆越扁平，其长轴和短轴间长度的差异也就越大，或说它的偏心率也就越大。而圆的偏心率则为 0。

关于椭圆，我们还有更多要学习的东西。例如，椭圆的两个焦点总是位于其长轴之上的，且它们到椭圆中心的距离是相等的。

要强调的是，圆只有一个焦点，它是一个固定中心。

地球轨道稍有偏心

感谢开普勒，是他让我们知道了行星的运动轨道是椭圆形的。它们中的很多看起来很不像椭圆而更像圆。但它们按定义都不是圆。一个椭圆的扁平程度，即它偏离完美的圆的程度，称为偏心率（eccentricity）。

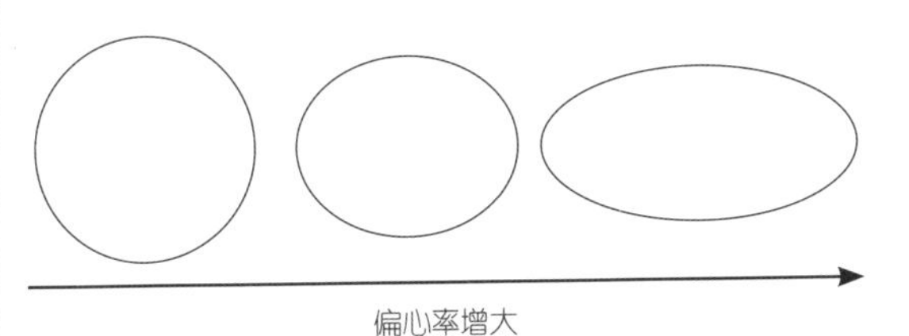

地球的偏心率为 0.017，这意味着我们地球在近日点（离太阳最近的点）比在远日点（离太阳最远的点）向太阳靠近了 5 百万千米。这一距离听起来是非常大的，但这仅是地球绕日运行轨道尺度的微不足道的一小部分。它是如此之小，以至于我们在准确作这一轨道的图时，会发现它非常像一个圆。要用精确的测量工具才会发现其中的微妙差别。

地球的偏心率也是在变化的：从近似的圆到偏心率较大的椭圆，每 10 万年变化一个循环。在偏心率较大的时期，地球离太阳更近和更远。因此，照射到地球上的太阳辐射量也会发生相应的变化。这种变化对地球上的气候产生了很大的影响。因此，研究地球的偏心率是一件重要的也是很有趣的事。注意：不要将气候和季节的概念相混淆。季节变化是由地球轴的倾斜引起的，而影响气候的则有很多因素，其中就包括了地球的倾斜程度和日地距离的改变等。

偏心（eccentric）：一个偏心的人是很古怪的。在英语中，“奇怪”（strange）和偏心是同义词。但在科学上，偏心是指某物体偏离了原来的圆形运动路线的情况，如改为椭圆路线了。它也可用于描述转动的物体偏离了中心轴的情形，其结果是左右摇摆不定，称为偏心运动。

偏心率：指作为圆锥曲线的椭圆的扁平程度。圆锥曲线是由切割圆锥而形成的曲线，其包括圆、椭圆、抛物线、双曲线等。圆的偏心率为 0，而椭圆的则位于十进制数 0 和 1 之间。故偏心率越小，椭圆就越接近于圆。

轨道：指天体绕着其他天体运动的路径。英语中“轨道”（orbit）一词来源于拉丁文，其原意为“圆”（circle）。当开普勒发现行星的轨道不是圆后，英语中的这一个词的词义和它所表示的轨道一样，都向外延伸了。

右图中的红线表示了地球当前的偏心率（0.017）。将其与 225 000 年前的相比可知，它在当时达到了顶峰，即约为 0.05。地球现在的轨道更接近于圆。地球偏心率的变化周期约为 400 000 年。由图像看，我们正接近第二个周期末（图像应从右向左看，即由过去到现在）。在每一个较大的周期中，都有 4 个较小的周期，这样的小周期约为 100 000 年。

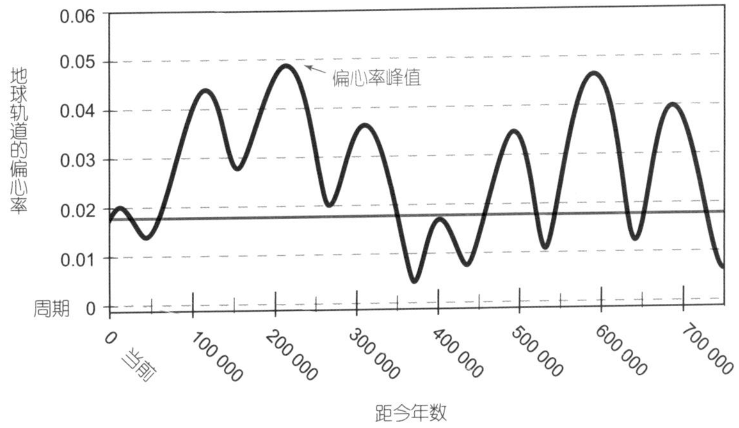

12 笛卡儿和他的坐标系

我思故我在！

——勒内·笛卡儿（René Descartes，1596—1650），法国数学家和哲学家，《笛卡儿方法论》

笛卡儿曾把世界比作一台巨大的机器，但许多人认为这种简化的类比实际上是对神权的挑战。

——艾伦·莱特曼（Alan Lightman，1948—），美国作家和教授，《康涅狄格州法庭中的一个现代美国佬》

[笛卡儿]在接受教育的岁月里就坚信，自己和自己的老师都是无知的。于是，他决定抛开课本，并通过研究自身以及周边的世界来制定出自己的哲学和科学。

——约翰·格里宾（1946—），英国科学作家和天文学教授，《科学家传记》

在1596年，勒内·笛卡儿出生于法国一个中等富裕的小康之家。这一年伽利略32岁，开普勒24岁。在笛卡儿还是幼儿时，他的母亲就去世了，而当时他也是一个多病的孩子。当他被送入由天主教耶稣会创办的教会寄宿学校中去学习时，就一直患有慢性咳嗽。因身体病弱而又智商奇高，他在学校里享受了一些特权。例如，他如果不愿意的话，就可以不用早起而躺在床上睡大觉。但这也养成了他躺在床上处理一天中大多数工作的习惯，且这一习惯伴随着他直至终老。

笛卡儿是一位理性主义者，这意味着他主要是依赖于推理来获取知识的。而那些经验主义的哲学家则主要是依赖观察和实验来获取知识的。这两种观点的地位在多个时期中不断地变换着，两者的平衡往往是最佳的发展路线。

他从没结过婚，所以也就从来不必为谁安排日程表而操心。他曾经学过法律，还曾以士兵工程师的身份到军队中服过役。即使在这些地方，他也被允许躺在床上工作。虽然如此，但他绝不是一个懒人。凡是他感兴趣的东西，他都能刻苦地钻研。他知道自己具有深度思考的天分。

笛卡儿是一位哲学家。有些人甚至将他称为近代哲学之父。他希望能与尽可能多的人分享他的观点和想法，为此，他用简单的日常法语

的方式将其写进了一本书中。该书名为《谈正确运用推理在各门科学中寻求真理的方法》，其也被简称为《笛卡儿方法论》。他的观点，也是一种常识性观点，其中心意思是：如果你遇到问题或较为困难的概念，攻克它的方法即是将它分解成很多容易解决的小部分，然后逐一解决处理这些分立的小问题。这一方法被称为分析法（analysis）。单词 analysis 来自希腊语，意为“破碎”“溶化”。笛卡儿认为，虽然世界是复杂的，但可以通过对它的各个部分进行独立的研究，直至理解其全部。一些人正是用这样的方式来进行工作的，但笛卡儿使其成为一种可接受的科学方法。

笛卡儿是一位身材修长、风度翩翩的绅士。他留着长长的黑发和小胡子，穿着时髦的塔夫绸衣物，侧面还用皮带挂着一把宝剑。这些衣饰在他那个时期是非常高雅的。虽然他没有结过婚，却有一位名为弗朗辛的女儿。当 5 岁的女儿去世时，笛卡儿几乎被摧毁了。那些接近他的人发现他对自己的时间很慷慨。他曾帮助仆人成为熟练的计算师，帮助他的鞋匠成了天文学者。

当时，与笛卡儿同时代的大多数人认为，是超自然力（也是不可知的）在主导着大自然的主体。但笛卡儿相信，如果人类使用推理和数学证明的方法，就可使世界上几乎所有的事物都变成可知的（他从来不相信感觉）。笛卡儿将宇宙比作一台可以拆分研究和理解的钟表，将大自然看作是对科学和数学分析开放的领域。这样的观点在当时真是令人耳目一新。

也许是为了印证他自己的观点，笛卡儿最重要的一部分著述就是关于数学的。

笛卡儿最伟大的观点之一是他在床上想出来的（这并不奇怪）。据说他当时正在观察一只飞着的苍蝇。他突然冒出了一个想法：怎样确定它在飞行过程中的位置呢？于是他作出了苍蝇在各个时刻的位置图。从中他发现苍蝇的位置可以用三条线的交汇点表示出来，这三条线指示的方向分别是：南北方向、东西方向和上下方向。在此之前，他知道地图上的任意一点都可以用经度和纬度这两条线确定下来，这是古希腊人的伟大发明。笛卡儿想根据这只苍蝇的立体的运动形式，在数学网格上引入第三个维度（即上下方向）。

所有的好书，读起来就如同和过去世界上最杰出的人谈话。这种谈话是精湛的，古代先贤们从中向我们揭示了最为精粹的思想。

——勒内·笛卡儿，法国数学家和哲学家，《笛卡儿方法论》

代数是一门用字母或符号来表示数字的数学，如方程 $x+3=8$ 等。代数的英文 algebra 源自阿拉伯文 al-jabr，原意为“修补断骨”。在解答前面的代数方程时，你就通过求 x 而将“断骨” x、3 和 8 修补成为一个整体：

$$x+3=8$$
$$x=8-3$$
$$x=5$$

当字母是可以变化的数值时，如 $v=\frac{s}{t}$（速率等于路程除以时间）等，代数将变得更加有意思。这时若使路程 s 加倍，而时间 t 保持不变，则速率 v 就必然提高一倍；而若距离 s 保持不变，但时间 t 增大一倍，则速率 v 就要减半。利用代数能更快速地计算此类比率问题。

他先从水平面开始，其上铺设了用东西方向的线和南北方向的线交织而成的网格。这如同我们城市的平面图，一些大道向一个方向延伸，而一些大街又向另一个方向伸展，它们就构成了城市的街道交通网。然后，笛卡儿增加了第三条线，其与原来的平面成直角（或说垂直），这条新线是描述上下方向的，并用字母加以标注。这样就将代数和几何学结合了起来。

笛卡儿取了三条具有代表性的线，一条是 N-S（南北）方向的，一条是 E-W（东西）方向的，还有一条是 U-D（上下）方向的。然后在这三条线上分别标注上数字单位，使每一条线都像一根数轴。这些数字共同构成了所谓的“笛卡儿坐标”（Cartesian coordinated），而这些线则都称为轴（axis），为区别起见而用不同的字母标注，分别称它们为 x 轴、y 轴和 z 轴。这三条轴共同构成了笛卡儿坐标系（Cartesian coordinated frame）。这和对面页中的三维云图很相似。

经度线和纬度线的概念在古希腊就有了，但笛卡儿是第一个发展起这种三维坐标概念并使其成为一个系统的人，这一系统还能够应用于抽象的数学结构之中。

所有这些都有助于数学家绘出和分析可变量的图式，如苍蝇的运动、你跑动过程中每分钟的心跳次数、温度变化时轮胎中的气压变化等。再比如，你想看看在家庭收入和犯罪间、地域和疾病间等方面是否存在着某种国家模式吗？笛卡儿的坐标系使你可以作图分析比较各种不同的变量。他的这一数学观点常被称为“笛卡儿式的”（Cartesian）。笛卡儿的名字在拉丁文中为 Cartesius。

笛卡儿的坐标将代数学从一维数轴的束缚中解放了出来，将其纳入了三维的系统。这极大地增强了几何作为数学语言的力量，也为即将问世的微积分（calculus）提供了坚定的基石。可能最重要的是，他将代数学和几何学联系了起来，使人们能够利用代数的方法去计算诸如面积和体积等几何量。现

对于神的存在，我依然保留着自己的观点。如果某人说他被赋予了神的观点，那么他就要证明这位神真实地存在。我的意思是，还必须恰是赋予这种思想的那位神。

——勒内·笛卡儿，法国数学家和哲学家，《笛卡儿方法论》

在，笛卡儿创立的这种数学方法常被称为解析几何（analytical geometry）。解析几何是学习物理学和工程学所必需的基础。

在标示坐标系统的基础上，笛卡儿建立起了我们在代数学中常用的符号系统。对此，我们应该感谢他，是他使我们可以随心所欲地使用诸如 $ax + by = c$ 之类的方程来描述平面中的直线等图形（如上图所示）。在笛卡儿的符号系统中，如上方程中的 a、b、c 等表示不变的量，即常数（constant），而 x、y 等表示未知量，则称为变量（variable），它们是方程中变化的量。

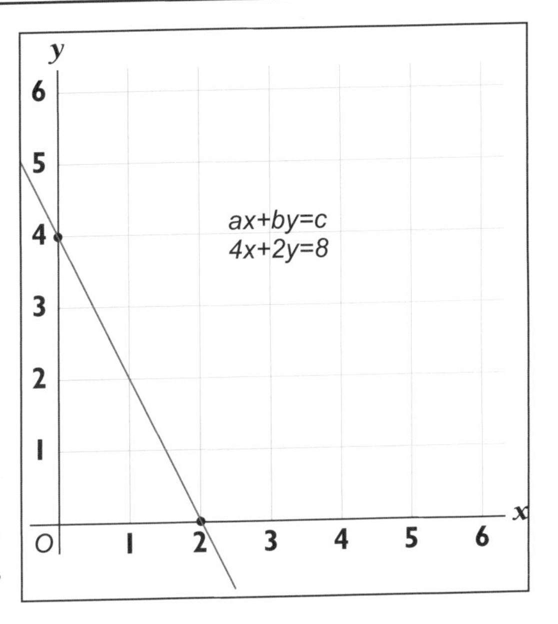

在直线方程 $ax + by = c$ 中，字母 a、b、c 是常数，因为它们分别表示了一个不会变化的数字。此处为：$a = 4$，$b = 2$，$c = 8$。于是有 $4x + 2y = 8$。你可以给变量 x 和 y 赋予任何数。若使 $x = 0$，则 $y = 4$；而使 $y = 0$，则 $x = 2$。如果我们再加上一个维度，即加入坐标 z，又将会如何？这时我们就获得了关于高度的信息。如下图中的雨云运动和形成的计算机模型所示：方格显示云变化着的长度、宽度和阴影，而竖直轴则显示了云的高度。图中所示云正向东北方向运动。沿底部的小图显示了云随时间（红色的分钟尺度）的形状变化。

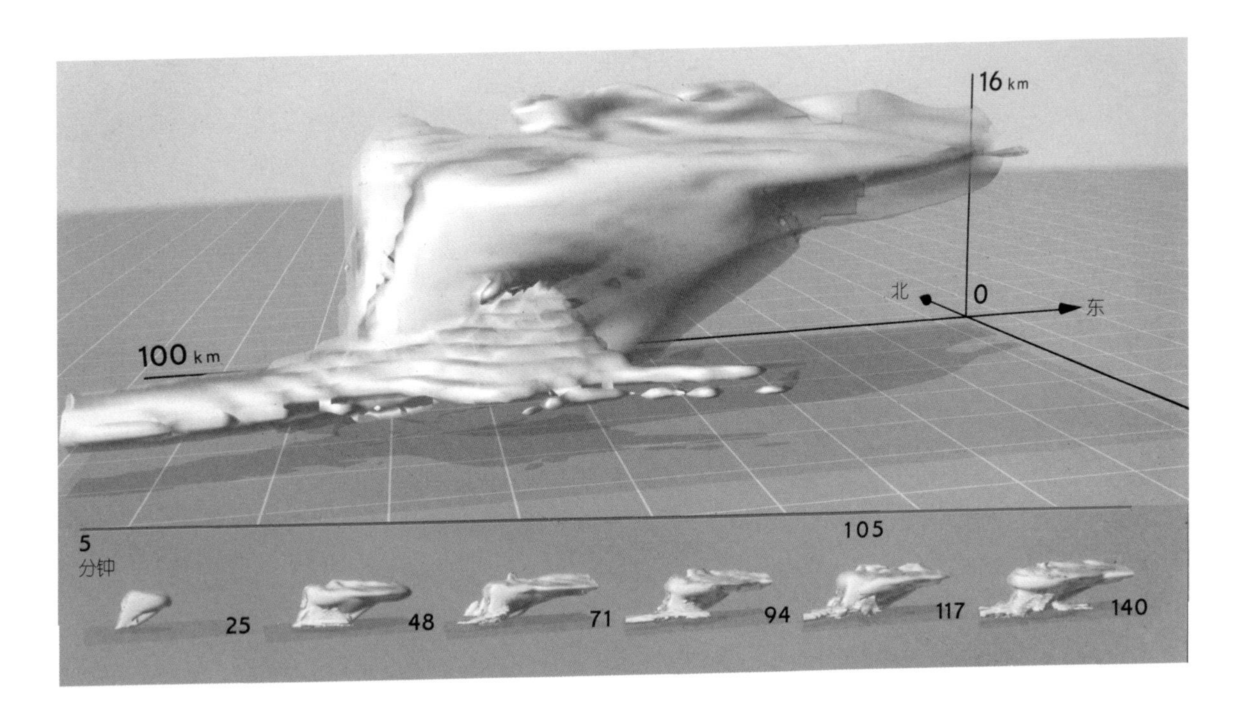

XX——从代码到方程

在法国内战时期，西班牙也被卷入了这场战争。1589年的一天，法国截获了发给西班牙国王菲利普二世的一则密码信息。但却无人能够读懂它。于是，法国国王将这一信息交给了弗朗索瓦·韦达（François Viète，1540—1603）。韦达是一位法国律师，数学是他的嗜好。他对这份西班牙密码信息研究了一个月之久，终于将其破译了。当西班牙国王得知自己的秘密被法国人揭穿了后，跑去向教皇抱怨，说法国人不道德地使用了暗黑魔法。菲利普国王不相信有任何人能够破译他如此复杂的密码。

1591年，韦达写了一本数学书，在等式中使用了字母符号用于代表未知的数字。这本书被认为是第一本现代学生心目中的代数书。有意思的是，他在书中用元音字母来表示未知量，而用辅音字母表示常数或已知量。他没有使用来自阿拉伯语词根的“代数”一词，因为韦达不想被卷入基督教和穆斯林之间的纷争，故他将其称为“解析”（analysis）。思想家们之间经常相互借用名词，勒内·笛卡儿就使用了“解析”一词并使之普及化。笛卡儿将韦达用于表示未知量的元音字母改为 x 和 y 等，并一直沿用至今。

要记住：指数（如 4^3 中的3）表示的是同一数字（如4）相乘的次数。指数为0的任何数都等于1。如 $x^0=1$、$55^0=1$ 等。

在物理学中，碰撞被定义为两个粒子或物体间的相互作用，由此它们相互影响（如交换能量等）。在这一过程中，物体不一定要相互接触。如磁铁磁极间不接触，也能相互排斥或吸引。在研究气体时，碰撞概念是非常重要的：气体分子在相互碰撞的过程中将动能（因运动而具有的能量）转化成了热能。原因详见《经典科学——电、磁、热的美妙乐章》第14章。

相隔一段距离的作用（超距作用）意味着物体可以在不接触的情况下相互影响，就如同地球引力可使月球保持在轨道上、两个磁铁间隔空相互排斥等。

笛卡儿还引入并使用了指数概念（如 5^2）和平方根的符号（$\sqrt{\ }$）等。

一些后来的学者甚至认为，笛卡儿所做的这一切，其重要意义不亚于引导人们抛弃罗马数字而使用阿拉伯数字。但也有一些人不同意这种说法。他们认为，这些符号就是符号而已，不能成为一个伟大天才的标志。

实际上，笛卡儿也是一个傲慢的人。他宣称自己具有坚实的知识基础，然而他也常犯错误。例如，一次他取来两个不同大小的台球，然后不假思索地写下了他预计的这两个台球相互碰撞后所发生的情况，分离的轨迹，甚至还有它们遵循的定律等。但50年后，戈特弗里德·威廉·莱布尼茨（Gottfried Wilhelm Leibniz）利用笛卡儿坐标系，继续研究了两个台球的碰撞问题，并据此作出了运动的图像。他发现笛卡儿的说法是粗糙的，其中有一些是不可能的跳跃式或断层式的过程，亦即证明笛卡儿关于碰撞的说法是错误的。就这样，莱布尼茨用笛卡儿自己创造的坐标系否定了笛卡儿的说法。这也显示了坐标系的重要价值。

不管你是否欣赏他，笛卡儿是十分有影响力的。他的坐标系延伸了数学的范围，是对数学学科的重大改革。在物理学中，他在伽利略所开创的基础上又作出了重大的贡献。伽利略认为，一个运动的物体，如果不受到力的阻碍作用（如摩擦力等），那么它将一直运动下去。但伽利略认为，不受任何作用的物体的“天性”是沿着弯曲的路线运动（这一点是错误的)。而笛卡儿则认为,物体运动(或行星运动)的“天性”是沿着直线以恒定的速度进行的(他是正确的)。物体的这一性质被称为惯性。

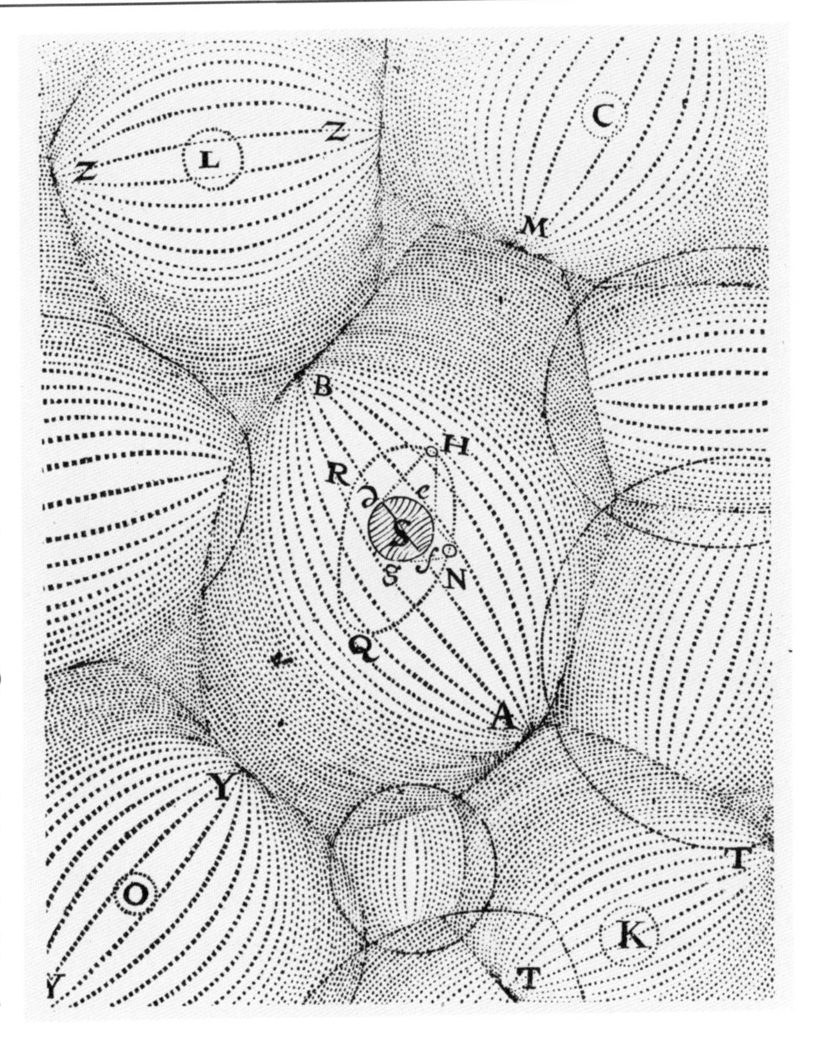

但如果说物体的“天性”是做匀速直线运动,那么是什么使行星在轨道上做曲线运动的呢?笛卡儿拒绝接受任何关于有作用力在宇宙中穿越和“超距作用”(action at a distance)的概念。他认为这种说法都是骗人的(他错失了一个很好的观点)。对于太空,笛卡儿不认可存在着真空的说法,而认为太空不可能是空的。那么,对行星的曲线轨道他又怎么看呢?笛卡儿认为,宇宙中充满了人们看不到的物质,它们如旋涡般地旋转着(称为回旋质量),是它们使在其中运动的恒星和行星沿曲线运动的。

上图所示为笛卡儿所作的关于行星必须沿着某种涡流形的轨道运动的图。这是一种错误的观点。他所持的观点部分是基于亚里士多德的“自然厌恶真空”的说法。古希腊的哲学家认为没有空间能保持完全的真空,一定要有某种物质去填充它。上图取自笛卡儿 1644 年所著的《哲学原理》一书。

这是一种伟大的想法,听上去不错。许多认真思考的人都是这么认为的。尽管后来证明这一想法是错误的,但错误的观点也可能是有价值的,它促使人们思考、质疑和实验。当人们清楚地意识到不存在这样的旋涡时,人们就要另找使恒星和行星在轨道上做曲线运动的力。那种超距作用的力有可能存在吗?这是一个需要回答的大问题。

当笛卡儿在思考一个观点(如关于惯性和行星运动等)时,是会有所顾忌的。因为思考科学问题或撰写科学著述在当时是非常危险的,因为教会当权者会粗暴地禁止这么做。笛卡儿想安稳地度过一生,不想因此而冒犯天主教会。在一封写给他终生的朋友，也是神甫的马兰·梅森（Marin Mersenne）的信中，笛卡儿写道：

> 毫无疑问你已经知道，就在前不久，伽利略就受到了宗教裁判所的指控而被定了罪。他那关于地球运动的观点也被当作为异端邪说而受到了谴责。这里我要告诉你的是，所有我的论文中所解释的事物和持有的关于地球运动的观点与他[伽利略]的是相同的，或是彼此有联系、彼此依赖的，且所有这些观点都基于确凿无误的证据。但尽管如此，我也不想站出来对教会的权威发起挑战……我只是渴望安稳地活着，并继续行走在我已经开始走的道路上。

然而，在一本书中他对炮弹的轨迹如何受到地球转动的影响作了技术上的描述。地球的转动？按照教会奉为经典的教义，地球作为宇宙的中心，是静止不动的，更是不会转动的！说地球转动，那是哥白尼的观点。按照天主教会 1616 年颁布的法令，哥白尼的学说在意大利、法国、德国和比利时都受到了广泛的谴责和声讨。

当时，笛卡儿的著作也被教会列入了《禁书目录》。因此，他也面临着被天主教会逮捕定罪的危险。好在他一直生活在言论自由度较高的荷兰，用不着担心安全的问题。可是不久之后，一些荷兰新教徒发现他的书中有无神论的思想。这表明他在荷兰的生活也就不再是那么惬意的了。但他此时仍不想离开荷兰。

与此同时，瑞典女王克里斯蒂娜（Christina）为了增加自己宫廷的荣耀，决定邀请一些著名的哲学家和数学家来为自己讲课。这对笛卡儿来说可谓是摆脱这种窘境的天赐良机。借此机会，他不仅化解了与教会间的隔阂，还受到了来自宫廷的褒奖。

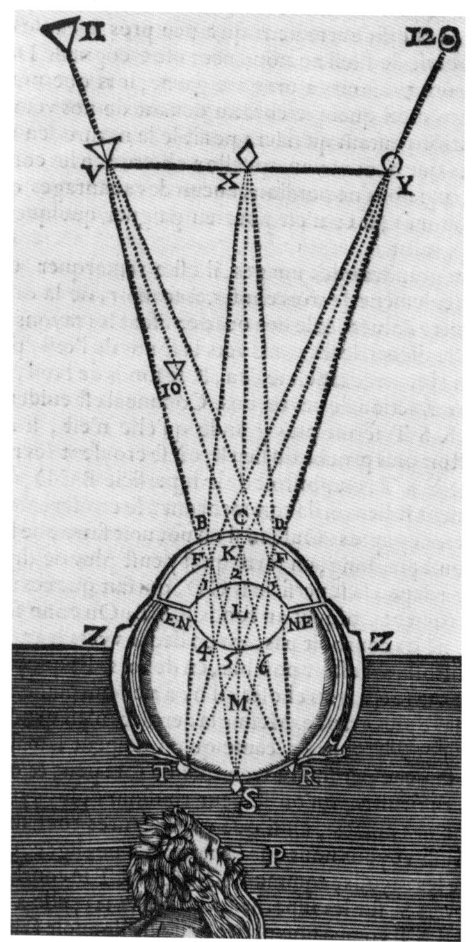

笛卡儿曾写过一篇名为《屈光度》的论文，其中有关于光进入眼睛的方式的解释。这篇论文研究了光的反射和折射等现象。他认为光是借助一种充满宇宙的且人眼看不到的介质“以太”来传播的。这种所谓的“以太”存在吗？当时很多科学家认为它是存在的。以后我们将讨论更多关于这方面的内容。

无神论者（atheist）指那些不相信有任何神存在的人。这一词的英文来自希腊语 átheos。其中的 á 意为“没有”，而 theos 则意为“神”。

数学史家 E. B. 贝尔（E. B. Bell）将瑞典女王克里斯蒂娜描写为一个“像伐木工那样耐冻的坚强小个子女性”。左图所示为 18 世纪时路易斯 – 米克尔·迪梅尼（Louis- Michel Dumesnil）所画的女王和宫廷成员听笛卡儿（女王左手边）的几何课时的情景。

对笛卡儿来讲，这看似幸运的事中却包含着巨大的不幸。这位女王不是一个赖床者，她要求笛卡儿必须在早晨 5 点到她的房间中去。当时正值瑞典寒冷的冬天，且皇家城堡又是四面通风的。很快，笛卡儿就罹患了肺炎。这种疾病没让笛卡儿活过 1650 年的这个冬天——他于患病后的第 10 天去世。笛卡儿的遗体被运回法国，但他的头颅却被砍下留在了瑞典。最终到 19 世纪，他的颅骨被送还家乡得以安葬。

身后的故事

笛卡儿生前曾经常抱怨人们不能留给他一些独处的时间。他说“我渴望静谧和安宁”。他非常渴望有安静的时间，以便进行思考和工作。但在他充满活力的一生中，却难以找到他所想要的安宁时间。即使在死后，很多人仍然不让他安宁，甚至有的还盘算着从他的身上得到一些东西。

当他在瑞典被安葬后，法国人即提出要将他们这位伟大的哲学家的遗体安葬在法国。因此，在他去世16年后，他的遗体被送回法国。负责将笛卡儿遗体迁回法国事务的法国驻瑞典大使，却将笛卡儿右手的食指切下作为纪念品而据为己有。瑞典派出的护送遗体的卫兵中，有一个名为普拉斯特罗姆（Planstrom）的以色列人甚至走得更远：他将笛卡儿的头颅从遗体上割下，并在头骨上刻上了“笛卡儿的颅骨”的字样。他竟然用他人的头颅代替棺材中笛卡儿的头颅而没有被发觉。将笛卡儿的棺材从瑞典运回法国用了8个月的时间，其间跨越了1666年而到了1667年。很多人想到，笛卡儿可能最终要被封为圣人称号。因此，按照《网络哲学百科全书》中的说法，“贪婪的文物收藏者们在运回遗体的过程中，沿途跟随，都想找机会从遗体上盗取点什么。”在巴黎，数以千计的人涌往墓地来参加笛卡儿遗体的安葬仪式，虽然当时的国王路易十四（Louis XIV）禁止宣读任何形式的悼文。

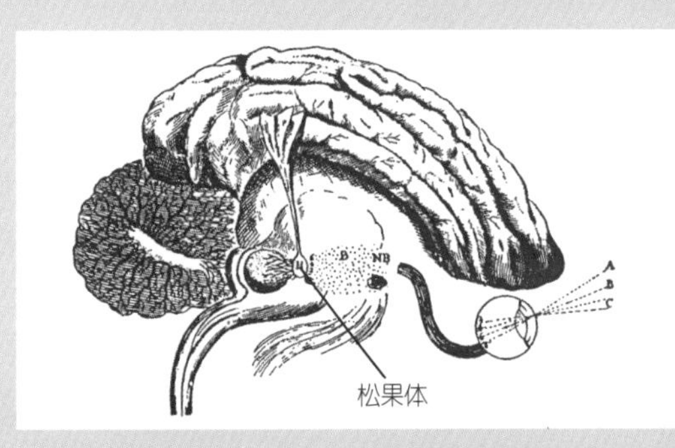

笛卡儿生前认为，意志是通过大脑中央的松果体来控制身体的。他说的部分正确：这一腺体易使人产生睡意。上图取自他的关于人的论文《论人》。

返回瑞典后，普拉斯特罗姆死了。他盗取的

病态的科学纪念品的收集并不仅限于笛卡儿的身体。上图中这个华丽的容器中装的是伽利略右手的中指。它是在这位科学家的遗体被重新安葬前的1737年取下的。你可以在佛罗伦萨的科学史博物馆中看到它。

笛卡儿的颅骨也随着他的其他物品一起被卖掉了。其后150年内，这个颅骨传过了很多人，他们都将自己的名字刻在其上。即使在法国，笛卡儿的棺木也是不断地被从一地迁到另一地，最后才于1819年被重新安葬。也就是在这时才发现颅骨遗失了。瑞典的一位名为约恩斯·雅各布·贝采里乌斯（Jöns Jakob Berzelius）的化学家，想着该怎样挽回自己国家的声誉。按笛卡儿传记的作者埃米尔·阿龙（Emile Aron）所说，当贝采里乌斯于1821年发现将要在斯德哥尔摩拍卖笛卡儿头骨的广告后……立即前往买下……并将其送给了法国科学院。

然而，时至今日，笛卡儿的遗体仍然是身首异处而不得安息：部分身体在圣日尔曼德培大教堂，而头颅在霍姆人类博物馆（两处都在巴黎）。作为一位哲学家，笛卡儿思考了很多灵魂和身体分离的问题。有一些人从笛卡儿身后的遭遇看出了讽刺的意味。

如果你认为这种情况只有在过去才会发生的话，也许就大错特错了：当爱因斯坦于20世纪去世后，有人盗走了他的眼睛，有人取走了他的大脑，还有人又从中取走了他的一块脑。他们都宣称这么做是为科学研究之用。没有任何证据表明他们说的是真话。

最后的定理终于被证明

在1993年6月21日，一位名为安德鲁·怀尔斯（Andrew Wiles）的40岁数学家，面带羞涩地出现在英国剑桥大学艾萨克·牛顿数学科学研究院中。无人知道他要讲什么，但听了他所介绍的数学研究后，听众们都激动不已。

按照时间表的安排，怀尔斯的讲座分为三个部分。他在一片嘈杂声中通过了会场。

第二天，会场中挤满了听众。他还没有说他要证明的内容，但他的内容简介就足以使人们热血沸腾了。人们猜测他可能是要解决350年前由皮埃尔·德·费马（Pierre de Fermat，1601—1665）提出的难题。费马是和笛卡儿同时期的人，也是有史以来最伟大的数学家之一。自这一问题提出后，对其证明就一直困扰着数学界。费马是法国南部城市图卢兹议会中的国王议员，他从来没有出版过自己的数学著作。因此，在他生前几乎无人知道他的数学成就。现在，我们公认他是现代数论的鼻祖（可去图书馆查阅数论的介绍）。我们之所以知道他在数学上的成就，是通过他给朋友写的书信和他在一些读过的书页的空白处留下的笔记。在他去世后，他的儿子将它们出版了。

费马仔细研读了古希腊人的著作。在当时，这些著作都被翻译成了他能读懂的文字。“我发现

上图为皮埃尔·德·费马的像。我们说费马没有出版过任何自己的著作，但关于这一点还有很多故事。那时，科学家之间通常都是通过诸如哲学家兼神学家的马兰·梅森那样的中间人联系的。梅森也在研究数学，是法国一位著名的学者间的联系人。许多科学家，包括费马和笛卡儿都通过他进行联系。

勾股数

丢番图的问题可以用代数方程式表示为 $x^2+y^2=z^2$。任何能满足这一方程的三个正整数都可被称为毕达哥拉斯三元组（triples）。如3、4、5是一个三元组；而5、12、13则是另一个三元组等。毕达哥拉斯三元组中的3个数可分别表示成一个三角形3条边的长度，且由它们构成的三角形总是直角三角形，即该三角形中有一个角是直角（90°）。

3
5
4

很多非常美妙的定理，”他在写给朋友的信中谈起古希腊数学家丢番图（Diophantus，公元约210—290）的著作时如是说。丢番图从另一个角度重述了毕达哥拉斯定理，即“在一个直角三角形中，其斜边长度的平方等于另外两边的平方之和。”用等式表示，就是：$3^2+4^2=5^2$。（自己算一下试一试，看等号两边是否都等于25）

但这里有一个困惑之处：按照丢番图的方式，不可能在指数为大于2的整数的情况下有相同形式的等式。例如，在3次方的情况下，你就不可能使一个整数的立方等于另两个整数的立方之和。若用数学式表示，则为：$x^n+y^n \neq z^n$ 在 $n>2$（n 为整数[①]）且 x、y、$z \neq 0$ 的条件下没有整数解。这是真的吗？

“我发现了一种真正奇妙的方法能证明这一猜想。然而，书页边缘的空白处写不下这些证明的过程，”费马在丢番图的书中页边的空白处这样写道。换言之，这说明他已经证明了这种不可能性，但却没有足够的空白页面将证明过程全部写下来。在他死后，他所作的这段诱人的笔记变得非常有名。而缺失的这段证明也被人们称为“费马最后定理”（Fermat’s Last Theorem），通常被称为“费马大定理”。

问题是，他是否真的证明了？他的证明是否是错误的？这个问题看起来挺容易的，但若真的做起来就会知道其难度之大了。对所有可能的数，你如何证明其不可能性呢？350余年来，一个又一个想证明费马大定理的数学家，无一不是铩羽而归。

6月23日，在安德鲁·怀尔斯提交陈述的第三天和最后一天，他在黑板上写了一个又一个方程，听众们也怀着激动的心情在期待着。最终，这位安静的教授开口说道：“这就证明了费马大定理。”这时，听众中爆发出了热烈的掌声，照相机的闪光灯不断闪烁，而电子邮件则迅速将这一具有历史意义的新闻传遍了世界。

在第二天《纽约时报》的头版刊登了一篇文章宣布：“我们终于可以高喊‘尤利卡’了！因为我们解开了这一古老的数学之谜。”《华盛顿邮报》甚至夸张地将怀尔斯称为“数学龙的杀手”。

作为在英国剑桥成长起来的男孩，怀尔斯就是在那里听说了费马大定理之谜。而当他生活在美国新泽西州的普林斯顿时，就决心要找出费马大定理失落的证明。他甚至都没有向同事透露他

译者注：① 原文没说 n 为整数。

"借用一个人进入一座黑暗的大厦的情形，也许最能描述清楚我研究数学的体验。当你进入第一个房间时，它在黑暗中，什么也看不到。你蹒跚前行，撞到了家具上。逐渐地，你就知道了各个家具所在的位置了。经过 6 个月左右的时间，你就能找到电灯开关并打开它。光明立刻呈现，使你能看到自己准确的位置。然后你再进入另一间处于黑暗之中的房间。"

——安德鲁·怀尔斯（左图中人），摘自《费马大定理》

的决定。他只是在所住的阁楼上放了一张桌子，就开始了这项工作。在 7 年中，他很少去见自己的家人。一分耕耘，一分收获，他付出的艰辛是值得的，他的证明使数学观点的宝库更加充实，更加深化，更加复杂，也更加激动人心，以至于无人知道它将引导我们到达一个怎样的新境界。

还有一些数学家则开始检验这一证明方法。然而，令人沮丧的是，有人在其中发现了一处错误。在严谨的数学证明中，"几乎正确"是不允许的。怀尔斯感到了极大的羞辱，也使他灰心丧气。难道费马大定理真的不能证明吗?

怀尔斯返回了自己的阁楼上。有人试图来帮助他，但却无人能找到解决的办法。数月如一日，他又重新伏案工作，重拾原来的证明。在 1994 年的 9 月 19 日，他终于决定要放弃这项工作了。他最后看了一眼桌子上如小山般堆放的稿纸。后来怀尔斯说："突然地，完全没有预料到，我有了这一令人难以置信的启示……它是如此的简单，如此的优雅，我凝视着它，简直不敢相信自己的眼睛了。"这一次，不会再有任何错误了。费马大定理最终被征服了。怀尔斯不仅用最先进的数学方法解决了这一定理的证明，也开创了一系列数学新方法!

在进入 21 世纪后，数学家里奇·施瓦茨（Rich Schwartz）曾对此评论说：

大多数人认为，数学是受命于天并已"画上句号"了的。实际上，新数学每时每刻都在被创造出来。在过去的 100 年中，人们很可能创造出了比之前历史上的总发现都要多的新数学方法。并且，数学几乎没有任何阻碍它发展的事物，这跟其他学科不一样，例如物理学就需要解释事实。而数学则是日新月异地快速发展着的。我有一种预感，大量创造出的纯数学知识最终将被应用于其他学科，只不过它有可能是数百年以后的事情。

什么是巨大的吸引力？

让我们如同牛顿那样，
在自家花园里观察到了苹果落向英格兰，
从而意识到在他自身与她之间的永恒联系。
——W. H. 奥登（W. H. Auden，1907—1973），英国出生的美国诗人，《序言》

我不知道世人如何看我，可我自己认为，我好像只是一个在海边玩耍的孩子，不时为捡到比通常更光滑的石子或更美丽的贝壳而欢欣，而展现在我面前的是完全未被探明的真理之海。
——艾萨克·牛顿（1642—1727），英国数学家和物理学家，引自《牛顿回忆录》

事实表明，哥白尼、伽利略和开普勒都对太阳和地球的运行有正确的认识并提出了正确的观点。然而，当时的大多数人都不接受他们的这些理论。因为他们不相信地球会不处于宇宙的中心位置。后来，是艾萨克·牛顿用万有引力使地球在宇宙中的位置清晰化，也使这一说法毫无疑问地成为被公众普遍接受的理论。

牛顿降生于1642年的圣诞节（在伽利略去世后不久）。他是一个早产儿，出生时体型很小，他母亲夸张地说可以将他放到一个“夸脱罐”中。和很多的成功者一样，牛顿也有一个艰辛的童年。在他出生的那一年，英国爆发了内战。这是一场英国国王和教会反对清教徒的战争。在清教徒赢得了战争的短暂时期内，国王查理一世被砍了头。牛顿的父亲是一位近乎文盲的自耕农（即拥有自己土地的农户），

历法的故事

艾萨克·牛顿生于1642年的圣诞节。这可以说是真的，也可以说是假的，因为这只是英国的圣诞节。从1582年起，除英国之外的其他欧洲国家开始使用新历法，这一天是1643年1月4日。

回忆一下教皇格列高利十三世的历法（见本书第31页）。当时英国的君主和天主教廷分庭抗礼，强烈抵触使用格里高利历，并称这种历法是教皇为达到某种目的而实行的一种欺骗手段。到了1752年，英国才同美国一起签署了使用与欧洲大陆相同历法的协议。

伍尔斯索普庄园位于英格兰的东米德兰兹地区，是艾萨克·牛顿长大的地方，也是后来他从事最重要的研究的地方。这里是相对封闭的农村，可能这也就是它能成为“世外桃源”成功避开1665年大瘟疫的重要原因。

但也在这场战争中为国王丢了性命。

牛顿一家生活在位于伍尔斯索普的一个小村落中。当时的牛顿和大多数的乡下人一样，不会写字，甚至都不会写自己的名字。但牛顿的母亲汉娜·艾斯库（Hannah Ayscough）却是一位有文化的女性，她出生于一个接受过教育的家庭中，她的哥哥甚至是一位剑桥大学的毕业生。

父亲死后，母亲汉娜再嫁。这次她嫁给了一位富有的63岁的老大臣巴纳巴斯·史密斯（Barnabas Smith）。但巴纳巴斯是一个惹人讨厌的势利小人，不管怎样，他都不让年仅3岁的小艾萨克住在自己的房子中（这被写在了结婚协议中）。于是，他不得不离开母亲，被送到了祖父母家中，由两位老人抚养。后来，祖父母将他送到学校去读书。可以说，如果不是这两位老人的话，牛顿可能就永远不会有接受教育的机会。但无论如何，与母亲分离是一件很悲惨的事。牛顿就这样承载着难以言说的伤痛成长着。在很小的时候，他曾为自己的罪恶而忏悔：“威胁我那史密斯父亲和母亲，说要将他们连同他们的房子一起烧掉。”在他10岁那年，巴纳巴斯去世了，母亲又回到了伍尔斯索普，还带回了3个年幼的孩子。

两年后，牛顿又被送到靠近格兰瑟姆镇的一所语法学校去学

月球上有外星人？为什么不能？

牛顿的房东，药剂师克拉克先生借给了他一本名为《数学魔法》的书。它是由剑桥大学三一学院的教师约翰·威尔金斯（John Wilkins）写的。年轻的牛顿非常喜欢这本书，于是就针对其中威尔金斯的思想写了读书笔记。他特别对威尔金斯的“密写”或“密码”的想法感兴趣。威尔金斯还写过一本名为《一个新世界的发现》的书，这本书的另一个名称为《一个企图证明在月球上可能存在着另一个可居住的世界的演讲》。

“为什么月球上就不能有居民呢？”威尔金斯问道，“我认为在将来的某一时期，我们的后人有可能发明一些与这些居民相识的好方法。”威尔金斯盼望着“飞行艺术”的问世。一些观点看上去很奇特，这不能成为反对它们的理由，他说：“在哥伦布宣称他能发现地球的其他部分时，人们向他投来了多少怀疑的目光啊！”

习。在那里他寄宿在药剂师威廉·克拉克（William Clark）先生家里，牛顿就住在其阁楼上。在这个阁楼的木板墙上，牛顿刻上了自己的名字，并在墙上画了很多鸟、船，以及阿基米德的图画等。克拉克非常慷慨且心地善良。这位药剂师还根据自己的专长，在药店中他教会了牛顿配制和使用化学物质的方法。克拉克先生的弟弟是一位医生，牛顿从他那里学到了一些数学知识。小牛顿是一个喜欢安静的孩子，他将自己大部分的时间都用在了阅读、思考和制作小物件上了。他曾制作过一只带有一个小灯的风筝、一架用水滴来驱动的钟表、一台由老鼠驱动的小转轮等。

这些法国药剂师正在药店中配制和出售药品。“药剂店”的英文apothecary来自于拉丁文，原意为“仓库”。现在英文中多使用pharmacy一词，意为“药房”，其来自于希腊语，意有“药品、毒药、魅力、咒语”等（根据场合而定）。

在学校里，他学习了拉丁文、算术，以及对农家孩子来讲非常实用的基本测量方法等。但牛顿对学校所教的这些课程都不太感兴趣，他的学习成绩在整个班级里也处在中下游。他的思想非常孤单，有时甚至感到绝望。在他用拉丁文写的笔记中就记录了他的这种心情：“小家伙……从房顶上的砖瓦，到地狱的地板，已经没有我可以坐的地方了。他适合做什么呢？他擅长做什么呢？他绝望了。我将做个了断。我什么也不能干，除了哭泣。我真不知道该怎么办。”

英国的一段历史

牛顿生于英国的内战时期。国王查理一世（Charles I）于1649年被斩首，而清教徒奥利弗·克伦威尔（Oliver Cromwell）成了新成立的政府的保护神。这一政府形式是共和国联邦，在其中议会具有很大的权力。然而，清教徒们对所有的娱乐活动都不感兴趣，因此，他们取缔了诸如舞会、剧场等娱乐场所，甚至还要为道德标准立法。

1660年，当英国又恢复到以前的国王统治时，牛顿已经进入大学里学习了。大多数英国人都很喜欢新国王查理二世（Charles II），他是于1661年正式加冕而成为国王的，也是人们熟知的"快乐君主"。在其后很短的一段时间内，英格兰看起来确实是快乐祥和的。但随后便发生了两起悲剧：一是1665年席卷欧洲的黑死病大瘟疫，它杀死了约7万英国人；二是1666年的伦敦大火，摧毁了1万3千处房屋和大型建筑物，可能也连同瘟疫病菌一起烧掉了。

当时在剑桥大学中有很多清教徒，王权的恢复使他们丧失了很多权益。于是，有很多清教徒流亡到了美国。

1661年4月22日，查理二世选择在他加冕的前一天到伦敦街道上巡游。这位快乐君王使人民可以享受音乐和戏剧，而这些在奥利弗·克伦威尔统治时期都是被禁止的。

按照牛顿自己的说法，是一位爱找麻烦欺负人的学生使他变成了一位认真学习的学生。牛顿和这位欺负他的学生打了一架，并且还打赢了。但牛顿觉得这不算什么，他决定要在凭智力的学习"战斗"中挑战他的敌手，因为这个爱欺负人的家伙是班里成绩最好的学生之一。牛顿在很短的时间内就超越了他，可这并没有使牛顿真正高兴起来或受到同学们的欢迎。他从没学会如何让自己开心。（很多年后，有人问牛顿为什么所有人都应研究欧几里得的著述。这一问题使牛顿大笑了起来。这是牛顿开怀大笑的唯一一次记录。）

牛顿16岁时，母亲认为他学到的知识已经足够用了，她决定要他放弃学业而回到家中经营农场。回家后，牛顿却无意从事农场的营生。

牛顿的大学生涯

1661年，牛顿离开家乡来到剑桥大学的三一学院学习。这一年恰是君主制复辟后的第二年。这时的英国到处都笼罩在政治阴谋的阴霾之中。牛津大学是保皇党人的大本营，而剑桥大学则被视作为受到驱逐的清教徒的大本营。因此，当牛顿到了剑桥大学时，这座具有400年历史的高等学府，尽管有着灿烂辉煌的过去，但当时的破败也是显而易见的。

据当时一位德国到访者的描述，这座大学城已经“不比一个村庄好到哪儿去……可能是世界上最令人难过的地方了”。只有不足三分之一的学生留在那里等着拿学位，非常少的奖学金，课程设置也非常陈旧而跟不上时代。对于牛顿这样的学生，能够培养探究精神的，就只有那令人叹为观止的图书馆了。

18岁时，牛顿比其他同学的平均年龄长了2岁，且在同学中也是非常贫困的。他的母亲是有能力资助他的，但她却不愿意这样做。他的大多数同学在到校时都带着仆人伺候自己。而牛顿，作为一个赢得奖学金的学生，却要像仆人一样为自己的一个老师干活。幸运的是，这位老师在剑桥大学停留的时间并不长。

剑桥大学的雷恩图书馆是在牛顿毕业后才建立起来的。这里收藏有牛顿的第一版《自然哲学的数学原理》（简称《原理》），这是牛顿最重要的著作之一。

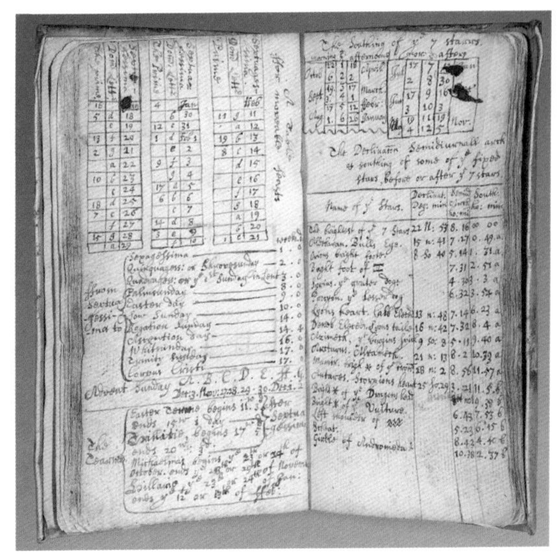

牛顿在他的笔记本上随意而潦草地写下了一些重要的天文观测记录。这份写于1659年的手稿现在珍藏于美国纽约的摩根图书馆中。

他一有时间就读书，任凭他放牧的牛羊到处乱跑。这些牲畜跑到邻居的玉米地中去，将一地的玉米糟蹋了。于是，邻居一纸诉状将他传到了法庭上，他因此被判罚4先令4便士。这也是他第一次在公共场合认识到了犯罪的概念和带来的后果。

牛顿的母亲也意识到了将他从学校拉回来经营农场是多么大的一个错误。因此，在学校老师和她的哥哥来劝她送牛顿重回学校读书时，她也就同意了。同时，她可能也希望她那十几岁的儿子离开家门。后来，牛顿在一张自己列出的“罪恶清单”中，他将“憎恨母亲的暴躁脾气”和“欺负过我的妹妹”也列在其中。

你认为这位小伙子的愤怒是一种新现象吗？并非如此。在牛顿的一生中，对罪恶的愤怒和敏感就一直伴随着他。但这一点也没有对他才智的发挥产生任何影响。在学校读书时，他就一直坚持阅读和思考。凭借着最强大脑，他轻易地使自己的考试成绩在同学中名列前茅。但即便如此，他仍没有什么朋友。后来，他获取了剑桥大学的奖学金而去那里进一步学习。母校同学竟然是“很高兴能和他离别”。

“［剑桥大学中的］课程已经变得停滞不前了。它所遵循的学术传统是在中世纪初的大学中就制定下来的……在所有世俗的知识王国中仅有的权威是亚里士多德……作为补充的还有古代的诗人和中世纪的占卜学。这是一个完整的教育体系，它被传承了一代又一代，几乎就没有变过。”这是詹姆斯·格莱克（James Gleick）在传记《艾萨克·牛顿》中写下的话。

牛顿在大学学习期间仍然是孤独的，无人对他有特别的好感。于是，他就将目光转向了书籍。他在笔记本上用拉丁文写下了 *Amicus Plato amicus Aristoteles magis amica veritas*。其意为“柏拉图是我的朋友，亚里士多德也是我的朋友，但我最好的朋友是真理”。

当剑桥大学的学生仍在学习亚里士多德的科学观点时，牛顿的这个笔记本显示，他已经形成了自己独有的新思想了。这个笔记本中还有几页上画着哥白尼的太阳系的图。显然，牛顿通过阅读，对伽利略和开普勒的著作逐步熟悉了起来。同时，他还认真阅读了法国数学家勒内·笛卡儿的著述。笛卡儿的观点之一：宇宙就像一台巨大的机器，它可以被拆卸成很多机能部分，从而我们可以更细致地测量和分析它。这一观点影响了牛顿对世界和宇宙的思考。

在当时，科学上的一个大问题是研究运动。由于技术的不断发展，迫切需要一种方法用于分析诸如炮弹的飞行状态等问题。伽利略已经清楚地意识到了这一点，并着手研究运动的物体了。而对古代的亚里士多德而言，着手去测量运动是没有什么意义的。

我们如何测量物体的运动呢？特别是当物体运动的速度是在不断变化

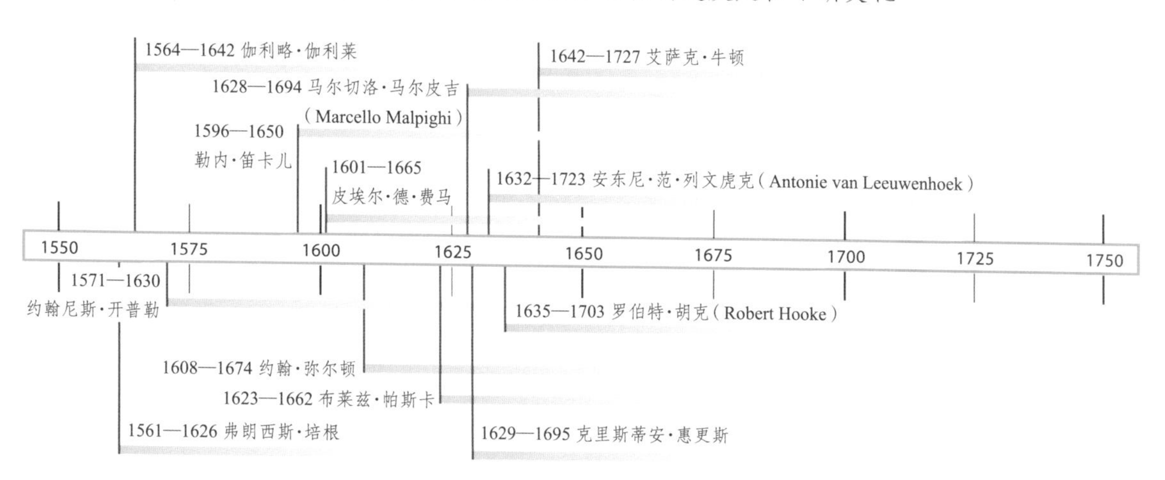

伦敦的黑死病大瘟疫有多么可怕？试比较右图中1665年9月一个星期中登记的各种病例的死亡人数。当时伦敦大约有45万人口，1人溺死，2人得肺结核，11人生化脓的疮，16个婴儿死于无法确定的原因，17人有佝偻病（营养不良）。但这一个星期中，有7 165人死于黑死病，即每天死亡超过1 000人。

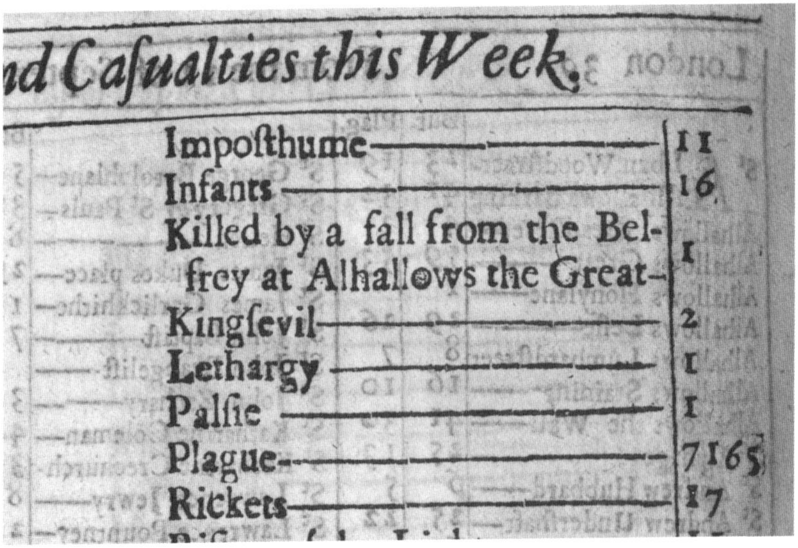
nd Casualties this Week.

Imposthume	11
Infants	16
Killed by a fall from the Belfrey at Alhallows the Great	1
Kingsevil	2
Lethargy	1
Palsie	1
Plague	7165
Rickets	17

时，如何实施测量呢？我们又该如何测量行星在运动轨道上的位置和时间呢？牛顿意识到，在他的“现代”世界中对运动的物体进行测量和分析的需求，还需要尚未发明的数学工具。

这个工具即为微积分，它是处理连续变化的量的数学分支。但在17世纪，还没有数学家发明出微积分方法。

因此，当牛顿继续留在剑桥大学求读学士学位时，他就开始致力于发明这种方法。关于他有了微积分想法的过程也颇具传奇色彩：他20岁那年去逛斯特布里奇集市时买了一本星相学的书，但却不理解书中的一些解释。因为书中提到了三角学的知识，而他不懂三角学。于是，他又买了一本三角学的书，但仍然看不懂，因为他缺少几何学基础。他只好再买一本欧几里得的《几何原本》。通过对这些书的认真研讨和思考，他才得以发明了微积分方法。实际上，他所做的大部分对微积分的思考，都是在他母亲的家中进行的。虽然他对母亲的某些行为很愤怒，但内心仍是爱母亲的。当然，他母亲也一样爱他。

1665年，牛顿返回他伍尔斯索普的家中，因为当时暴发了令人谈之色变的黑死病瘟疫，剑桥大学也因此而被迫关门了。（据统计，每6个伦敦人中，至少有1个死于这场瘟疫）在家中，他为自己搭建了一些书架，并开始在继父留下的大开本空白书上

剪过的羊有一千五百只，一共有多少羊毛呢？

……没有计数器，我可算不出来。

——威廉·莎士比亚，《冬天的故事》

莎士比亚时期的英格兰到处是牧场和农场。但绝大多数牧羊人和农民都不会算术，不借助某些工具甚至都不会计数。到了牛顿时期，制造业经济已经开始出现，技工和商人们逐渐掌握了制造工具、测量的能力以及数字知识。换言之，他们具备了机械和应用的能力。

书写（当时纸是稀少而昂贵的）。这一年可能是他一生中最多产的阶段了。在他的笔记中，这位孤独的思想家提出了很多科学问题，然后又通过艰苦的钻研给出了它们的答案。他对“玩数字”有着不知疲倦的兴趣。“真理，”他后来说，“是静下心来进行不间断的深思的结果。”

按亚里士多德的说法，物体都要落向它的“自然位置”，即宇宙的中心。在哥白尼的理论中，地球已不再是宇宙的中心了，因此这需要一种新说法。而牛顿就给出了这一新说法。

坐在母亲的后院中，看着夜空中那一轮明月，他很想知道月球为什么不离开我们而进入太空之中。是什么拉着它围着地球转的？他想：地球和月球之间并不存在着一根维系着它们不离不弃的拉绳，但使月球有规律地在绕地球的轨道上转动，一定是有着某种原因的。后来，他又看到苹果从树上落下来，这让他陷入了深思。

牛顿认为，一定是有力的作用才使苹果落到地上去的（古希腊人称之为重力，gravity）。于是，他凭借着自己扎实的数学功底和非凡的想象力，将下落的苹果和天上的月球联系了起来。

有人认为，说地球是绕着自身的轴自转的人是在说疯话。他们推测，如果真有那根轴的话，那么转动时产生的向外“甩”的力（惯性离心力）早已将地球撕成碎片了。运用牛顿的公式计算后可知，在地球表面产生的引力远大于使地球分裂飞散的力。

他用这样的设想问自己：如果苹果树快速地长高，一直长到月球那里，让月亮看起来就像是一个苹果挂在枝头上，那将会发生什么？将苹果拉向地心的力，是否也适用于月亮呢？这种力是否也在将月球向地球拉呢？

在地面，苹果树上的苹果距离地球中心约 6 400 千米，而月球中心距离地球中心则约为 384 000 千米。

牛顿计算出了地表物体在每一秒内的下落距离。牛顿利用一个

这幅罗伯特·汉娜（Robert Hannah）的作品，栩栩如生地描绘了牛顿在看到有苹果从树上落下后萌生了万有引力定律想法的场景。虽然这种说法可能是虚构的，但画家和卡通制作者都热衷于这一科学史上关键时刻的题材。

简单的公式就算出了这个结果，人们称其为“平方反比定律”（Inverse Square Law）。请耐心读下去，后面将详细介绍。

后来他写道：“我后来将对重力的思考延伸到月球的轨道……（然后我又）将保持月球在绕地球的轨道上所必需的力，与地球表面上的物体所受到的重力相比较，我发现这两个结果很是相符。”后人们采用不断创新的方法进行验证，发现结果确实如此。

这表明，牛顿当时已经发现了地球的作用与天体的作用间的相互联系，即它们都是“万有引力”（universal gravity）的作用。正是这种力使我们能平稳地站在地面上，也使相距遥远的月球以及无数的恒星、行星能保持在各自的轨道上稳定地运动。

现在，科学家在英文文献中不再使用 universal gravity，而是用 gravitation 来表示万有引力。两个物体无论在宇宙的何处，它们彼此都存在着称为万有引力的吸引力，其大小由万有引力定律决定。

对此，人们不禁要问：月球是否真能像苹果那样向地球中心坠落呢？答案是肯定的。那么，为什么它现在不掉下来呢？如果想知道个中原委，请看本书第 177 页，其中有令你惊奇的答案。

不仅如此，我们都知道是地球将苹果拉到地面上的，但苹果也会以相同大小的力在拉地球。宇宙中的任一物体都会对其他的物体产生吸引力！两个物体间吸引力的大小，取决于它们质量的大小和彼此间距离的远近。例如，地球对某物体的吸引力就要比你对它的大得多。

距离也能决定万有引力的大小吗？是的。但并非完全如你所想象

牛顿发现，能解释树上的苹果要落到地上的万有引力定律，同样也能解释在绕地球的轨道上运动的月球。由此他意识到万有引力定律的应用范围是非常广的，它适用于太空中的所有物体。

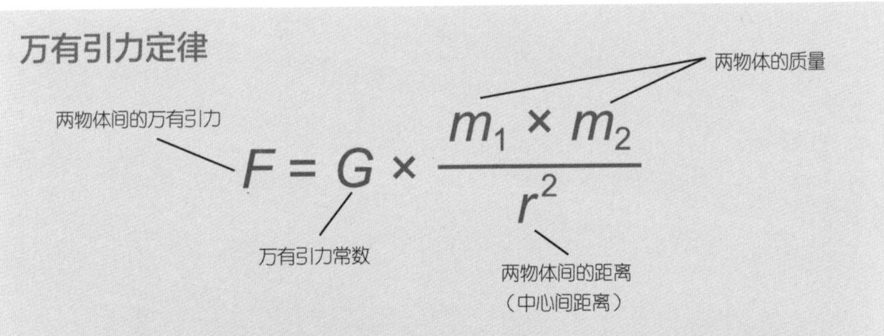

这一公式可被说成是“两个物体的质量相乘，再除以它们间距离的平方，最后再乘以 G，所得的结果便是两个物体间万有引力 F 的大小”。那么，G 是什么呢？它是一个不会发生变化的常量。当时牛顿也不知道 G 的值为多大。为求得它，牛顿不得不测量两个已知质量和距离的物体间的万有引力。这个力是如此之小，以至于它难以探测到。现在，我们通过测量两个质量均为 1 千克（kg），相距 1 米（m）的物体间的万有引力，知道 G 的值为 0.000 000 000 067 米^2·牛 / 千克^2。为纪念牛顿，故用牛顿（N）作为力的单位。1 牛的力可使质量为 1 千克的物体获得 1 米 / 秒^2 的加速度。

的那样。牛顿解释说，万有引力的大小遵循“平方反比定律”。下面是他对这一定律的陈述（他当时是用拉丁文写的）：**宇宙中的所有物体间都存在着相互吸引力，两个物体间吸引力的大小，与它们质量的乘积成正比，而与它们间距离的平方成反比。**如果这些话把你绕晕了的话，下面给出的则是用简单易懂的语言对万有引力定律进行的描述：

平方反比定律并非只适用于万有引力。其他随着距离平方的增大而减小的规律都具有这一形式，如对电荷、光、声、辐射等。它们都始于一个源、一个点甚至一个扇面等。如果你将距离增大到原来的2倍，则它的某种影响将减小到原来的四分之一。

万有引力是一种吸引力。一个物体的质量越大，则它对其他物体产生的吸引力也就越大。万有引力随着物体间距离的增大而减弱，并且是按照与距离的平方成反比的规律减弱的，即每当距离增大至原来的2倍时，万有引力的大小将变为原来的四分之一，距离增大至原来的4倍时，万有引力的大小又将变为原来的十六分之一……

万有引力定律既可应用于从你手中掉下的钥匙，也可用于在绕太阳轨道上运动的地球。因此，它是非常重要的定律，因为**它适用于宇宙间的任何物体。**

在牛顿时期，几乎每个人都认为自然界中存在着两套法则，一套适用于天体，另一套则适用于地球，二者并行不悖。可是，牛顿却证明了并非如此：使苹果落到地上的力和使月球在其轨道上运行的力是同一种力。他还意识到，苹果其实也像月球那样在太空中运动着（当然，是跟随着地球一起）。他仅用一组规则就将整个宇宙联系到了一起，这组规则能够解释上至恒星和行星，下至马车和网球的运动规律。这是一个巨大的理论体系。

当牛顿在阐述万有引力定律时，他没有提及太阳和地球具有相互吸引的性质，却说无论是最大的，还是最小的物体都具有相互吸引的性质。即他将物体运动原因的问题放置一旁，表述了从极大到极小的所有物体都具有的共同性质。在自然科学中也是这么做的：将问题的动因置于一旁，去寻求一种普遍的规律。

——列夫·托尔斯泰（Leo Tolstoy，1828—1910），俄罗斯小说家，《战争与和平》

但牛顿却没有立刻出版关于万有引力方面的著作，这是因为他害怕这会给他带来名气或招致批判。这两条都是他所感到畏惧的。他说：“我看不出社会美誉度有什么好羡慕的，况且还要费劲地获取和维持它。它或许会让我有更多的点头之交，但我以前的风格不正是想避免这样无谓的繁文缛节吗？”因此，在很长的一段时间内，人们甚至都不知道他在干什么。

万有引力的观点荒谬吗?

……1666年(在此期间我自己动手磨制光学玻璃,但不是将它的表面磨成球面的,而是其他形状),我制作得到了一个三角形的玻璃棱镜,并用它产生了著名的色散现象。

——艾萨克·牛顿(1642—1727),英国数学家和物理学家,《光学》

在大约一年的时间中,虽然没有名师的指点,他却取得了17世纪数学领域的巨大成就,并尝试开拓新的研究领域。这位[尚未成名的]年轻人还不满24岁,没有得益于正规的教育,却成了欧洲数学界的领军人物。

——理查德·S. 韦斯特福尔(Richard S. Westfall, 1924—1996),美国科学史家,《永不停歇:艾萨克·牛顿传记》

著名的英国诗人约翰·德莱顿(John Dryden)曾写过一首他称其为"奇迹之年"的爱国诗歌《奇迹之年:1666》。

约翰·德莱顿和牛顿一样,都是剑桥大学三一学院的毕业生。在王政复辟时期,艺术开始繁荣,他成为一名成功的诗人和剧作家。

在这首诗歌中,诗人诉说了英国舰队在海战中战胜荷兰舰队的英雄传奇。他还提及了伦敦大火,虽然这场大火席卷了整个城市,但却让伦敦人摆脱了黑死病大瘟疫的灾难。

当他在诗中谈及那场盎格鲁-荷兰大海战时,德莱顿对真相作了粉饰。明明是因一些不值一提的陈年旧事,加上一些添油加醋的商业炒作而引发的战争,却导致了双方大量的人员死于非命。从这一点上讲,这场战争没有真正的赢家。

对于伦敦大火而言,那也是一场可怕的灾难,但英国人的反应却是英勇的。这场大火于9月2日夜间始于一家面包店,然后迅速蔓延,竟然持续烧了5天5夜。大火摧毁了13 200处住房,87家教堂,6座监狱和4座桥梁,一直烧到没有可以燃烧的东西后大火才熄灭。大约五分之四的城市毁于这场大火。在肆虐的大火中,人们将一些私人物品扔进泰晤士河中,然后自己再跳下去。

火，那熊熊的大火

伦敦大火是一场巨大的悲剧。但从某种意义上来说，对这座城市未尝不是一件好事。有两个人决定重建这座城市。这两个人是克里斯托弗·雷恩（Christopher Wren）和罗伯特·胡克。他们都具有非同常人的才能和公众精神。可以说，几乎无人（牛顿除外）能比胡克懂得更多的数学和科学知识；雷恩是一位数学家，但却有着非凡的建筑学技艺。在重建这座城市的勘测期间，他们担负起的一项重任是：重建一座人们都熟悉的伦敦城，规模要更加宏大。事实证明，他们最后都做到了。

他们恰好都是英国皇家学会的创办成员，因此他们策划要建造一座“科学友好型”城市。在皇家学院中建起一幢新型医学大楼，其中包括了一座科研实验室和在当时是最现代化的解剖展示室（这在当时都是新概念）。

他们还被要求建造一座伦敦大火纪念碑。为此，雷恩和胡克设计了一个顶端有燃烧钵的多立克柱，它的另一个作用是作为一架望远镜。整个碑像一根石针，其中有两个透镜。另外，它的内部可从地下实验室一直看到顶端的燃烧钵，故当你拾级而上时，就会从竖井顶部的开口处看到天空。

皇家学会的成员希望用它能准确地追踪恒星，并能在6个月的时间间隔中记录下它们的位置变化情况。如果他们能做到这一点，那么他们将能用它证明地球是转动的。但他们的仪器不够精确，尚不能排除掉外界产生的微小干扰。

伦敦大火纪念碑中的旋梯可被用于科学实验。

其他的科学实验却更加成功。

纪念碑内有沿内壁盘旋而上的螺旋形梯子。在梯子高处的平台上，科学家可以做摆锤和重心实验。直到现在，你还可以去参观位于伦敦菲什街的这座纪念碑。

古老的圣保罗大教堂一直是这座城市的骄傲。在伦敦大火中，它已经被烧得不能使用了。于是，克里斯托弗·雷恩重新设计建造了圣保罗大教堂，并使其成为建筑学上的杰作。他还在自己的设计中加入了一架望远镜，虽然这架望远镜没能如他设想的那样起到好效果。

在重建伦敦的过程中，胡克的另一重要身份是皇家学会实验工作和日常事务的操办人。当时，皇家学会中的大部分成员都很富有，但胡克却不是。除了科学研究以及城市重建工作外，胡克凭借着工程师的娴熟技能，还要定期为学会会议操作一些重要实验，真可谓能者多劳。

伦敦大火是这座城市历史上最大的灾难。虽然只有很少的人被烧死，但80%的城市建筑被烧毁了。

在 17 世纪时，一群彗星光顾了地球。右图形象再现了 1664 年 12 月的天空中出现一颗彗星时的情形，观察者用德语和木刻的形式记录了下来。很多人认为，彗星是可怕事件出现的预兆。因此，当 1665 年出现黑死病和伦敦大火时，人们更加确信彗星的出现是凶兆。在《奇迹之年》中，德莱顿写道：

这些星中，最凶恶的那颗划过天际，
两颗可怕的彗星已经惩罚了那座城，
在瘟疫和大火中人们呼最后一口气，
或在朦胧下沉的地坑中皱眉哀叹。

德莱顿的这首献给国王的诗，让一切听上去都冠冕堂皇，也因此获得了一片喝彩声。然后，他又预言帝国的繁荣时期即将到来。而这些，都是当时的英国民众喜欢听到的。

这首诗名为《奇迹之年：1666》（他的这首诗是用拉丁文写的，名为 Annus Mirabilis，其意为“奇迹年”）。1668 年，即在这首诗被出版后 1 年，约翰·德莱顿成为英格兰诗人奖获得者。

德莱顿没有预料到，他的这首诗的标题后来会变得家喻户晓，因为它被用于描绘那位当时一点也没有名气的剑桥大学教授的工作。这真是再贴切不过了。我们有必要将 1666 牢记在脑子里（它有如此多的“6”，因此记住它应该不难）。在科学研究领域中，“奇迹年”这一名词是众所周知的，但它不是指英国与荷兰的海战，更不是什么伦敦大火。

这是万有引力的最显著的事实，即在相同的距离上，[地球对]所有种类的相同质量的物质的作用力都相等。

——詹姆斯·克拉克·麦克斯韦（James Clerk Maxwell，1831—1879），苏格兰物理学家，《物质和运动》

在这个令人惊叹的 1666 年期间，艾萨克·牛顿发展了他的万有引力理论，并为他以后发明微积分的方法打好了基础，创立了颜色理论（包括什么是颜色，我们怎样感知它），并开始着手运动定律的研究工作。他当时只有 23 岁，而这些理论对科学和数学来讲都是具有革命性的。但在那个时期，无人知道他所做的工作以及这些工作的重要性，因为牛顿不愿意出版他的著作。

他仍然在完善他的观点，但不准备使这些观点广为流传。牛顿是一位完美主义者，在自创的思想和理论面前，他并没有选择急功冒进，而是希望自己所做的一切都准确无误。很久以后，他记录下了这段时

由戈弗雷·内勒（Godfrey Kneller）画的46岁时的牛顿。在“奇迹年”，牛顿的岁数只有这时的一半。“奇迹年”实际上有20个月。他23岁时，为现代数学、力学和光学奠定了基础。

期。他写道：“在那些时日中，我达到了发明和思考，数学和哲学研究的全盛时期，其成就比我生涯中的任意时期都大得多。”

和所有优秀的科学家一样，牛顿也给自己提问题并寻求这些问题的答案。但有一个关于万有引力的问题他却无法解答。他知道物体之间存在万有引力，但问题是：为什么？

下面是他写给牧师理查德·本特利（Richard Bentley，牛顿的一个好朋友，对新科学也有着浓厚的兴趣）的信的节选：“……引力对于物质是天赋的、固有的和根本的。因此，没有其他东西作为媒介，一个物体可超越距离通过真空对另一物体作用……在我看来，这种想法荒唐至极。我相信，世上绝没有一个具有独立思考能力的人会沉迷其中。”

万有引力是荒唐的？这就是被称为17世纪的奇迹的艾萨克·牛顿对那种自然力所下的结论。他能描述万有引力，并且能测量它，他知道这种力就在那儿。但为什么会这样？为什么它像是物质固有的呢？

当他手持钥匙，一松手，结果它是向着地球的中心掉落下去的。这是为什么？它为什么不是悬停在某处？或它为什么不是向上飞去？

他真的不知道。

奇迹年——历史上不止一个

万有引力的作用并没有随着牛顿而终结。在20世纪，阿尔伯特·爱因斯坦的广义相对论是在牛顿的观点的基础上建立起来的。但这时，爱因斯坦已经具有了牛顿那时所没有的数学工具。很遗憾，牛顿那时没能学习这些知识。爱因斯坦给出了能帮助我们探索太空和理解原子内部的作用的图景。但我们对万有引力的本质仍是一知半解并还在苦苦探寻着。找出更为完整的理论仍是对21世纪科学家的重大挑战。

我们现在已经知道宇宙还在膨胀之中，且因为平方反比定律的存在，宇宙变得越大，万有引力对减缓膨胀的效果也就越小。这也就意味着我们的宇宙将会变得越来越大，膨胀得越来越快。在本丛书的第4册《量子革命——璀璨群星与原子的奥秘》中对此将有系列的讨论和分析。

现在关于宇宙的大部分知识，都是基于牛顿如下的理解：

对地球适用的物理学定律，则对可以观察到的整个宇宙也同样适用。

至于“奇迹年”的名称，在科学史上有两个年份这么称呼，即1666年和1905年。在1905年，爱因斯坦发表了能改变世界的4篇论文。那一年他26岁。他的关于广义相对论的论文也即将问世。

合作？免谈！——艾萨克与罗伯特间的恩怨

罗伯特·胡克（1635—1703）比牛顿年长 7 岁。由于误解，他们间的竞争非常令人不快。

力怎么有看不到的性质呢？它又是怎么才具有吸引的能力的？笛卡儿认为，在大气中一定存在着一种媒介，引力正是通过它来起作用的。而罗伯特·胡克则认为，引力的作用即使没有任何媒介也能起"超距作用"。他当时正在研究磁的作用，而磁也能对不接触的物体产生作用。艾萨克·牛顿将引力描述为一种超距作用，这种想法可能取自胡克的观点。

牛顿憎恨胡克，但他却经常研究胡克的观点，并在一些自己的理论中使用它们。在较长的时期内，在历史书中出现的只有"胡克使用的牛顿观点"。最近的学术研究表明，胡克是世界上第一流的科学家，而牛顿对胡克的污言部分出于牛顿不愿意承认自己的很多成就其实是建立在胡克的研究基础之上的。胡克是一个极易冲动的人，且牛顿也不是他树立的唯一敌手。

其实，牛顿和胡克有着很多共同点。他们都是严谨的科学家，都相信实验结果和数学证明。"真理是什么？"胡克写道："人们对自然科学的认识在很长的时期内仅是通过大脑的思考和冥想得出的。它现在应该回归本真，强调对事物的切实观察和明显的事实。"

艾萨克·牛顿的憎恨之情在历史上是一个传奇，但他对那些他喜欢的人是非常友善的。他疼爱着自己的外甥女凯瑟琳·巴顿。当她患上天花后，牛顿非常忧心。他在写给她的信中说："祈祷上帝，让我知道你的（脸）将如何，烧是否退了。多喝点热牛奶可能有助于减轻病情。我是爱你的舅舅，牛顿。"

牛顿得出的物体间不需接触也存在着引力的结论，即使在真空中也是正确的，这可以说是观念上的一个大突破。更重要的是，牛顿还能从数学上予以说明。但是，为什么会存在这种力，它是如何通过空间起作用的，牛顿对此苦思冥想，但仍一无所获。他说："我一直都找不出产生这种引力的原因……于是我不作假设。"

他实际上已经用拉丁文写下了：Hypotheses non fingo。其意为"我不作假设"。其实，这句话来自伽利略，且是他著名的语录。这表明牛顿不再去推测或猜想。他是一位谦虚而具有科学思想的人，知道自己能证明什么，并且希望将这样的精力集中在自己能做的方面。

下面是取自他写给本特利牧师信中的话："我已经解释了有关引力的现象……，但我至今仍搞不明白引力产生的原因……祈祷上帝，请不要将引力概念的发现归功于我。"

显然牛顿没能如愿，每当我们想起万有引力时，就会不由自主地想起艾萨克·牛顿。

“多么自负啊！一天中，先是牛顿的动力学定律，然后是牛顿的万有引力定律，再后来是牛顿的流体动阻力定律，全是牛顿这个和牛顿那个。”

1687年，艾萨克·牛顿宣布（他终于发表了自己的观点），引力是宇宙间普遍存在的力，它描述了引力是如何起作用的：两个物体彼此间的吸引力与它们的质量乘积成正比，而与它们间距离的平方成反比。但他却给不出其中的原因。

时间和空间是绝对的吗？艾萨克说：是的！

时间在钟表的嘀嗒声中一秒接一秒地过去。在这里是这样，在那里也是这样。从我们的感觉看，在哪里都是一样的。艾萨克·牛顿也是这么看。他曾写道：“绝对的、真实的数学上的时间本身来自于自己的本性，它和外界无关地稳定流逝。”

对于空间：“绝对的空间也以自己的本性存在，它也和外界无关地保持着不变和不动的状态。”

当我们想起牛顿时，头脑中往往就会浮现出绝对的观点。戈特弗里德·莱布尼茨对此却有着不同的看法。在20世纪，所有我们可感受到的关于时间和空间的观点都将受到挑战。时间和空间并非如我们看到的那样。在巨大的宇宙之中，时间也是这样均匀地流逝的吗？爱因斯坦认为不是这样的。

微积分是怎么回事？是谁发明的？

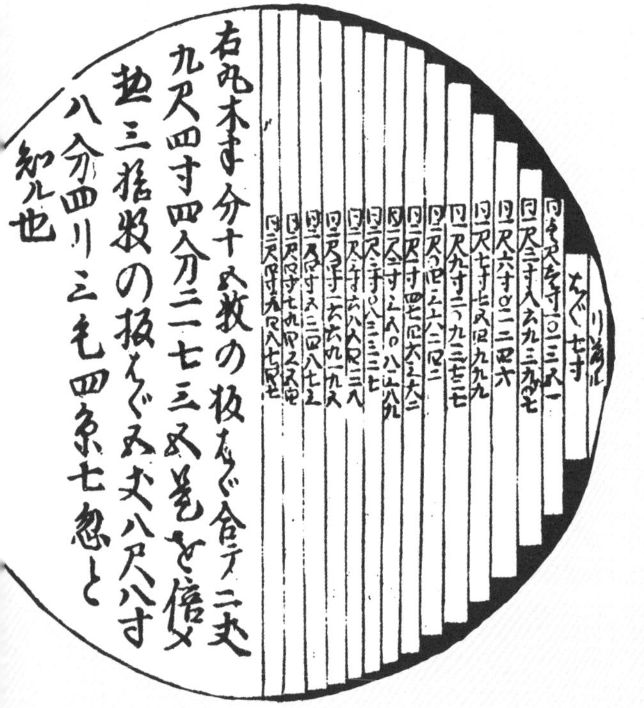

这种利用矩形来估算圆面积的方法，取自日本 1709 年①的一本名为《发微算法》的数学书，是由荒木村英所著。他是日本历史上的著名数学泰斗关孝和的学生。

利用算术，我们可以计算各种数量。利用几何，我们可以测量和比较线、面和空间。而利用代数，则我们又能计算方程中的量值或比率的大小，例如，可以清楚地知道速率的变化如何影响行程。但如果我们研究的对象是一个运动的物体，那该怎么办？以行星为例，假如一个物体时而加速，时而减速，运动的方向不断发生变化，运动的轨迹是一条曲线，则又将如何？我们能用数学的方法进行测量吗？

大量的数学家加入到了寻求解决这些问题方法的行列中来了，如弗朗索瓦·韦达（1540—1603），约翰·内皮尔（John Napier，1550—1617），威廉·奥特雷德（William Oughtred，1574—1660），勒内·笛卡儿（1596—1650），皮埃尔·德－费马（1601—1665），布莱兹·帕斯卡（Blaise Pascal，1623—1662）。他们发明了对数（logarithm）[可方便解决像 10^1、10^2、10^3 等的指数（exponent）问题]、坐标系、图像、虚数等方法。除此之外，还有很多诱人的观点。所有这些都为微积分的问世奠定了坚实的基础。但当时，几乎无人意识到它们的作用。

（在本书第 162 页中将有更多的关于微积分的内容。）

译者注：① 原文为 1670 年，经查多种权威资料，疑有误。

微积分是什么？

日本古代数学家关孝和（Seki Kowa，1642—1708）与艾萨克·牛顿同一年出生，但日本和英国几乎是分居在地球的两侧的。这两位天才从未谋面，也没有交流过观点。然而，关孝和几何中的割圆[1]的原理，与牛顿和莱布尼茨发明微积分所依据的原始观点如出一辙。

我们不能用尺子等工具测出一个圆（或其他外形弯曲的图形）的面积。因此，关孝和就在圆中充填非常细的矩形条（对面页中的方法示意图是他的学生所作的），然后再分别测量这些矩形的面积（这很容易做到：用长乘以宽即可）。最后将这些面积加起来，就得到了这个圆的面积的近似值。这样得出的圆面积与实际值非常接近。最后将这些面积加起来，就得到了这个圆的面积的近似值。但它比实际值稍小些，因为在矩形边和圆周之间留下了一些没测量到的小空白区。关孝和不断将这些矩形做得越来越细：它们越细，则所能填充的圆内的空间就越“充实”，所得到的圆面积值也就越精确。

利用作图割圆的方法，我们可以将矩形画得越来越窄（接近于一条细线）。但用这种方法求得的圆面积总是小于真正的圆面积。

微积分就是利用这一“无限接近”的简单观点而创生的，用它可以算出准确的圆面积。假定使这些矩形不断变细，使它们的宽度趋于 0。当然，肯定不能等于 0，否则它就不存在了。在牛顿和莱布尼茨发明的微积分中，是让这些矩形趋于 0，且是无限地趋于（但不达到）0。这就是现代微积分学创立的基础。随着这些细窄的矩形向着不可能达到的极限尺度趋近，并填充圆中越来越大的空间，即所占的面积变大了。对一个半径为 1（可以是任意单位）的圆，随着矩形的变细，求得的圆面积也可能如下变化：3，3.1，3.14、3.141，3.141 5…。随着矩形的宽度向着不可能达到的 0 趋近，这些面积值也趋于精确，即向真实值趋近。

现在，我们可以作出另一种用矩形填充一个圆的图，如下图中所示的红色矩形。因为这些矩形都超过了圆的范围，所以它们的总面积必然比圆的面积大。随着矩形的变细，结果将与对面页中的情形有所不同，由它所得的圆的面积值在不断地变小，并向真实值趋近：3.3，3.25，3.21，3.17，3.145…。

圆面积的准确值应居于这两个无限数列之间。因为其一个比真实面积大，而另一个则比真实面积小。就像一个棒球的跑垒手在两个垒间奔跑，你的视线要来回看着他。这就是微积分所要解决的问题，这是一条求出不可能达到的面积的捷径。基本的想法就是利用极限的方法（矩形的宽度趋于 0）作为等式的一部分，然后再求出圆的精确面积。

当然，你可以利用熟悉的公式 $S=\pi r^2$ 来计算任意大小的圆面积。在其中代入任意半径值的平方，再乘以 π（= 3.141 59…），便可求出圆的面积 S 了。

既然如此，那么我们为什么还要使用微积分呢？这是因为并非所有的曲线都是圆。在物理学中，它可能是如开普勒发现的行星轨道那样的椭圆。而牛顿发明微积分方法的一个重要目的，就是去测算在轨道上运动的行星的不断变化的速率、方向、加速度和万有引力等。此外，曲线也可能是如伽利略描述抛体运动轨迹的抛物线等（见本书第 7 章）。

事实上，物理学中研究的曲线还可能是扭动的，蛇形的及你可能难以想象的不规则形状的。绘出曲线可描述在暴风雨时的温度起伏变化，也可描述汽车轮胎超出使用年限后内部压强的变化、刮风时变化无常的风向等。总之，无论何种曲线，无论是能量还是物质的变化，都可用微积分来处理。

——LJH

译者注：① 我国古代魏晋期间的数学家刘徽（约 225—295）早就进行过割圆术研究，但他是用不断增加圆内接多边形的边数的方法来求圆面积和圆周率的精确值的。他提出的“割之弥细，失之弥少”的观点与微积分的基础观点异曲同工。

约翰·内皮尔设计了一台如左图所示的计算器，用它能进行较大的数字运算。它将乘法转变成一系列的加法，如 5 × 4 = 5 + 5 + 5 + 5 等，而将除法转变为简单的减法。下图中为莱布尼茨的“踏式圆轮计算机”，用它甚至能做立方根运算（如 3 是 27 的立方根，因为 3 × 3 × 3 = 27）。

微积分是数学的一个分支，用它可以处理连续变化的量。利用微积分，我们就可以计算出一个赛跑选手在竞赛途中任一点的速度和加速度等（见本书第 163 页中的图像），沿着桥梁的应力变化、周边弯曲不规则的湖的容积。微积分的要素在 17 世纪就已经存在，但无人将它们组合到一起。后来，牛顿这样做了，但却没有发表他的这一成果。在德国，也有人在独立地做着这一工作。戈特弗里德·莱布尼茨（1646—1716）发明了微积分，并公布了自己的研究成果。这样一来，就引发了一场牛顿和莱布尼茨二人间到底是谁最先发明了微积分的纷争。那么到底谁是第一个发明人呢？笔者个人认为，可能是牛顿。

很难让牛顿承认，与他同时代的数学家中有人已经具备了这种能力。牛顿肯定认为是莱布尼茨抄袭了他的成果（这不是事实）。在这场纷争中，英国的科学家和数学家都站到了牛顿这一边，而欧洲大陆的其他科学家和数学家则绝大多数都支持莱布尼茨。他们争论的焦点在这项发明的功劳应归于谁，这使得这场发明之争显得很自私且愚蠢，结果与原来的愿望适得其反（很多纷争都是这样）。现在，我们仍使用莱布尼茨发明的微积分符号，因为它简便易用。后来的数学家们又做了不断的改进，使微积分得到了更大的发展。

用微积分计算!

下图中的曲线显示了一位短跑运动员在起跑后 10 秒内的速率变化情况。在 y 轴上曲线上点的值越大，则他在 x 轴上这一时间点跑得就越快。你能跑得比他快吗？要回答这一问题，你就必须知道在这 10 秒内要跑多少距离，这可由几何图形告诉你。跑过的距离等于曲线下阴影区的面积。检查一下：若运动员跑得较快，则曲线就较高，故其下的面积也就较大。在相同的情况下，若你增大了时间，即将 x 轴拉长了，则距离也将增大。

为求出曲线下方的精确面积值，我们不能用测量或数曲线下小正方形的个数的方法，而应用第 161 页介绍的分割成很多“细矩形”的方法。这种方法用术语称为“积分运算”(integral calculus)。假定这些细矩形的高度在曲线之下或刚超过曲线，则随着它们的宽度的收缩，其总面积也将收敛到准确值。积分运算能求出每个瞬时曲线下变化的面积，并且能准确定位它们的交汇点，进而求出曲线下的总面积。

那么，这种神奇而强大的运算是如何进行的呢？这应是你在微积分课上学的内容，但不要让别人告诉你这很难学。它只要经过很少的训练和练习即可掌握，如同跑步训练一样。结果出来了，这位选手几乎是无敌的了：他用 10 秒跑完了 100 米！世界级水平的速度。

另一种强有力的运算方法与积分相反(和加法与减法相似)，它被称为“微分运算”(differential calculus)。它不是用于计算面积的，它是用于分析曲线上各点的情况的，用它可以计算这位选手在各个瞬时的准确的加速度值。

试一下：图像中的那个黑点表示出了选手在 3 秒时刻的速率。你可用尺子过这一点向 y 轴作一条水平线。这时读其与 y 轴交汇点的值，就知道他在此刻的速度约为 10 米 / 秒。那么，选手在这一点的速率变化的情况又如何呢？利用所给的几何图像。你只要看一眼就知在这一点他是加速的，因为只要看一眼曲线的斜率就知道了。这位选手在 0 秒时起跑，并且加速得很快(曲线很陡)。当快达终点时速度又放缓了。要想知道他在任意时刻的加速度，则可在过曲线上的这一点作一条切线(如图所示)，然后观察它的斜率。再选另一点作切线。你就可以通过比较斜率的方法来比较在这两个时刻的加速度了。这样进行下去，你就可以知道他从一个时刻到另一个时刻的加速度变化情况了。

要注意的是，曲线上有无数多的点。微分运算是非常有用的，用它可确定任意点的精确的加速度值。

——LJH

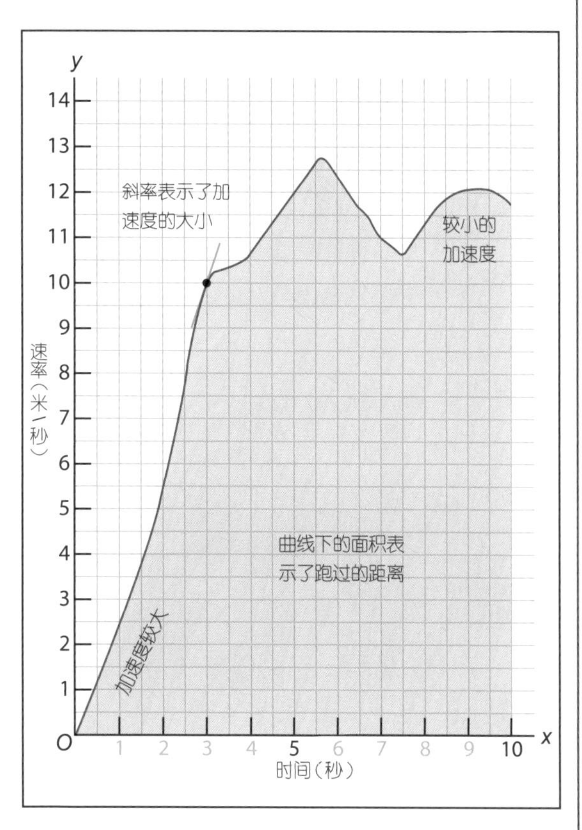

牛顿对光的探索

借星月之光，
我伏枕远眺。
看到教堂前牛顿的雕塑
那默然而冷峻的面孔。
大理石幻化他的不朽灵魂
在思想的海洋中孤独远航。
——威廉·华兹华斯（William Wordsworth，1770—1850），英国诗人，《序曲》

遥望星空，从那里学习。
每个人都可能成为大师，
只要埋头苦干不说废话，
永远追寻着牛顿的足迹。
——阿尔伯特·爱因斯坦（1879—1955），德裔美籍物理学家，《星期六晚邮报》

牛顿一直保持着他特有的方式，即对所有他感兴趣的事物进行思考。他后来又以教授的身份返回了剑桥大学，虽然只有极少的人去听他的课。对此，他的助教汉弗莱·牛顿（Humphrey Newton）说："只有很少的人去听他的课，而其中又只有极少的人能听懂他的课。他常常只讲一点，对听课的学生来说，就好像是从无字之墙上阅读。"

而对于一日三餐，这位助教又写道："他对自己所从事的研究是如此专心，如此的认真，以至于他每顿饭吃得都非常少。除此以外，他还经常坐在餐桌旁却忘记了吃任何东西，然后又回到他的书房中去了。当我发现他的这种没有规律的生活习惯后，便会经常提醒他忘记了吃饭。可他的回答却是'是吗？'，然后又回到餐桌旁，站着胡乱地吃上几口。"

无论如何，吃饭对他来讲并不重要。他会沉浸在思考和阅读之中。当他读过胡克和开普勒关于光和颜色的论述后，就立即取来了一个三棱镜，

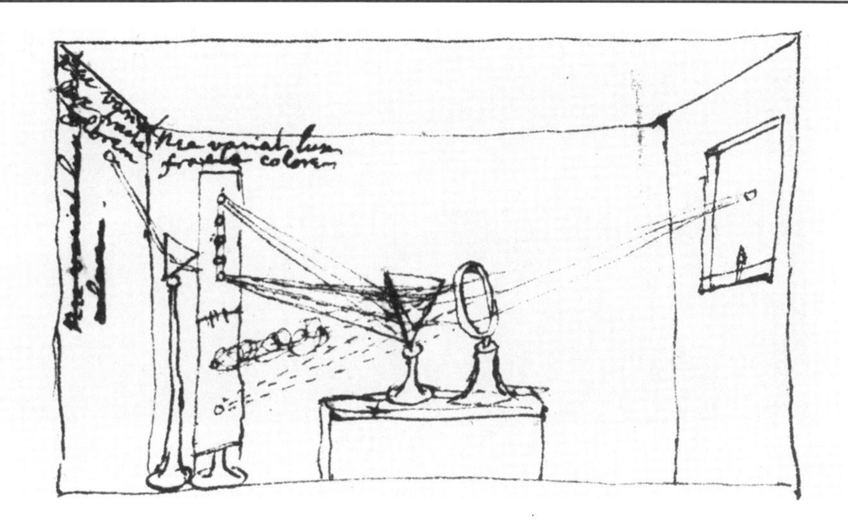

左图所示是取自牛顿1672年笔记中的图。其显示了从窗户射进的阳光通过一个三棱镜后被“劈裂”成彩色光谱时的情景。伊斯兰数学家伊本·海赛姆（Ibnal-Haytham，965—1040，也有人称他为阿尔哈曾）是最早对光学进行研究的学者之一，下图所示是他所作的透镜图。

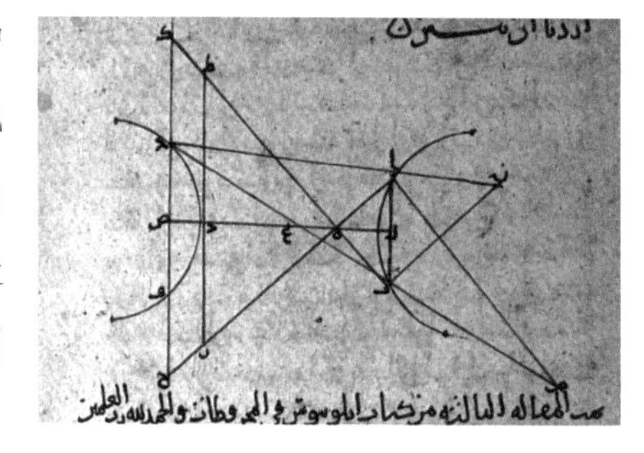

用它观察光在通过这块三角形玻璃块时被“劈裂”成各种色光的路径。他对这一过程进行了深入的思考，并基于他对光现象的研究，写出了关于光学的论文。他常问自己：光究竟是由什么构成的？它是如何传播的？它的颜色又是怎么一回事？然后，他就结合自己的研究依次回答这些问题。下面是牛顿在做过三棱镜实验后所写下的内容：

在一间暗室中的窗户（百叶窗）上钻一个小孔，孔的直径约三分之一英寸，以使足量的阳光能进入室内。然后，在阳光照射的路径上放一个用无色玻璃制成的清澈透明的三棱镜。三棱镜将阳光折射到了房间中更多的地方。这束光，正如我所说的，被扩展成了一条长方形的“谱带”。

从亚里士多德时期起（甚至更早的时期），哲学家们就相信光是具有简单、均质本性的一种东西。但当牛顿将透过小孔的光束通过一个三角形的玻璃棱镜后，他看到了彩虹所具有的全部颜色，即从红光到紫光的各种色光都有，在对面的墙上形成了一个矩形色光带。它为什么不是白色的呢？这样看来，光既不简单，也不是均质的。他虽然并不是让白光通过三棱镜从而看见彩虹的第一人，但却与一般人的想法不同。一般人认为是三棱镜通过某种办法制造出了这些颜色。

牛顿是第一位将彩虹称为彩色光谱的人。对现代科学家而言，“谱”（spectrum）是依照某种次序排列而成的事物群体，红、橙、黄、绿、蓝、靛、紫就是一种谱。我们现在知道，彩虹表示的光谱仅是更为宽广的电磁（EM）波谱中的一小部分。电磁波谱在牛顿时期尚不被人知。

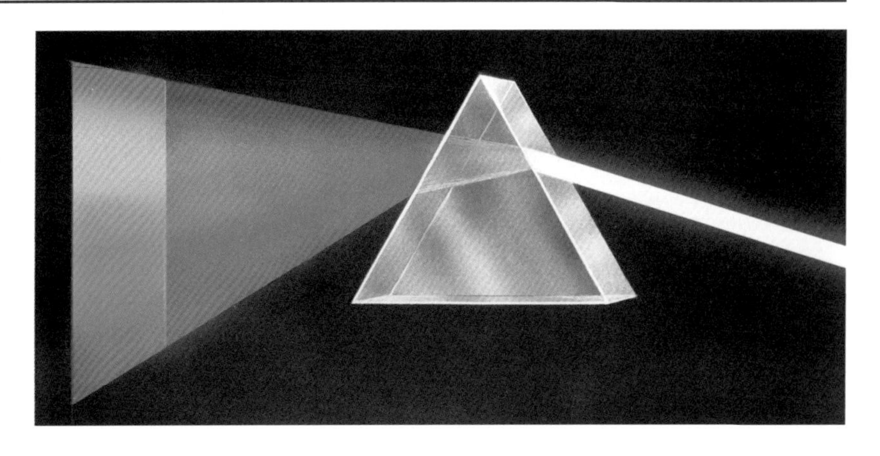

彩色光谱是从红光开始的。它从三棱镜上射出时，与原来白光的方向偏离最小。而另一侧的紫光偏离最大。各种色光一条条挨在一起。在牛顿早期的光谱图中，只标注了 5 种色光——红、黄、绿、蓝、紫，是后来才加上橙和靛的。但事实上色光数是无穷多的。

牛顿的实验还证明了很多其他的东西。例如，他证明了白光（即我们日常可看到的光）是一种由多种色光混合的结果，而这些光中的每一种都具有不同的颜色。由于这些光的波长不同，它们在通过三棱镜时偏折的角度都稍有不同，并由此产生出了矩形的彩色光阵列。这种偏折就是我们知道的光的折射，这是一种可用于定义色光的重要特征。牛顿写道："如果太阳光中只有一种颜色光线的话，那么世界也就是一种颜色的了。"三棱镜是不能制造出颜色的，它只是利用不同色光折射程度的不同将它们分离开了而已。

牛顿还做了另一个实验：他取来一块长硬纸板，将其一半涂成鲜红色，而将另一半涂成蓝色。然后把这块纸板放到阳光下，用三棱镜来分别对它发出的红光和蓝光进行折射。他由此发现"通过折射，蓝色的一半好像比红色的一半被抬得更高"。他的所谓"抬得更高"，意味着折射的角度较大。他采取任何措施都不能改变这种折射效果，或光的颜色。这时也没有出现如彩虹般的色光带：红光通过三棱镜后只有红光，蓝光通过后也只有蓝光。

当时，很多人都相信五彩缤纷的颜色是由白色和黑色混合而产生的。于是，牛顿站到了一页纸的后面，来观察白色和黑色叠放到一起后的效果。他看到的是灰色，而没有彩色出现。这是一个简单易行的实验，但在他之前却没有人做过，故也就无法理解其意义。牛顿意识到，白光是由其他所有的色光混合而成的，而黑色正是没有光所产生的效果。

牛顿认为光恰如“铃发出的声音或琴弦发出的音乐声……，只是振动产生的效果”。故物体的颜色只是物体“反射这一种或那一种颜色的光线所产生的效果”。两者间有着异曲同工之妙。色光是一种光线，它能产生一种运动。当它运动到与我们的眼睛相遇时，就使我们有了颜色的感觉。可以说，没有光就不存在颜色。

在不写作或停止思考的时候，牛顿则披着他那猩红色的教授长袍，为专门前来听取教诲的学生作讲座。虽然往往只有一至两名学生，但他认为这也有助于他澄清自己的想法。牛顿所做的都是开创性的基础研究工作，而学生们并不知道这些。

牛顿当时已经开始思考光的本性的问题了。他认为光应该是由很多“微粒”构成的。它们从光源射出，就如同从枪里射出的子弹那样。他说的正确吗？我们以后将还要深入讨论。

那么，天空中的彩虹是怎么出现的呢？可能每个人对此都曾充满了好奇。按照牛顿的说法，当太阳和雨同时出现时，小水滴就起到了一个个小三棱镜的作用，对阳光产生了折射作用而将它分解成各种色光。地球上的观察者，当他背对着太阳，透过这些小水滴看云时，就看到了我们称之为彩虹的光的折射光谱了。

也许，这一探究过程的更为重要的意义在于：牛顿是通过做实验的方法得到结果的。而当时的科学家都是几乎不做实验，是通过辩论来确立观点的。牛顿写道：“探究事物性质的最适当的方法，就是通过实验去推理它们。”

牛顿的光学实验证明，白光是由如同彩虹中那样分立而明晰的色光混合而成的。他将他的这一发现写成论文寄给了在伦敦的皇家学会。他在论文中写道：“最令人称奇也是最奇妙的地方就在于‘白色’。其他任何一种光线都不能展示出它的效果，它是由上述各种原始色光……合成的。”

牛顿通过实验揭示的光的知识导向了一个未曾预料到的方向。现在，我们已经肯定地知道构成太阳及其他恒星的元素与地球上的元素相同。这是我们通过分析它们的辐射（包括光）而得出的结论。我们已知每种元素都能以相同的方式吸收或放出能量。一种元素的线状光谱图样就如同能明晰地显示出元素身份的指纹那样（如上图所示），其中的线表示了元素吸收或放出光的波长。这门科学称为光谱学。

牛顿描述的“微粒”，其英文单词为corpuscle，现在它常被用于表示“血球”之意。其实，该词源自拉丁文，意为“小物体”。此处用它表示“非常微小的粒子”，这种说法在19世纪中期之前是大行其道的。

下图所示为牛顿的望远镜实物，右图所示为他画的这一望远镜的草图。牛顿的这种望远镜比伽利略的短得多，大约只有本书宽度那么长，然而它的放大能力是非常强的。牛顿设计的这种望远镜称为反射式望远镜，使用的是面镜而非透镜。他 1668 年制造的第一台这种望远镜使用的是金属面镜。现在的这种望远镜使用的都是镀有银或铝的玻璃面镜。

牛顿的脾气火爆。他有时会想象一些并不存在的错误，并为此而对别人发火，故有人认为他是偏执狂。但当他发现了自己的错误所在后，也会感到非常后悔，并很快向别人道歉。这又不失为一种美德。

但当他的这篇光学论文在皇家学院中传阅后，却受到了责难和攻击。其中的一位批评者便是当时皇家学会的负责人之一罗伯特·胡克。胡克也曾写过关于光学的论文，也持有要用实验来验证设想的观点，但他不同意牛顿关于光的本性的说法。胡克认为光应是一种波，而非粒子。

牛顿不能忍受这些批评。从此以后，他开始仇恨胡克，且仇恨的程度与日俱增。牛顿认为自己受到了“迫害”，更是发誓不再发表论文了。在此后的多年中，他都是这么做的。

然而，牛顿并没有停止研究工作。他的三棱镜实验引导着他又进行了望远镜的实验。当时的望远镜都是由两块透镜制成的，而透镜的边缘就起到了如同三棱镜的作用，使产生的像模糊，且存在着如同彩虹般的边缘。于是，他设计了一种用曲面镜代替其中一块透镜制成的反射（reflecting）式望远镜。用它解决了望远镜成像模糊的问题，并使放大率更大。1668 年，牛顿将一块面镜安放进一个长度只有手一般长的短粗筒中，制成了一台反射式望远镜。其放大率

1704 年，当牛顿的《光学》一书出版时，他的竞争对手罗伯特·胡克已经去世了。

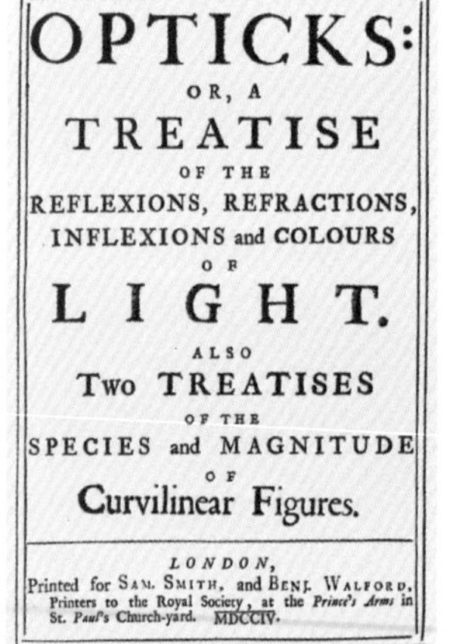
OPTICKS:
OR, A
TREATISE
OF THE
REFLEXIONS, REFRACTIONS,
INFLEXIONS and COLOURS
OF
LIGHT.
ALSO
Two TREATISES
OF THE
SPECIES and MAGNITUDE
OF
Curvilinear Figures.

LONDON,
Printed for SAM. SMITH, and BENJ. WALFORD,
Printers to the Royal Society, at the *Prince's Arms* in
St. *Paul's* Church-yard. MDCCIV.

竟然达到了40倍，相当于10倍长的折射式望远镜的放大率。

自己设计反射式望远镜，并且动手成型和磨制所用的面镜，这一点充分体现了牛顿的风格。当有人询问他制作望远镜所用的工具是从哪里获得时，他说是他自己做的。“如果我要等着别人为我制

胡克的显微镜

罗伯特·胡克在他29岁时，发表了他的一项重大的研究成果，论文的标题为《显微图片》。他的文章是用通俗易懂的英语写成的，而不是当时学术上普遍使用的拉丁文。这篇论文把大家的目光聚焦到了一个非常小的世界之中，所使用的工具即为如下图所示的显微镜（microscope）。利用这一工具，胡克描述了了苍蝇的复眼、蝴蝶的翅膀构成和鸟类羽毛的结构，并明确了化石即为很久之前生活于世的动物和植物的遗骸所变成的。这本书中包括了由他精于建筑的朋友克里斯托弗·雷恩所绘的插图。塞缪尔·佩皮斯（Samuel Pepys）在他的日记中写道，他读这本“我一生中从未读过的如此精妙的书”竟然直到凌晨2点。

胡克写道：“借助于显微镜，即使再小的物体我也能对其进行探究。”他曾用它观察过针尖。它平时看起来是如此的尖锐和光滑，但在显微镜下，它竟变得是如此的粗钝和毛糙。当他把一本书放到显微镜下，并聚焦于句子最后的句点，圆润的句点这时却变得如此的斑驳不堪，“就如同伦敦土地上的巨大污块”。是什么构成了这种奇妙的既小又非同寻常的世界呢？

除了胡克之外，研究显微镜和利用显微镜进行研究的还有其他的一些先行者，其中就包括荷兰人安东尼·范·列文虎克（Antonie van Leeuwenhoek，1632—1723）和意大利人马尔切洛·马尔皮吉（Marcello Malpiphi，1628—1694）。

但据大家所知，胡克对他们的研究工作是一无所知，而是独立研究的。他还发明了具有重大改进的复合式显微镜，它使用了两个或多个透镜。当他用这个显微镜观察一块软木时，注意到软木上有很多极小的小孔洞，于是他就将它们称作“细胞”（cell）。但他所看到的这些“细胞”和现代我们所说的细胞具有不同的含义。为了尊重和纪念胡克在生物学方面的开创性工作，当19世纪科学家发现真正的活细胞时，就采用了这一术语进行描述。

克里斯托弗插图中胡克的显微镜下的世界，它向人们揭示了此前没有见过的神奇情景：跳蚤（中图）具有惊人弹跳能力的腿的端部有着尖锐的钩子；它粗圆的身体可在人头发间滑动；它的口器可以刺穿人的皮肤。胡克还将上图中软木上的小孔洞称为“细胞”。

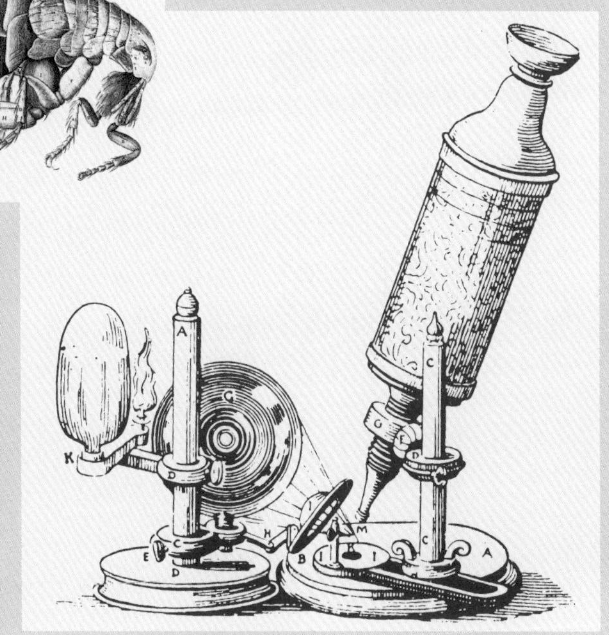

一种“照明”工具

17 世纪时的科学家和艺术家都着迷于如下图所示的“暗箱”（camera obscura），并称之为技术上的奇迹。若他们让光通过一个针孔进入到一个暗箱之中，则可在针孔对面的窗口上形成外部景物的倒立的像。约翰尼斯·开普勒对这种暗箱进行了改进，他在暗箱的针孔处放置了一个凸透镜。于是，艺术家们就可以借助它进行创作了。这也就解释了 17 世纪时几近摄影般精妙的荷兰绘画。艺术家塞缪尔·范·霍赫斯特拉滕（Samuel van Hoogstraten）认为，这一方法为年轻的画家提供了“照明”。这一词的英文 illumination 有两层意思，即“照明”和“获取知识”。

荷兰画家扬·弗美尔（Jan Vermeer，1632—1675）被认为就是利用这种暗箱创作出很多杰作的。上图中的《音乐课》是用一组安置的密集物体来完美显现房间退缩深度的，也是用暗箱来达到这种透视效果的。

造工具或其他东西，那么我可能一事无成。”他说。他对木星及其卫星进行了观测研究，还观察了金星的相。

你可能会认为，如此繁重的科学研究工作会使牛顿因太忙而无暇他顾。但他竟然能抽出很多的时间来写关于宗教和炼金术等方面的著述。

牛顿曾写道：“这个最美丽的太阳、行星和彗星系统只能起因于……一种超越自然的智慧和力量。”牛顿和哥白尼、伽利略、开普勒一样，都对宗教深信不疑。

他的宗教信仰揭示（至少是部分揭示）出了他的秘密。牛顿有着一些深藏不露的内心世界。在阅读《圣经》原文之后，他发现自己不能相信圣父、圣子和圣灵的三位一体的观点。但牛顿却是作为剑桥大学中最负盛名的三一学院中的教授[①]。而这所学院中的权威人士肯定是不愿

译者注：① 三一学院中的“三一”即为“三位一体”的简称。

意听到三一学院是一个错误的命名的。当时，议会通过了一项宗教赦免法案，其中规定有两种人不包括在被赦免之列，他们是：天主教徒和"任何在讲学或写作中否认神圣的三位一体教义的人"。

牛顿是一位虔诚的教徒，在他所处时代的英格兰，被暴露为异端分子是非常恐怖的。

但炼金术则是另外一回事。这在当时是非常流行的，并且前景被看好。牛顿在三一学院他的住处附近修建了一座小高炉。在那里他可以用它来进行熔化、提炼、煅烧物质等，即将一些物质加热到使其脱离了水分后再被烧成"矿灰"的灰状粉末。按照18世纪阿拉伯炼金术士贾比尔的话来说，这种"矿灰"是一种"珍贵的东西"。

上图为一幅17世纪时的书中插图，其中给出了怪异而复杂的炼金术的观点。在中间的两个圆圈中，左侧的一个有着"加热、冷却、干燥、潮湿"的字样；而右侧的一个则表明4种元素与各行星有关。有很多炼金术是与占星术有着密切的联系的，例如，7种已知的金属（金、银、锡、铜、铁、铅和汞）就被认为是和7个天体密切相关的。

牛顿认真地用天平非常精确地称量了矿灰的质量。现在，我们能轻而易举地判断出炼金术是行不通的，但当时的人们在头撞南墙之前是听不进这样的忠告的。这时候的人已不再像亚里士多德那样仅停留在思考和推理阶段了，他们已学会了用实验的方法来"炼金"，这些实践过程对牛顿本人也起了很好的训练作用。

艾萨克·牛顿是站在神秘的、炼金术的旧世界和崇尚逻辑、证明的新世界之间的人，他的两只脚各踩在一个世界上。但也正是他，在照亮并引导人们通往新世界的道路上，所作的贡献比其他任何人都大。

牛顿对运动的探究

［牛顿的］第一定律告诉了我们，在没有力的作用的情况下，物体的运动状态将会发生怎样的变化。它表明不会发生任何变化！

——布赖恩·L. 西尔弗（Brian L. Silver, 1930—1997），物理化学家和科学史学家，《科学的攀升》

自然界中相同的效果是由相同的原因产生的。这正如人的呼吸和野兽的呼吸、石头落到欧洲和落到美洲、厨房中的火和太阳上的火、光在地球上的反射和在其他行星上的反射一样。

——艾萨克·牛顿（1642—1727），《自然哲学的数学原理》

我们都是信仰牛顿学说的人，当我们谈起力和质量、作用和反作用时；当我们说起运动队……具有动量时；当我们注意到传统或者官僚主义的惰性时；以及当我们伸出我们的手臂感受周围的重力在将其向地球拉时，无不体现出狂热和虔诚。

——詹姆斯·格莱克，现代美国作家和记者，《艾萨克·牛顿》

运动是潜藏在物体中的某种东西吗？这是17世纪时的众多科学之谜中的一个。如果一辆马车运动了起来，那一定是因为马拉它。但当时的大多数人认为，马车自身也有某种力能使它动起来，正如月球和其他行星那样。当时几乎所有人都认为月球内部存在着某种力，就是这种力才使月球能自动绕着地球转动的。然而，牛顿却站出来说并非如此，对马车和月球都一样。任何一个物体，即便是月球，要改变其运动状态或者由静止运动起来，外界施加的力是必需的。这看起来不像是个非凡的想法，然而这一观点确实伟大。

下图为由多纳托·克雷蒂（Donato Creti）于1711年创作的八面画中的一部分。画中的星空观察者分别用裸眼和借助望远镜来观察行星。

牛顿用三条运动定律证明了这

既有趣又重要的词

在认识牛顿定律之前，你首先要搞清楚几个词的确切含义。首先是惯性和力（force）的概念。

伽利略所提出的惯性并非指运动状态或缺少运动的状态，而是指阻止变化（resistance to change）的趋势。（更科学的说法是，它是阻止变化的一种量度）。若说某物体的惯性大，则表示它难以推动。如一块大岩石就比一个小石子的惯性大：你用一根手指头就可以移动小石子，而要移走大岩石，则要使用起重设备等。

力是在物体上用推和拉的方式克服物体惯性的作用，如用球棒击打棒球等。力的存在改变了物体静止或匀速运动的状态。

牛顿想要找出一个不受万有引力影响的量，于是提出了质量（mass）的概念。它既表示了物体中所含物质的多少，也是物体惯性的量度。

使用了质量一词后，语言表达在科学中将更加清晰无误。多数是因为旧的语言习惯使然，我们常会将质量和重量（weight）相混淆。它们在科学中确实不是一回事。无论万有引力场的强弱是否变化，物体的质量是不变的，但重量却是一定随之变化的。

在亚里士多德的物理学中，地球上物体运动的“自然”状态是静止不动……由伽利略提出，勒内·笛卡儿发展，最后由牛顿完善的惯性原理则认为，物体的匀速运动状态和静止状态一样，都是处于自然状态的。

——洛基·科尔布，《天空的盲目观察者》

一观点。正是这三条定律使他成为历史上最伟大的人物之一。甚至有人说就是最伟大的，不应该加上“之一”。所有的物体运动，无论是棒球的运动还是星系的运动都遵守这些定律。一旦你了解了它们，你会发现牛顿运动定律令人惊讶地简单，运用它们，我们人类会登上月球并且将来可能会去往更远的太空深处。

牛顿运动定律中的第一条定律，牛顿第一定律（Newton’s First Law）也被称为惯性定律（Law of Inertia）。其表述为：**任何物体在没有外力作用的情况下，它要么保持静止的状态，要么保持匀速直线运动的状态**。换言之，厨房里的桌子自己不会升起来或者跑走，除非你的肌肉对它施加了举起或推动的力。即任何一个处于静止状态的物体，除非有外力作用于它，否则它将在那里保持静止不动。

在日常生活中，“惯性”（inertia）一词常被认为是“懒惰”的同义词。例如：“他的惰性使他一直坐着。”而在科学中，它则表示抵抗运动、作用或变化的性质。

单词“物体”（body）可以有许多含义。对科学家而言，它可以是任何具体的事物，从分子到行星都可称为物体。

为了方便理解，可将牛顿第一定律拆分成两种情况，尽管它们都可以表述为“物体自己不会改变自己的运动状态”：

1. 除非有外力的作用，否则原来静止的物体将一直保持静止的状态。

太有活力了！

体育解说员常说的英文 momentum 一词，其意为“活力”。在足球场上，刚登场时运动员们充满活力，然后逐渐失去活力，关键时刻又能重拾活力，最终，活力最大的球队往往能赢得比赛。那么，活力究竟是什么呢？

在拉丁文中，这一词的意思又是“运动”，而在英语中，这一词又有“运动能力”“运动势头”和“运动活力”等意思（我喜欢最后一个）。活力是什么？它不是一个科学术语，但很贴切。

物理学中定义的动量也是这个词，但它有另外的含义：它是质量和速度的乘积（$m \times v$）。故质量和速度（包含了速率和方向）共同确定了动量。一头静止的大象的速度为0，它不可能超越你。但速度较快的大象则具有较大的动量，因此是非常可怕的。但这里有一个“或者”需要记住：增大质量或者增大速度都能增大动量。一粒质量很小但速度极大的物体，如子弹等，则也可能具有和狂奔的家猫相同的动量。

2003年1月，在发射哥伦比亚号航天飞机时，有一块很轻的泡沫材料从其上脱落，并以极高的速度（877千米/时）撞上了航天飞机，在其机翼上砸出了一个小的缝隙。当这架航天飞机于2月1日重返大气层时，致密的热流扩大了这个缝隙，使航天飞机因过热而解体坠毁，7名航天员也同时罹难。

2. 除非有外力的作用使其减速、加速或改变运动方向，否则原来做匀速直线运动的物体将一直保持着匀速直线运动的状态。

但上述情况都是我们在日常生活中不常见的（编者注：尤其是第2种情况）。如我们推一下小车，它就运动了起来。可其后它就开始减速，不一会儿就停了下来。因此，像亚里士多德那样思考是很自然的：物体是不能永远自行运动下去的。

然而牛顿却说，小车是能一直运动下去的。它之所以停了下来，那是因为有力的阻碍作用。那么，为什么我们日常所见的小车最终都自动停下来了呢？牛顿说，那是因为有摩擦力的存在。如果小车是在无摩擦的环境中运动的，那么它将永远运动下去。

后来，他的这一说法被证明是正确的。我们现在知道，太空飞船在脱离了地球引力的作用后，将会沿直线持续运动下去，除非有诸如其他星球产生的万有引力等力的作用，它才会改变运动路径。

牛顿定律是绝大部分的科学世界的入门钥匙，因此要继续了解。

牛顿第二定律（Newton's Second Law）的表述为：**作用在一个物体上的力的大小与物体的加速度大小成正比，方向与加速度的方向一致。**这也意味着，如果你对小车猛踢一脚，那么它将猛然向前运动。而若你仅是轻拍一下它，则它可能几乎不动。

请记住：加速度是速度（包括速率的大小和方向）随时间的变化率。其既可表示速率的增大，也可表示速率的减小。

我们可以通过牛顿第二定律推理出一些规律：随着物体质量的增加，则阻碍物体运动状态改变的因素也将增加。这也可表述为：物体运动状态变化的快慢与物体的质量成反比。这其中有什么含义？即在相同的功率下，一辆摩托车将会把汽车远远地抛在后面。

牛顿第二定律表达了加速度和力之间的关系。力等于质量和加速度的积。由此可引入一个既简单又非常有用的公式，用它可以精确地进行计算：

$$F = ma$$

其亦可变形为

$$a = \frac{F}{m}$$

即加速度等于力和质量的商。

牛顿第三定律（Newton's Third Law）使运动定律完整了。这一定律有时也被称为作用与反作用定律（Law of Action-Reaction）。下面是牛顿自己的表述："对任何一个作用力，必存在一个大小相等、方向相反的反作用力。或者说，两个物体间的相互作用力，总是大小相等、方向相反的"。也可用稍微简捷的话说成：**每一个作用力都存在一个等大反向的反作用力。**这意味着你推一个物体，物体必然也在推你；地球吸引苹果，则苹果必然也吸引地球。牛顿说："无论你用何种方式拉或推别人，则别人也将用同样大的力来拉或推你；如果你用手指压一个小石子，那么小石子也在压你的手指；如果马用绳拉一块石头，那么石头也将向后拉马。"

火箭的发射遵从牛顿第三定律。同样，蹦极的人、弹子球、地球和月球间的万有引力作用等也都遵从，无一例外。

当你用锤子击打一个钉子的时候，锤子和钉子中哪个是施力物呢？无论你说锤子或钉子，则都和牛顿所想的不同。牛顿认为物体间是同时相互作用的，即每个物体都与另一个物体相互作用。锤子击打钉子，但同时又受钉子击打而停了下来。现在，你可以理解我们将其称为科学上的重大突破的原因了吧，它和我们通常想的不一样。

关于落体的一些想法

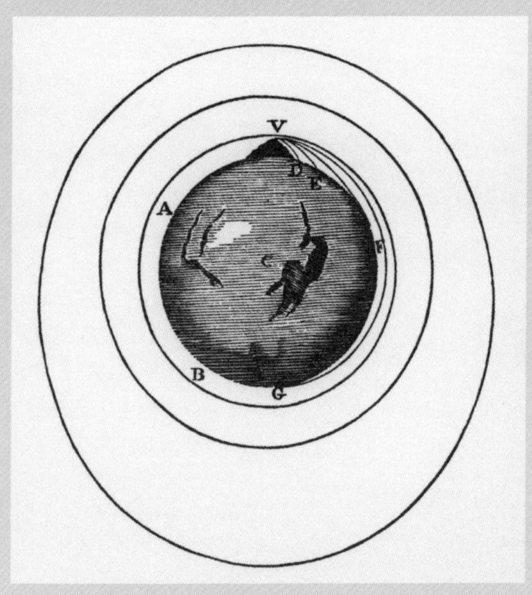

上图为牛顿在他1687年出版的《原理》一书中的插图。他想象了一门架设在非常高的山上的大炮，是如何让发射出的炮弹成为一颗卫星的过程。第一颗人造卫星“斯普特尼克一号”是于其后270年，即1957年发射成功的。

为了帮助你在大脑中想象出为什么卫星在轨道上的运动是自由落体运动，可以做一下假想实验。右图所示是牛顿曾经做过的一个。他想象将一门大炮架在一座不可能达到的高度的山上，使其水平向前发射一枚炮弹。它将落到地面上的A点。但若用更大的力发射，它又将落到B点。

但若你使炮弹发射得如此之快，使其下落点C超越了地球弯曲的表面，则将如何呢？它就可能成为一颗人造卫星，即一个在绕着地球轨道运动的物体了。只要这颗炮弹卫星在轨道上保持这一速率，则它将永远在下落中，且永远落不到地面上。

让我们再回到山顶上。若在此后你又用更大的力发射了第四颗炮弹，则它将以更大的速度飞越地球弯曲的表面而进入太空D之中。换言之，它从地球引力的束缚中逃逸了，即它具有了克服地球引力的足够大的速率和合适的方向，亦叫逃逸速度。

请将这些都记在你的脑子中。这是一个假想实验。如果炮弹C是一架航天飞机的话，那么它在大气层外的轨道上运行的速率约为7.8千米/秒。很多位于更高轨道上的卫星，速率只要3千米/秒即可。那么月球的速率为多大呢？它的速率仅为约1千米/秒。能理解这一结果吗？想一下在第11章中开普勒得出的结论吧：轨道越高，则它的速率越小。

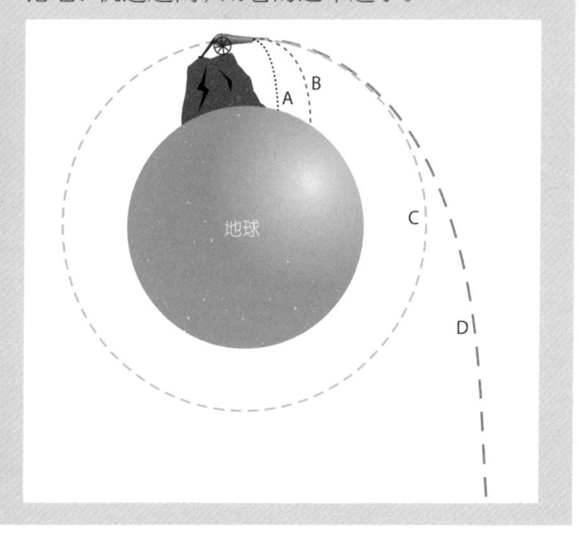

牛顿意识到，在地球上有效的同一运动定律在月球上应该也是同样有效的。从意大利的塔上抛下一个小石子，其下落的规律应与在中国的万里长城上抛下的石子的下落规律相一致，也与从在火星表面上的探测车上落下的一致。在艾萨克·牛顿之前，尚无人能告诉我们这些。是牛顿引导我们踏入宇宙之家的大门的。

牛顿运动定律

1. 任何物体在没有外力作用的情况下，它要么保持静止状态，要么保持匀速直线运动的状态。

2. 一个物体的加速度的大小与作用在这个物体上的力的大小成正比，方向与力的方向一致。

3. 每一个作用力都存在着一个大小相等、方向相反的反作用力。

牛顿的万有引力定律和运动三定律，就像是通过同一根家庭纽带维系在一起的亲兄弟一样，在运用其中一个定律处理问题时，很可能就要将其他的牵扯进来。牛顿对惯性的理解（第一定律）告诉我们，月球（也可以是其他物体）在没受到外力的作用时，应该是沿着一条直线运动的。

当作用力与物体运动方向垂直时，会发生什么呢？物体既不加速，也不减速，而是改变它的运动方向。在这种情况下，物体的运动速率不变，但它的运动轨迹是曲线。

月球的运动轨迹是曲线，因此一定存在一个作用于月球上的力，它使月球绕地球运动。当牛顿研究这个力是什么时，他明白了这个力与从他妈妈的苹果树上把苹果拉下来的力，是同一个力。就这样，他把地球上的运动和天体的运动联系了起来。这就是牛顿的天才所在：能意识到月球的曲线运动是它向地球“跌落”的过程。

感谢万有引力，是它使月球向地球自由下落的，这和苹果下落的原理一样。但月球永远也落不到地球上，这是因为它的惯性还要使它保持匀速“直线”运动。牛顿意识到，这种运动是向前的运动（惯性原因）和向下的运动（重力原因）的结合，使月球保持与地球表面平行的运动。后来他借助微积分的数学证明证实了这一点。

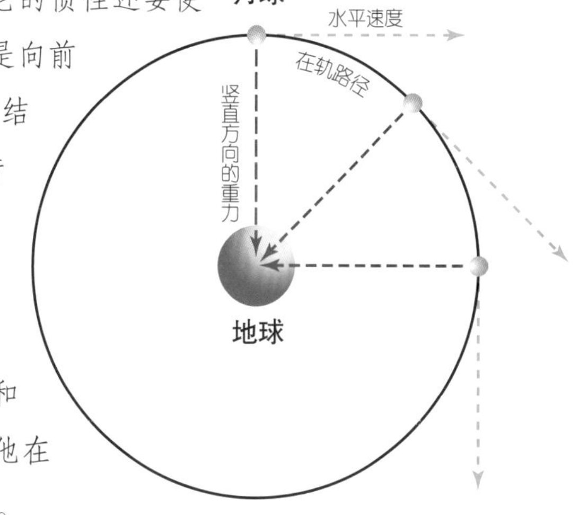

但他从没告诉别人他的这一观点。对此，21世纪的传记作家詹姆斯·格莱克的评论说：“他的天赋异禀之中就包含着孤独。”除了为数不多的经常和牛顿通过信件交换想法的人之外，极少有人知道他在剑桥大学工作，几乎无人知晓他脑子里在思考什么。

伽利略在通过对运动物体的观察后，作出判断：它们的路径都是和地表曲率一样的曲线。因此，他认为匀速运动的轨迹应是曲线。他是错误的，但这种猜测仍有一定合理性。法国数学家勒内·笛卡儿第一次提出“物体运动的自然趋势是直线”的观点。牛顿问道：如果笛卡儿的观点是正确的，那月球为什么不飞离我们进入太空？当牛顿用数学解决了这一问题时，他便发现了万有引力定律。

名气找上门了

万有引力理论……它的重要性怎么评价都不为过……月球和所有的行星、恒星都遵从如此简单的规律的事实，进而，人们能理解它并由此演绎出行星是如何运动的！这也就是科学在这一理论问世后的岁月中取得成功的原因。同时，这也为科学家们寻求其他具有如此美妙而简捷的定律带来了希望。

——理查德·P. 费曼（Richard P. Feynman，1918—1988），美国物理学家，《六堂物理课》

牛顿力学及其新数学……代表了人类思维中洞察力的变化……从等待事件发生的静态社会，到寻求理解、知道用理解进行控制的动态社会。

——利昂·莱德曼（1922—），美国物理学家，《上帝粒子》

洞察力是一种可以看到潜伏事物的艺术。

——乔纳森·斯威夫特（Jonathan Swift，1667—1745），英国作家，《对各学科的思考》

牛顿很少有兴趣向别人讲述自己的发现和取得的成果，而且也缺少社会生活技能。

当他想要与朋友们共享欢乐时，却往往事与愿违。一天夜里，他邀请了一些熟人在一起聚会。就在大家准备就餐的时候，牛顿觉得如有一瓶酒助兴的话会更好。于是，他就去房间里取。可刚一进房间，他突然想起了一些问题，于是就伏案工作了，完全忘记了取酒的事和他那群饥肠辘辘的客人们。

尽管他性格孤僻，但记录他非凡成就的文字却广为流传。很多人对艾萨克·牛顿正在解决的问题产生了浓厚的兴趣。因此，他在对待朋友和赢得喝彩上是处于矛盾之中的。牛顿从内心里是想两者都能兼顾到，可又不想让别人打扰他的工作或对他提出批评。天文学家约翰·弗拉姆斯蒂德（John Flamsteed）曾评价牛顿是“处于不耐烦的矛盾之中……但总而言之是一位好人。出于他的天性，他应该还是一个多疑的人”。思想家开始研究他，因为他的工作是如此出类拔萃，绝对不能轻描淡写或一笔带过。

1684年，埃德蒙·哈雷前来拜访。哈雷是英国天文学家，他也试图理解和解释行星的运动轨道问题，想知道这些轨道究竟是圆还是椭圆。如果地球绕太阳转动的轨道是完美的圆的话，那么月球绕地球的轨道就也应是一个完美的圆（正如哥白尼所说的那样）。然而这种想法肯定在某处出了差错，因为按这样轨道作出的数学计算与事实不符。

哈雷知道，开普勒认为天体的轨道并非都是完美的圆，如行星的轨道就是椭圆，如同一个压扁了的圆。开普勒利用第谷的图表发现它确实如此，但却不知道其原因所在。开普勒尚不具备对自己的理论进行证明的数学基础，因为那时微积分还没有被发明出来。

正在此时，建筑学家克里斯托弗·雷恩提议埃德蒙·哈雷和罗伯特·胡克作个比试，看看谁能用数学的方法解释开普勒的行星运动第三定律（关于偏心的轨道），并提供了一本精美的书作为奖励。胡克说他能做到，但迟迟没有提供详细的证明过程。而哈雷则来到剑桥大学，向牛顿求援。

当哈雷提出了天体轨道及其形状的问题后，牛顿说他已经用数学的方法对此进行了证明。得出的结论表明开普勒的理论是正确的：行星的轨道确实是椭圆。

如果你对哈雷进行研究的话，就会发现他的英文名字有 Edmund 和 Edmond 两种写法。第一种写法来自老式英语，而第二种改造自法语。在诺曼人（来自法国）于1066年侵入英格兰后，法语就成了一些国家中王室成员、高层人物和知识分子的语言，很多英国人也使用起了法语名字。不管怎样，Edmund/Edmond 的意思均为“富有的保护者”，这也是哈雷和牛顿间的关系。

狮子的爪子

瑞士数学家约翰·伯努利（Johann Bernoulli）有一个自己无法解决的问题。于是，他将其作为向欧洲权威的数学思想家们挑战的问题，但最终还是无人能解决。

牛顿在一次晚餐时也收到了这一问题。到次日早晨4点钟，他就解决了这一问题。第二天，他就以匿名的形式将问题的答案寄回了。伯努利并不蠢，证明过程告诉他这是艾萨克·牛顿的一种复仇行为。他说道：“从这利爪中，我认出了雄狮。”之前，伯努利曾被卷入了莱布尼茨和牛顿关于微积分发明权的纷争，并坚定地支持莱布尼茨。

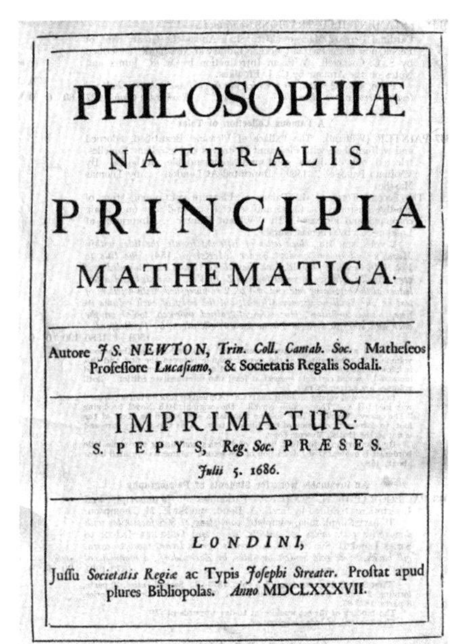

PHILOSOPHIÆ
NATURALIS
PRINCIPIA
MATHEMATICA.

Autore *J S. NEWTON, Trin. Coll. Cantab. Soc.* Matheseos Professore *Lucasiano*, & Societatis Regalis Sodali.

IMPRIMATUR.
S. PEPYS, *Reg. Soc.* PRÆSES.
Julii 5. 1686.

LONDINI,
Jussu *Societatis Regiæ* ac Typis *Josephi Streater*. Prostat apud plures Bibliopolas. *Anno* MDCLXXXVII.

如果牛顿用英语写这部《原理》的话，那么，那些法国、德国、意大利等国的科学家就不可能去读它。在 17 世纪的欧洲，这一当时学术界的中心，所有严谨的思想家使用的都是拉丁文。上图中即为《原理》1687 年的拉丁文版。牛顿尽可能使其语言能适应具有宽泛科学思想的读者。那些看不懂拉丁文的英国普通民众，只能等到 1729 年翻译成英语的版本问世。实际上，英国民众读英文版的也很少，因为看懂它并非易事。

当然，牛顿没有向任何人展示他的研究结果。在那间杂乱的房间中，他竟然找不到他的计算过程了。牛顿说，他可以把这一问题再证明一次。三个月后，哈雷就收到了他一直在寻求的证明。哈雷由此意识到，牛顿的研究远不止这些证明，肯定还有很多不为外人所知的成果。于是，他就劝牛顿发表他的研究成果。除了在信件中或交谈外，牛顿从没和外人谈起过自己在万有引力、微积分、运动定律等方面的建树。因此，他对哈雷表示不同意将它们公之于众。但哈雷仍是坚持要求，并表示愿意替他支付所有的出版费用。在这样的盛情之下，牛顿的态度仍是踌躇不决，但哈雷的坚持也使他难以拒绝。当时所有的人，包括牛顿在内，都很喜欢哈雷。此外，哈雷也是一位优秀的数学家，牛顿和他很谈得来，在学术上可谓是知音了。

最终，牛顿在哈雷不懈的游说下同意了。此后的一年半时间中，牛顿终日在奋笔疾书，忙得经常连吃饭和睡觉都顾不上。当然用的都是拉丁文。而哈雷在这期间一直鼓励着他，他们两人为此都付出了艰辛的劳动。皇家学会同意出版牛顿的这些著述，但不会为其付一分钱，而要牛顿自筹。因此，哈雷不仅要筹集这笔资金，还要审读手稿中的各种证明，安排插图，找出版商。哈雷的收入只是小康水平，在如此高昂的费用面前也是捉襟见肘。于是，他又找到当时富有的著名科学家罗伯特·玻意耳（Robert Boyle），让他来资助出版这部科学巨著。

1686 年，牛顿的这部名为《自然哲学的数学原理》（常简称为《原理》，拉丁文为 *Philosophiae Naturalis Principia Mathematica*）的巨著终于出版，并于次年面世了。按《大不列颠百科全书》的说法：“它不仅是牛顿的杰作，也是现代科学的精华之作。”

只有很少的人能真正读懂这本用 250 000 个词（626 页）撰写而成的图书。在路上，一些剑桥大学的学生经常会指着他说：“看呐！那走着的人就是写了自己不懂，别人也看不懂的书的人。”牛顿原考虑写一本《原理》的普及版，但后来打消了这一想法，他说：“不想成为那些对数学一知半解的小人的谈资。”

“原理”一词的英文 principle 意为“基本规则”或“定律”。其来自于拉丁文 principium，词根意为“第一部分”或“开卷”。上图中的 pricipia 为其复数形式。

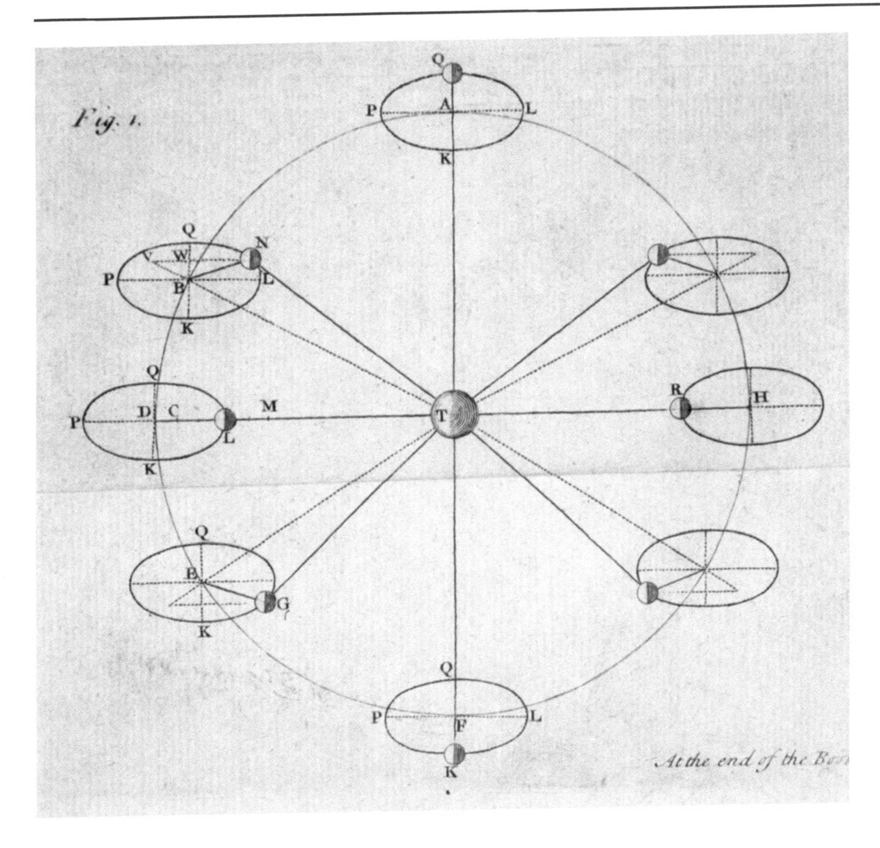

牛顿的《原理》一书极大地促进了学术的迅猛发展。左图所示的草图名为“月球按照万有引力的运动”，是由约翰·梅钦（John Machin）所绘，出现于 1729 年译成英文的第一版《原理》中。

但如果考虑到这本书的影响力的话，他无疑是获得了巨大的成功，并且誉满天下的速度非常快。那些确实读懂这本书的人都是同时代的思想家。

［在读者当中还有下一代的思想家，如托马斯·杰斐逊（Thomas Jefferson）和约翰·亚当斯（John Adams）等。］

《原理》一书分为三部分，并以三个分册的形式出版。在第一分册中，牛顿为微积分的问世奠定了基础，并明晰了运动定律的思想。

在第二分册中，他解释了在诸如水等有阻力的介质中物体的运动情况；还介绍了处理声音的传播及波的运动的方法；批驳和摒弃了笛卡儿关于宇宙是旋转的旋涡的观点。他在这部著作中进一步提出的一些原理成为日后出现的流体动力学和流体静力学的基础。

在英语中，hydrodynamics（液体动力学）和 hydrostatics（液体静力学）都是与液体（hydro-）有关的，差别在于是否运动。前者研究的液体是运动的，如水在管道或河流中的运动，洪水泛滥等情况。而后者研究的液体则是静止的，如浮力、水压等。

他还给予了第三分册《世界的系统》的书名。后来，法国裔意大利数学家约瑟夫－路易斯·拉格朗日（Joseph-Louis Lagrange）用忌妒的语气写道：“牛顿是世界上有史以来最伟大的天才人物。他也是

到老年时，牛顿写了一封信给埃德蒙·哈雷，在信中又提及了万有引力定律："这是我二十多年前从开普勒的定理那里获取的。"开普勒曾寻找世界的图式和对称性规律，感谢第谷那精准的图表使他发现自己是处于一个运动着的行星之上的。而牛顿具有将伽利略和开普勒的理论数学化的天赋。

非常幸运的，像我们就很难找到机会建立起哪怕一个这样的世界体系。"牛顿在他这部书中的伟大思想是"自然具有适用于宇宙任何地方的基本定律"。这种革命性的概念是他的哲学思想的核心。

下面是对牛顿研究成就的综述：

· 形成并提出了万有引力的观点。
· 在数学上发明了微积分方法。
· 用三条基本定律来描述运动。
· 取得了关于光的本性的重要发现。
· 说明了测定声速的方法。
· 用数学手段对波动进行了描述。
· 解释了月球和行星的运动形态。
· 得出了测量太阳或其他行星质量的方法。
· 强调了在科学研究中实验手段和数学证明的必要性。
· 将地球和整个宇宙联系了起来。

1687年，就在《原理》一书面世后不久，牛顿就成了一位世界性的名人。

并非只有政治家和具有科学思想的人才为牛顿的成就举杯庆祝。在伦敦，牛顿还与哲学家约翰·洛克（John Locke）和繁忙的皇家海军部官员塞缪尔·佩皮斯交上了朋友。

右图所示为出版牛顿著作的英国皇家学会的第一处地址——格雷沙姆学院。它曾是伦敦的一处地标性建筑。可惜的是，它的主体大楼毁于18世纪。

埃德蒙·哈雷在一首赞美这一伟大人物的诗歌中写道：

与我同唱牛顿之歌吧，
献给亲爱的缪斯，因为他
已打开了真理深处的秘密，
……
比于众神之列，凡人不可靠近。

伟大的世纪

请将17世纪（从1600年开始）牢记在脑海中，因为它是古代世界和现代科学的分界点。约在1600年左右，第谷的观察，伽利略的实验和开普勒的洞察力点燃了科学的火种。在接近17世纪末的时期，牛顿的思想则如同爆炸的焰火延续着科学革命。

后来，牛顿被任命为皇家铸币厂的监理人，负责英格兰货币的制造工作。其间，他最恨的就是造假币的人，并把一些造假币者送上了绞刑架。

当时，英格兰的硬币一直在贬值。这是因为很多人将银制的硬币沿边缘切下一点，收集起来按银价出售。因此，急需一种这种硬币的替代品。于是，牛顿用了300个工人和50匹马（用于驱动压力机），在3年内铸造的硬币数比以前30年中铸造的硬币数总和的2倍还要多。

在1689年和1701年，他两度被选为剑桥大学在议会中的代表。当这位孤僻的教授站在议会大厅中央时，所有的人都安静了下来。他们都想听这位伟大的人物说些什么。在此之前，牛顿从没作过关于政治的演讲，故他只是要求把一扇窗户关一下，因为他感到有风吹过来。两年后，在罗伯特·胡克去世后，艾萨克·牛顿被推选为英国皇家学会的主席。在此之前，这是一个由英国思想家中的精英组成的沉闷组织。可是后来牛顿将它改造成了一个组织良好、目的明确的学术机构。

1705年，安妮女王（Queen Anne）掸掉了皇家宝剑上的灰尘，拍了拍牛顿的肩膀，然后将他册封为爵士。这是英国历史上第一次将爵士头衔授予一位科学家。因此，牛顿从此也就成了艾萨克·牛顿爵士。他不仅驯服了世界，而且使自己变成了一颗明星。

在光荣革命时期（1688—1689），詹姆斯二世（James II）的王位被威廉三世和玛丽二世（William III & Mary II）所取代。但更重要的一点是，议会变得比贵族具有更大的权力了。之所以将其称为“光荣”，是因为这场革命没有流血。作为新教徒的牛顿代表剑桥大学加入到了议会之中。如果詹姆斯二世没有退位，也许牛顿就不会接到这一任命，因为詹姆斯二世一直强力试图在剑桥大学、军队和政府中施加天主教的影响。

被称为彗星先生的埃德蒙·哈雷

法国人刚刚建造起一座大型的天文台，由于英格兰和法国是竞争对手，英格兰人也就迫不及待地想要建造出自己的天文台。1675年，皇家学会请求建筑学家克里斯托弗·雷恩为新天文台选址。于是，他选择了靠近伦敦的一处皇家园林中的一座小山，并开始了天文台的建造。现在，我们都可以在去伦敦的时候参观格林尼治天文台。1675

下图中的照片显示的是现在的英国格林尼治皇家天文台，而木刻展示的是它1765年时的样子。它是子午线的基点，即地球仪上的经度0°位置。这一想象的地理线被用黄铜条标志在地面上，并用绿色的激光束照向空中。

相应的彗星

在电话和电子邮件问世之前，人们都用写长长的书信的方式来交流思想。艾萨克·牛顿的一些书信被收集起来后出版了多集，你可以在任意大型图书馆中找到它们。他给约翰·洛克（一位著名的哲学家）、塞缪尔·佩皮斯（他保存有很多冗长的日记），以及很多其他同时代的科学界的领军人物都写过信。下面一段是节选自他1695年10月17日写给埃德蒙·哈雷的信：

先生：

我上星期就给你写信，但后来停笔了。这是因为我对插进去的一段话不敢肯定。你对1680/1出现的彗星的轨道是椭圆的计算令我非常满意……（牛顿然后就开始描述彗星的细节，如轨道和运行时间等，并指出了哈雷计算中的几处错误。他进而讨论起另一颗彗星。）

你对1664年那颗彗星轨道的计算，对观察结果的回答大大超过了我的预期。可是在计算所有观察到的新问题时，我感到了双重的痛苦，我从没好好感谢你的这种帮助，现在要以我的方式加倍地偿还于你……

我明天将通过威尔·马丁送给你三角学和装有铜尺、圆规的盒子……，并带去我的谢意。这些铜尺的边缘看起来很粗糙，故我用沙子逐一打磨了……

如果这没有给你在计算月球的位置时添麻烦的话，你只需送上这些而不必是书……

您最谦卑的奴仆

牛顿

哈雷在1695年10月21日回牛顿的信中，谈起了另外一颗彗星，也就是我们现在称之为哈雷彗星的那一颗。它于1682年划过了英格兰的天际。

先生：

……我几乎完成了对1682年那颗彗星的计算，接下来你应当知道它与1607年的那一颗是否为同一颗。对此，我有越来越多的理由去怀疑。我现在已完全准备好用计算的方法来找出彗星的轨道。你在信中说送来的尺子我没有收到，我想没有它们我也能通过变通做到……

我已经寄给了你一本书，其中有我对月球的大部分计算，但没能提炼出一个重要的理论。当前我正忙于学会方面的书，不然的话，我相信整个工作将会更加令人满意……

对你致以可以想象得到的敬意

你最忠诚的朋友和仆人

埃德蒙·哈雷

他们信中充斥着大量的随意的和想象式的拼写，语法也不规范。当时，牛顿和哈雷都没有词典去查词的拼写方法和意思。在1755年之前，英语尚没有可靠的词典可用。直到塞缪尔·约翰逊（Samuel Johnson）出版了他那著名的词典后，情况才得以改观。虽然以前在词典编写方面也有过一些早期的尝试，但很不全面且狭仄。在1755年之前，人们拼写单词大多凭发音进行的，故都是形相近的。这也意味着在学校中是没有拼写方面的考试的。

年，约翰·弗拉姆斯蒂德（1646—1719）被授予皇家天文学家的称号。他的使命之一便是用这台现代天文望远镜修正第谷旧有的天体档案，使其更为精确。

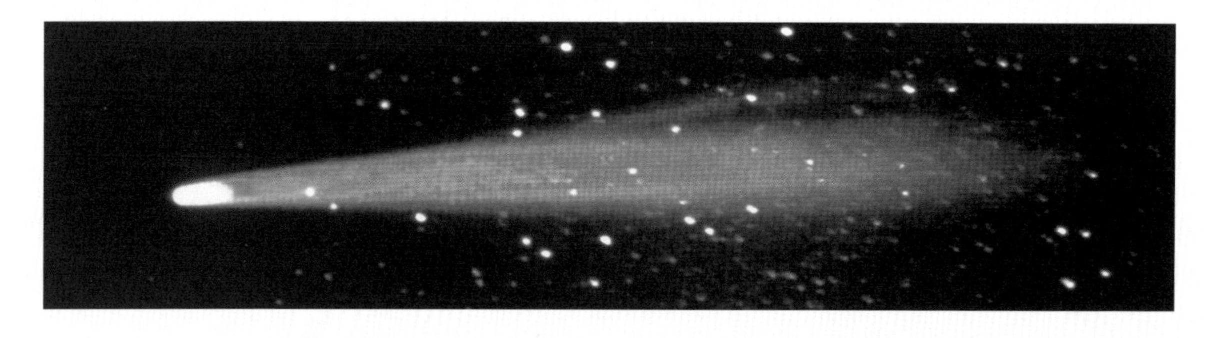

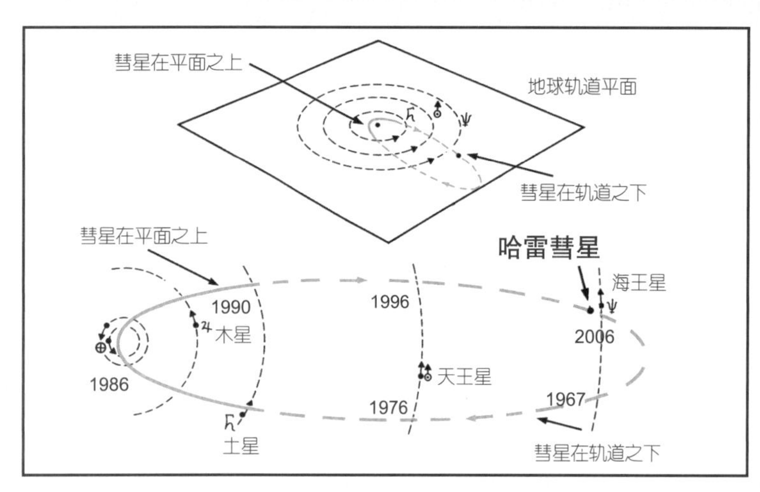

哈雷彗星的轨道是一个长而扁的偏心椭圆（见本书第129～131页）。很多彗星的轨道是一端开放的轨迹，即是抛物线形或双曲线形的，它们都是一去不回的。但哈雷彗星却是每隔约76年光顾地球一次。为什么用“约”字？上图给出了线索。它快速越过了土星轨道，然后再越过木星轨道，返回时顺序相反。如果这些气体巨人中的一个碰巧靠近这一交汇点，则会对彗星产生万有引力，这种拉力会轻微改变彗星快速向太阳运动的速度（速率和方向）。

哈雷彗星通常看起来并非如图中在1910年与太阳幽会时那样光彩照人。2061年，它将再次光顾。直至那常被称为“脏雪球”的彗核刚好穿越木星轨道内侧时，它壮观的尾巴才开始长出来。在那里，来自太阳的热量足以将核中的一些冰状物质气化，形成由气体和尘埃粒子组成的明亮尾巴。太阳风使彗尾总是指向背离太阳的方向。

因此，当一位聪慧的牛津大学学生来做志愿者时，弗拉姆斯蒂德非常高兴。他在写给英国皇家学会的信中说：“埃德蒙·哈雷是一位来自牛津大学的聪明的年轻人，参加了这些观测活动，并仔细协助我们工作人员做了很多工作。”埃德蒙·哈雷的父亲是一个肥皂制造商，在黑死病大瘟疫期间，他获得了滚滚财富，因此能给予他天分很高的儿子以良好的教育机会。刚开始，埃德蒙想成为一名诗人。但在牛津大学期间，他却迷上了天文学。他发现欧洲的星图中不包括很多在赤道以南能看得到的恒星。故欧洲人的船在向南作探险航行时，只能利用很少的天体来作为导航之用。哈雷在获取了他父亲的资助后，便开始了到南大西洋中的圣海伦娜岛去的旅程。在那里，他建立起了一座天文台，并绘出了世界上已知最早的南方空域星图，在其中收录了341颗恒星。在人们热衷于远航的时代中，这可是一个了不起的贡献，他很快就因此而被人们称为“南方的第谷”。

可哈雷的这些工作也只是开始。他又将当时的恒星位置与古希腊时期的作了比较，并由此意识到：**恒星是运动的，而并非是固定在天空的某处的**。对天文学而言，这需要非凡的洞察力才能发现。

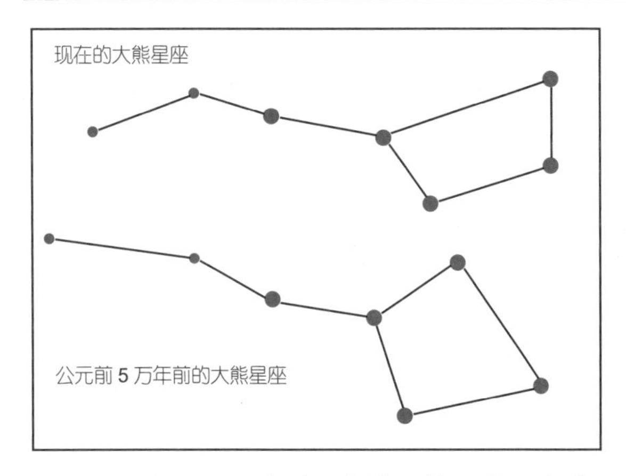

埃德蒙·哈雷提及的恒星是在运动的现象，并不是在说恒星在夜空中的位置的变化。在当时，天文学家已经知道地球的自转能使恒星产生表观上的移动。而哈雷的意思是：这些恒星确实是在空间中运动着的。因为它们是如此遥远，以至于地球上的人在数千年的时间中都没有察觉出这种运动，但可从大熊星座发生的变化看出来（如左图所示）。

1682 年一天，哈雷正在法国的巴黎天文台，在那里他观察到了一颗明亮的彗星正在越过天际。后来，他意识到这颗彗星的轨迹与 1456 年、1531 年和 1607 年人们观察到的彗星的轨迹相类似。它们有可能是同一颗彗星吗？若果真如此，则按照它的路径推算，它将每 76 年光顾地球附近一次。而且按这一规律，它又将于 1758 年再次返回地球。哈雷对他的这一想法着了迷。他随后研究了所有曾进入过他眼帘的彗星，想知道：彗星是从哪里来的？它们在太空中是做直线运动的，还是如开普勒描述的那样沿椭圆轨道运动的呢？

哈雷相信彗星的轨道应是可预测的椭圆。艾萨克·牛顿又帮助他用数学的方法对这些椭圆轨道进行了预测。两人都认为，如果哈雷的猜想是正确的，即于 1682 年出现的彗星能于 76 年后再度出现的话，那么可确定天空中的物体是有规可循的。这也将使牛顿的理论更加可信。“哈雷的彗星”能诚如所望如期而至吗？ 1758 年，大量好奇的人注视着天空，看能否发现这颗彗星。

一位名为约翰·格奥尔格·帕利奇（Johann Georg Palitzsch）的德国农民，在圣诞之夜首先发现了这颗彗星。他是用自制的望远镜观察到它的。

在法国，按集哲学家和作家于一身的伏尔泰的说法，天文学家一个冬天都没有睡觉，生怕错过了对这颗彗星的观测。他们终于看到了他们想看到的了。

此时，在英国的殖民地美国，本杰明·富兰克林（Benjamin Franklin）已经 52 岁了，而托马斯·杰斐逊才只有 15 岁。和其他人一样，他们也在观察着天空，想看这颗彗星是否会如期而至。果然，它如期光临了！此后，每隔约 76 年它都会再次到来。哈雷的观点被证实了！

至 1758 年，哈雷和牛顿两人都去世了，但他们却都成了广为人知的英雄人物（尤其是牛顿），而彗星的出现更是强化了这一点。曾经使人谈之色变的彗星，一旦为人们所理解，就不再畏惧它了。科学知识通常就能起到这样的作用。只有那些未知的东西才是最易唬人的。

埃德蒙·哈雷曾将这一想法纳入到诗歌《牛顿颂》中：

物质，折磨先知的心灵，
给学识渊博的学者
留下激烈而无谓的争议，
现在见到了理性之光，
愚昧的乌云终为科学驱散。

丹麦人照亮的道路

上帝最先创造的，是光！

——弗朗西斯·培根（1561—1626），英国哲学家，《新西特兰提斯岛》

因为光亮伴随着剧痛
侵袭着我的脑际。

——威廉·布莱克（William Blake，1757—1827），英国诗人，《痴歌》

现在我们知道，光并非我们最初认识的那么简单，它的质感正逐渐展现出来。它能施加物理力，这也启发我们想象用太阳光推动着有着巨大风帆的太空飞船所产生的效果。在爱因斯坦的相对论中，光也是具有重量的一种物质，因为它也受引力的影响。尽管如此，我们尚未对光形成统一的认识。

——西德尼·佩尔科维奇（Sidney Perkowitz，1939—），美国物理学家和作家，《光明帝国》

光速是可以测量的吗？伽利略曾尝试过。他站在一座小山上，而让他的助手站在另一座小山上。然后他们交替着让手中的灯发出闪光，想利用测量到的光的传播时间来计算出光的速度。但光速是如此之大，以至于用他那简陋原始的仪器是根本无法测量出来的。此后，大多数人认为光速可能永远也测不出来。

法国数学家勒内·笛卡儿则认为，没有什么可用来测量光速。他说光是瞬时传播的，即光速是无穷大的。

比艾萨克·牛顿年轻2岁的科学家奥利·克里斯滕森·罗默（Ole Christensen Roemer，

奥利·罗默曾制造了一架子午线望远镜（如右图所示）。它只能指向南或北，并且只能绕着枢轴上下转动。若有星星进入视野，用望远镜固定的位置作参考点，可以测出它的纬度。

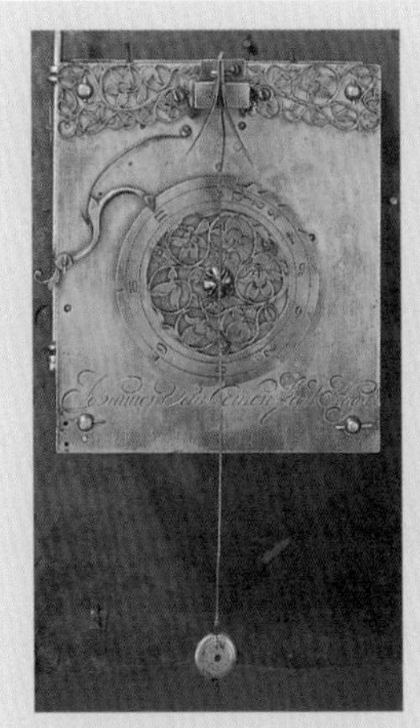

克里斯蒂安·惠更斯设计了这种用重力驱动的摆钟。

计 时

在中世纪后期，计时钟得到了发展。它们通常都是利用下落的重物驱动一根时针的，虽然准确性不高，但却比以往任何此类工具都好用。当伽利略发现了摆的等时性原理后，他就想到了用它和齿轮相联来带动钟中的时针进行计时的办法。这样的钟可以使准确性上升到一个新的高度。他虽然作出了设计，但却没有进行制造。然而，荷兰科学家克里斯蒂安·惠更斯（Christiaan Huygens，1629—1695）却将其造出来了。

惠更斯的摆钟比你想象的要复杂得多。在使摆在一个适度的范围内作弧形摆动时，就需要某种因素使它能持续摆动下去。惠更斯就用一个下落的重物来抵消空气阻力和摩擦力的影响。1656年，当他将这台钟呈现在国民议会（荷兰的统治机构）中时，标志着精确计时的时代已经来临了。但摆钟在船上的效果并不好：因为摇摆不定和颠簸对下落的重物产生了影响，另外温度的变化也影响了钟的准确性。

在英国，罗伯特·胡克和一位时钟制造人托马斯·汤皮恩（Thomas Tompion）合作，制造出了一只用发条驱动的能放进衣袋中的钟表，并将其献给了国王亨利二世，据说国王当时“非常高兴”。胡克说他还将对这种钟表作进一步改进，但此后却将他的这一专利束之高阁了，从没实施过他的设想。（胡克有一种做事容易半途而废的不良习惯。）

1644—1710），起先接受了笛卡儿的观点，直至一些现象使他感到迷惑。在经过了缜密的深思之后，他猜想光应该具有可测量的速度。那么，他必须用测量出的光速来证明这一点。奥利·罗默意识到，在地球上可能是无法测量出光速的。这是因为光的传播速度实在是太快了。于是，从1676年开始，他把天空当成了他的实验室。

罗默是丹麦人。在他还是哥本哈根大学学生的时候，就给授课的教授留下了很深的印象，学校甚至将第谷·布拉赫的手稿交给他，由他来编辑出版。

几年后，法国科学院派了一位天文学家到丹麦去，任务是定位第谷的天文台精确的经纬度，因为这对使用他的观测数据是非常重要的。这位法国天文学家和罗默一起完成了这一测定工作后，还为罗默提供了一份在巴黎天文台的工作。这真是一个绝好的机会！巴黎是世界科学领域的重地，对有抱负的年轻人尤其如此。

在法国，罗默继续从事科学研究工作。他建造了计时钟和其他高科技的测量装置，并且成为国王最年长的儿子，即王太子的老师。

罗默是一个工作狂，他还做了很多其他工作。罗默用了10年时间

最早的时间基点在法国

伽利略去世后，欧洲的科学中心转移到了法国。史称“太阳王”的路易十四在其中起到了很大的作用。1667年，在巴黎天文台揭牌典礼的盛大仪式上，这位“太阳王”毫不谦虚地作出保证，要使这座天文台成为世界上最好的（现在仍可去参观）。他还派人到意大利去请让-多米尼克·卡西尼（Jean-Dominique Cassini）来做这座天文台的第一任台长。

上图所示为初建时的巴黎天文台，它至今仍在使用着。但现在，其上部加盖了安装有大型望远镜的圆顶。

按照设计图，测量人员使墙体按精确的南北方向和东西方向修建。既然他们已经把法国看作了世界的中心了，于是就将南北方向的本初子午线（即经度为0°）的位置设计成通过作为法国首都的巴黎，并且正好经过这座天文台。

1506年，随着葡萄牙海上霸权地位的确立，子午线的基点曾被定为通过葡萄牙的马德里岛；1667年又改为了通过巴黎；1884年，随着英国成为主导世界科学的国家，子午线的起点又被转移到了英国的格林尼治，并保留至今。

你可以在巴黎天文台看到135枚铜质勋章，其上标注着历史上子午线基线贯穿整个巴黎的地点。当你有机会去巴黎时，在参观卢浮宫和卢森堡园林的同时，也请不要忘记去看一下巴黎天文台。

下图木卫一的照片中，黑色的斑点是火山熔岩流。木卫一上有一座名为洛基的活火山，它比地球上所有火山之和的强度都大。

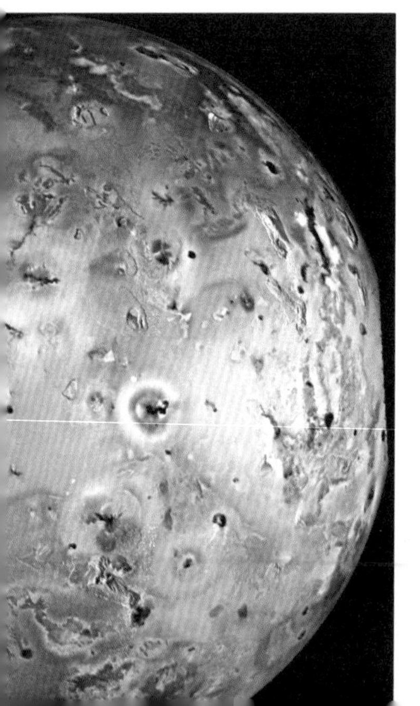

来观察木星的卫星。这些卫星也被称为“朱庇特的卫星”，因为木星就是朱庇特，即古希腊神话中掌管天界的神。[①]在对木星的这些卫星的观测上，罗默比任何前人都认真，并将所观察到的现象都作了非常详尽的记录。

他有理由这样做。因为在苍茫无垠的大海上，海员必须找到一种确定自己所在经度的方法。当时很多海船发生的触礁等海难事故，在很大程度上是因为不能准确地知道自己的东西方位而引发的。在远航的船上也没有准确的仪器来为航行计时。罗默和当时的大多数天文学家一样，也一直想从天空中找到某种可以充作钟表的计时方法。

这时，巴黎天文台精确地测量出了木星的卫星之一，即木卫一的轨道。如果海员们能知道木卫一进入木星阴影区到从视野中消失的时间，他们也就能利用这一“月食”现象作为钟表了。

译者注：① 木星的英文名字是Jupiter，朱庇特神，又叫Jove。木星的卫星因此也叫Jovian。

海上迷途

至15世纪末，葡萄牙人就已经在自己的地图上用经度和纬度来标示方位了。这也使得地理大发现时代的到来成为可能。在茫茫大海中的水手，如果他们能看到北极星，就能确定自己所在的纬度，但要确定经度却要困难得多。当时尚没有任何能确定船在大海中东西方向上位置的方法。因此，航船很容易迷航。但更糟的是，很多航船因此发生了海难。

1707年，一支英国舰队偏离航线100英里，在锡利群岛附近的礁石区触礁，有2 000多人因此失去了生命。如果当时船上的水手知道了舰队的经度的话，这场海难本来是可以避免的。

1714年，英国议会提供了20 000英镑（在当时是一笔非常大的资金）作为奖励能发现测定经度方法的任何人。这是一个迫切需要这种技术的大航海时代。而在当时的条件下，要找到一种确定经度的方法，被认为是一项最重要的科学挑战。

天文学家们搜寻着天空，想从中找到解决的办法。一位名为约翰·哈里森（John Harrison）的英国钟表匠，也在另辟蹊径。他知道，海员无论身置何处，都能通过对中午时分太阳的测量来确定自己当地的时间。如果能将当地的“太阳时间”与在英格兰的时间相比较的话，就能计算出当地的经度了。但是，他们如何知道英格兰的时间呢？

这可能比你想象的更为困难。水手们需要精确到秒的英格兰时间，而当时最好的钟表的误差也都达到或超过了分，这样算得的经度误差可能达许多英里。

哈里森解决了这个问题，但却不是那么容易。要想知道关于这一传奇故事的详细情节，请阅读由路易丝·博登（Louise Borden）所写的《海洋之钟：经度的故事》，这是一本适宜青少年阅读的图文并茂的书。此外还有达瓦·索贝尔（Dava Sobel）所写的《经度》一书。特别是它的插图版，更是引人入胜。

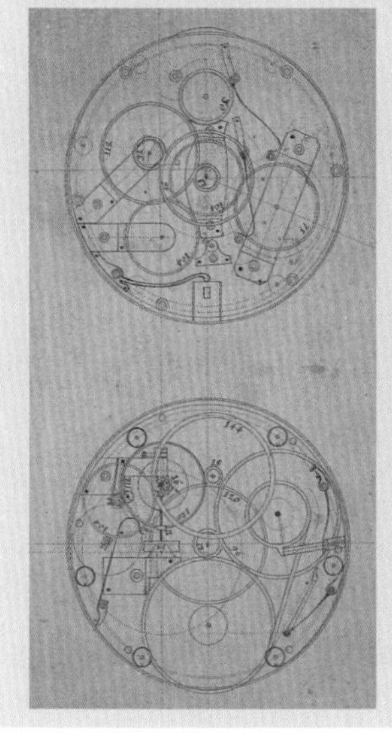

图中所示的约翰·哈里森发明的经度计时器（亦称H4）拯救了大量海员的生命。最左边的是哈里森自己的设计图。

罗默相信，他能精确地预报这一时间。食现象的发生具有堪称完美的规律性。笛卡儿曾说过光是瞬时的。因此，木卫一的食现象规律应该是很容易列成时间表的。但令罗默惊奇的是，木卫一进入阴影区后至再出现的时间是一直变化的。他通过观测发现，在6个月的期间段内，这一差异达到了22分钟（现代测量结果表明，这一最大滞后时间接近于16.5分钟。详见本书第197页）。经过一次又一次的测量，每一次测量都使罗默更加坚信自己发现的结果。罗默对产生这种差异的原因进行了深入的思考。一天，他突然想到了其原因所在。我们可以想见当时他可能也像古希腊数学家阿基米德那样，在这一重大突破的时刻高喊“尤利卡”了吧！

被遮住光芒的惠更斯

和伟大的艾萨克·牛顿生活在同一个时期，也许是克里斯蒂安·惠更斯命运中的最大不幸。惠更斯是一个伟大的科学家，他在天文学上也做出了惊人的成绩。在有史以来的科学家当中，他也应是一颗耀眼的明星了。但更耀眼的牛顿的光芒掩盖了惠更斯的智慧之光。

克里斯蒂安·惠更斯（1629—1695）将光描绘成了波。但牛顿却认为光是类似子弹那样的微小粒子。到底谁是正确的?

牛顿认为光是以如同子弹那样的极微小的粒子的形式存在的。“（光是）大量不同尺度却小得无法想象的小粒子，从发光的物体上弹跳出来，在很长的距离上一个接一个地排列着”，牛顿如是说。

惠更斯（还有牛顿树起的敌人罗伯特·胡克）却认为，光不是粒子，而应是如同涟漪那样起伏的波，它与声波、海波更为相像。但对波来讲，是一定要有介质或物质的存在才能传播的。那么，光传播的介质是什么呢?

笛卡儿曾经说过，宇宙中充满了一种被称为“以太”的介质。惠更斯据此认为，当这种以太发生振动时，光波就产生了。

牛顿坚持认为光就是粒子，并对惠更斯的理论发起了攻击。

这两种观点都是非常重要的。那么，光到底是粒子还是波呢？请记住这一问题。人们对光的本性的争论一直要持续到20世纪，还在继续。至于以太，它到底是否存在呢？这也是一个待解之谜。

就在这时，罗默萌发了一个伟大的想法：如果诚如伟大的笛卡儿所说的那样，光是瞬时传播的，那么，木卫一的食现象就应该是在同一时间开始的。但观察到的事实却不是这样的：当地球和木星在轨道上相互靠近时，食现象将会提前发生；而当地球和木星在轨道上相互远离时，食现象的发生则又会滞后。由此，罗默发现木星处在遥远位置时，来自木卫一的光到达地球的时刻将会滞后。这意味着光不是瞬时传播的，亦即是需要时间的。那么，它就应具有可测量的速度。

但接下来的问题是如何测量光速呢？罗默回忆起了伽利略测定光速的实验。于是，他将地球和木星视作相距遥远的两座小山，然后将从木卫一上发出的光视作伽利略实验中的灯光。他由此测到的光速比现代技术测得的慢。但若考虑到他当时使用的仪器，结果还是值得称道的。

在罗默的这一具有突破性意义的实验后11年，牛顿出版了他著名的《原理》一书。但牛顿对报道罗默这一实验的新闻不屑一顾。其他人也是这样，几乎无人问津。但有一个人例外，他就是克里斯蒂安·惠更斯。惠更斯是一位荷兰科学家。当时，荷兰正处于科学的“黄金时期”。惠更斯

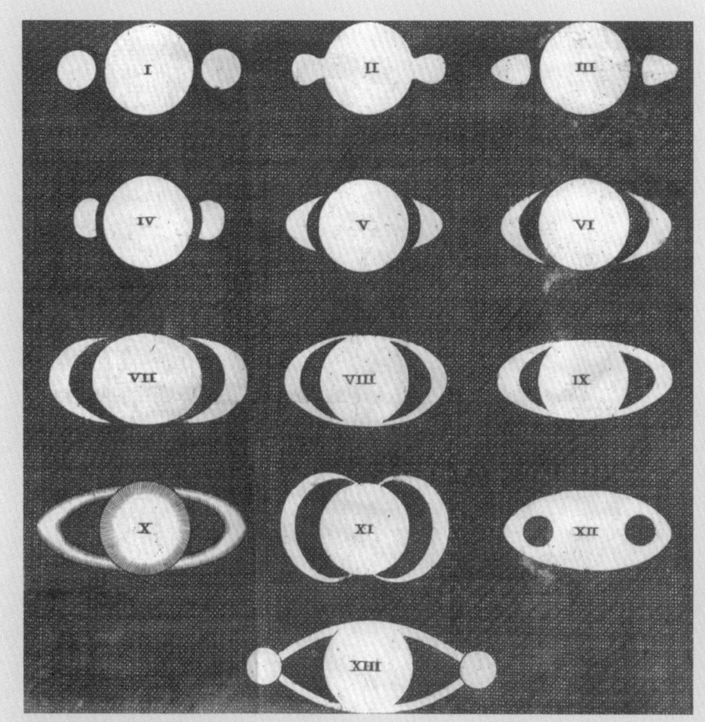

通过第一架望远镜，天文学家用迷惑的眼光看着土星。他们看到了轨道、耳朵、“括号”“弧”“圈”等其他奇形怪状的形状（如左图所示）。但这些都是不准确的。1659 年，惠更斯发现了绕土星的宽圆环。“卡西尼”号太空飞船（下图所示为艺术家的想象图）载着惠更斯号探测器，用紫外线拍下了土星光环的近照（见底图）。

解开土星之谜

时光如果返回到 1601 年，伽利略通过望远镜看到了土星奇异的形状如上图中的 I 所示。其他天文学家在随后多年中观察到的土星形状也是因人或仪器的水平而异的（见上图中的 II 到 XIII）。有时还被看成是和其他的行星一样，是一个平面的圆。无人能够看到或想象得出它真实的样子。

后来，克里斯蒂安·惠更斯在哲学家本尼迪克·德－斯宾诺莎（Benedict de Spinoza）的帮助下，发明了一种更好的磨制透镜的方法。他使用这种方法磨制出的透镜制造出了一架望远镜，其透镜的焦距为 7 米。1659 年，惠更斯成为第一位利用望远镜清晰地观测土星光环的科学家。由此，他使天文学获得了观念上的飞跃：他发现土星光环图是变化的。这是因为我们是从不同的角度观察土星的。当地球位于土星轨道平面之上或之下时，我们看到的光环的形状宽而丰满；在同一平面上时，光环侧对地球，我们看到的光环则因太细而难以看到。

惠更斯还发现了土星最大的卫星，即泰坦星（Titan）。2005 年，用惠更斯的名字命名的一台探测器成为第一个进入泰坦大气层的人造仪器。

政府支持科学是好主意吗?

1645年，一群具有科学头脑且热衷于探索科学奥秘的英国人自发创建了一个非正式的俱乐部。罗伯特·玻意耳、克里斯托弗·雷恩、约翰·威尔金斯及罗伯特·胡克等都是其发起人。后来，塞缪尔·佩皮斯成为该俱乐部的负责人，并以日记（后经出版）的形式记录下了当时的情景。这些思想家聚在一起讨论新近的发现，并交流彼此的观点和获有的信息。1662年，这群人收到了国王查理二世颁发的许可证，并将其命名为伦敦皇家学会。克里斯蒂安·惠更斯成为第一批学会的外籍成员之一，并于1663年获得了承认。

后来，艾萨克·牛顿将皇家学会改造成了不只是一个绅士俱乐部的学术团体。科学过去常被人们认为是一种个人孤独的专业，此后开始向团队合作和协调研究方向发展了。

顺便说，皇家学会的座右铭取自诗人贺拉斯（Horace）诗中的句子，其用拉丁文写作：Nullius in Verba。翻译成现代英语，即为 Don't take anyone's word for it，意为“不轻信任何人的话”。

上图中，皇家学会首任会长威廉·布龙克尔（William Brouncker）（左）和弗朗西斯·培根（右）对国王查理二世（柱上的头像）表达敬意。

出生于一个兴旺之家，年幼时非常聪颖，对科学也有着浓厚的兴趣。

他的父亲喜欢称呼他“我的阿基米德”。通过父亲，他见到了笛卡儿、伦勃朗（Rembrandt）等巨匠。1656年，他发明了摆钟；1659年，他由于发现了土星上绕有的“光环”而名噪天下。惠更斯确信罗默的测量光速的方法是有效的，也曾对此作了一些改进。他认为关于这一实验的报道是一个重要的信息，虽然很少人这样认为。

也许是政治和个性因素，阻碍了罗默对光速的进一步研究。在巴黎，罗默只是著名天文学家让-多米尼克·卡西尼的一名助手。卡西尼是一个十分自负且高傲的人，虽然他出生于意大利的佩里纳尔多，但总喜欢在别人面前装作法国人。尽管如此，卡西尼在天文观测上有过很多重大发现，如他发现了土星的光环是双重的，且是由无数的微小颗粒构成的等。

卡西尼还曾测算出太阳和各行星的尺度。这一工作对天文学界造

用“迅捷”来形容都不够

在大多数场合下，我们都认为光在真空中的传播速度为 300 000 千米 / 秒。而在水中、空气中和三棱镜中，光的速度都要稍有减小。

今天，我们根据原子的振动周期来计时，光速的测量已经达到令人难以置信的程度。为了方便，我们用数学符号 c 来表示光速。这一符号来自于拉丁文 celeritas，意为“迅捷”，其准确值等于：297 792.458 千米 / 秒（当我们用 c 来进行计算时，要使用 SI 制单位）。这一速度是非常快的：如果一个物体能以这样的速度运动的话，那么它能在 1 秒内绕着地球的赤道转 8 圈！

当你有机会去哥本哈根时，一定要去参观一下上图中所示的“圆塔”，它是奥利·罗默任职期间科学前沿的中心。罗默在这座塔的塔顶架设了望远镜等各种设备，他也将新的称重系统引进丹麦，引入了格里高利历，发明了温度计。令人称奇的是，他竟然还有时间做哥本哈根的市长、最高法院法官、警察和消防局长。

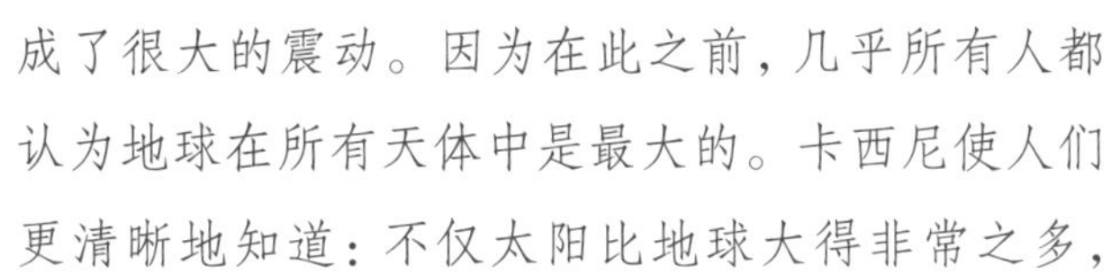

成了很大的震动。因为在此之前，几乎所有人都认为地球在所有天体中是最大的。卡西尼使人们更清晰地知道：不仅太阳比地球大得非常之多，而且木星和土星也比地球大很多。木星是如此之大，以至于它比太阳系中的其他行星之和都大。这一发现的价值不只在于行星的体积，还在于人类的自尊又受到了一次打击。

但卡西尼并非如他自己所认为的那么伟大。他是最后一位反对哥白尼理论的主要天文学家。他一直相信地球是宇宙的中心。另外，他也一直不买罗默那惊人观点的账，甚至在惠更斯给予了证明之后仍是如此。因此卡西尼错失了其在科学史上更浓墨重彩的一笔。

如果光是瞬时传播的，那么当我们观察天空中的恒星时，看到的应是恒星现在的情况。但事实不是这样，光从那里传播到我们这里是需要时间的，这可能需要上百万年甚至更长的时间。因此，我们看到的天上的恒星，实际上是它们在远古时代的情况。

利用木卫一来计时和测速的数学方法

这张明晰的图记录的是4颗伽利略卫星在轨道上随时间旋转的情况。左侧的数字表示白天数，曲线上的点到中心线的距离表示摆动的相对距离，而中心线表示的是木星。图中黄色线表示的是距离木星最远的木卫四，它完成一次轨道运行需要两周多的时间，而橘黄色线表示的木卫一则只要两天时间。

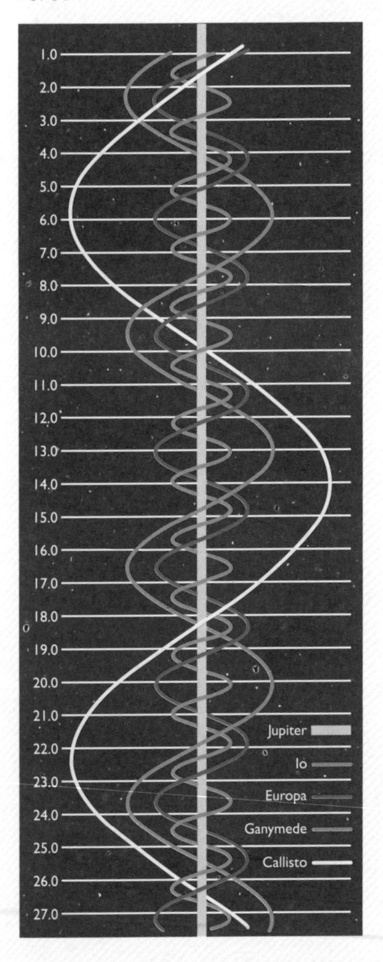

在4颗朱庇特卫星中，木卫一是离木星最近的，因此也是运动得最快的。它绕这颗巨大的行星——木星运动一圈只要48小时28分钟21秒，而且是像精准的钟表那样准确。假如能参照罗默的经度图，远航的水手就能每隔两天确定一下自己的方位。当然，每次都是在木卫一进入木星的阴影区的时候。

但问题是，大多数早期的观测都是在木星明亮地高悬在天空中的夜间进行的。因此这样发生的情况有：

A. 地球和太阳在同一侧（如对面页中的图所示）。

B. 地球位于较远的一侧，这时看到的木星既暗又低，甚至很难看到。

罗默对此进行了艰苦的研究和探索。这也就是他之所以能比其他人更早发现木卫一的食现象滞后的原因所在。

造成前文所述表观上的滞后现象，是因为木星和木卫一发出的光不得不越过地球轨道的直径才到达我们所在的位置。木卫一实际上并没有慢下来，只是它发出的光要经过较长的时间才能到达这里。这就如同我们先看到闪电一段时间后才能听到雷声一样，其实闪电和雷声是同时发出的。

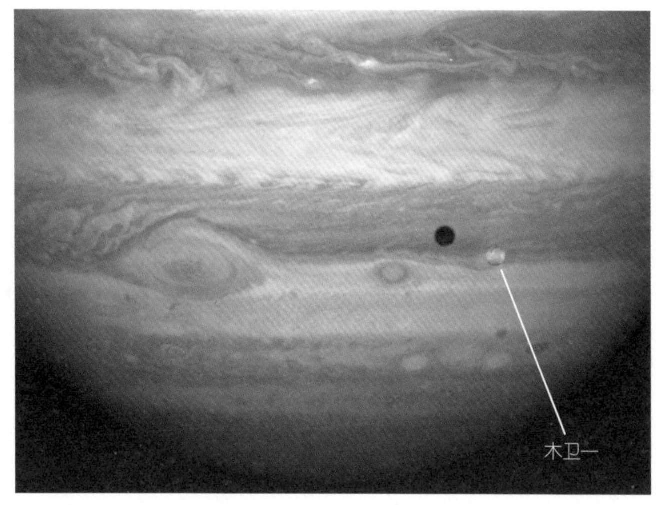

即使在这一由太空探测器近距离拍摄的照片上，木卫一也不过是一个模糊的斑点。但它的阴影将它暴露无遗。木卫一虽小，但它比月球稍大。对木星这颗太阳系中最大的行星而言，其他所有的旅行伙伴都成了小不点。

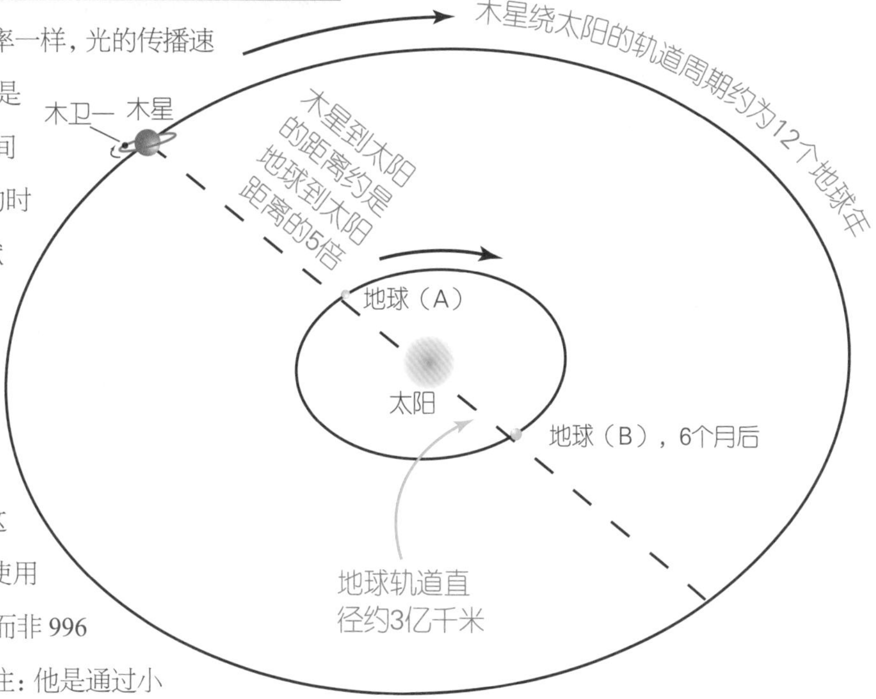

和其他所有物体的速率一样，光的传播速率同样也是用距离（这时是地球的轨道直径）除以时间（即光穿过这一直径所用的时间）的方法得出的。罗默没有这两者的准确数据。虽然卡西尼曾经用估算给出了一个地球轨道直径的近似值，其约为2.92亿千米。而对于光穿越这一距离所需的时间，罗默使用的是1 320秒（22分钟），而非996秒（16分钟36秒）。请记住：他是通过小型望远镜来观察较低且昏暗的木星以及类似小黑点的卫星的。用这种稍短的距离除以较长的时间，故他测得的光速值偏小。

木星绕太阳的轨道周期约为12个地球年
木卫一 木星
木星到太阳的距离约是地球到太阳距离的5倍
地球（A）
太阳
地球（B），6个月后
地球轨道直径约3亿千米

现在，我们掌握了所有这些数据的准确值：地球轨道的平均直径约为3亿千米，光穿越它的时间为996秒至1 000秒。这是一个非常容易进行除法计算的数字。这时你算得的光速是多大？用时间除这个距离，你将得到一个大致正确的数值。但实际计算并非如此简单。木星和木卫一都是在运动着的，且地球的轨道又是椭圆，此外还有其他天文学因素的挑战。凡此种种，罗默的壮举给世人留下了极为深刻的印象。

什么是物质？谈谈元素与炼金术

我们站在元素上，我们吃的是元素，我们自身就是元素的结合体。正因为我们的大脑也是由元素构成的，所以我们的观点从某种意义上来讲也是元素的特质。

——P. W. 阿特金斯（P. W. Atkins，1940—），英国化学教授，《周期性王国》

科学的本质是：问一个不恰当的问题，于是走上了通往恰当答案的道路。

——雅各布·布罗诺夫斯基（Jocob Bronowski，1908—1974），波兰裔英国数学家，《人类的攀升》

埃及人多个世纪以来练就了防腐、染色、玻璃制造和冶金等多个方面的技能……沉浸在古希腊哲学中的埃及人，凭借着扎实的实用化学的功底，似乎人性使然地尝试着探寻制造金子的办法。

——理查德·莫里斯（Richard Morris，1939—2003），美国物理学家和作家，《最后的巫师》

亚里士多德认为，地球上的所有东西都是由4种元素构成的。这4种元素分别是土、空气、火和水。现在，我们也认为，所有的物体都是由一些基本的物质构成的。这些基本的物质我们依然称之为元素（element），差别只是在于古希腊人选错了种类，但古希腊人的思想已经打开了搜寻的起点。

元素：是原子序数相同的原子，即原子核中具有相同数量的质子（带正电的粒子）。如氢核中有1个质子，铁核中有26个质子，铀核中有92个质子等。

现在，有着科学思想的人类已经发现并明确了100多种元素。它们是如何被发现的呢？

开始时，人们必须假设（hypothesis）元素是存在的，但其数量一定是远超过古希腊人所认为的4种。那么，我们应从何处开始找起呢？

回忆并记住：假设是一种在观察和数据的基础上形成的可被验证的观点。一种科学理论不仅仅是一种观点，它们必须能解释已知的事实。当有新的事实出现时，这种理论可能又被证明是错误的。

很长时期以来，几乎无人去思考这些问题。因为地球上的几乎

“炼金术”一词的由来

“炼金术”一词是古希腊语经由阿拉伯人传下来的。其英文 alchemy 的词根用希腊字母可写为 χ η μ ε ι α。其第一个希腊字母 χ 在英语中通常作为 chi，但其发音不像 chair 的开头。在阿拉伯语中，加上的 al 表示 the 之意。希腊语中还有一个相关的动词 χ ε ω，其有很多含义：熔化、液化、倾倒、喝、（用模子）塑造等。你能发现炼金术和模具成型之间的联系吗？

所有人都相信土、空气、火和水是构成世间万物的基本元素，没有理由再往深处发掘，去寻找更多的元素。

这种错误的“四元素”理论在人们的思想里流传了两千多年，可谓是根深蒂固。这是在所有时期中延续时期最长的错误理论之一。一些解释使其看起来似乎是符合逻辑的，即使对严谨的实验者也是如此。

如果用金属壶烧水，在将水烧光后，会发现在壶底残留了一些土一样的物质。这似乎可以证明土是可以由水产生的。

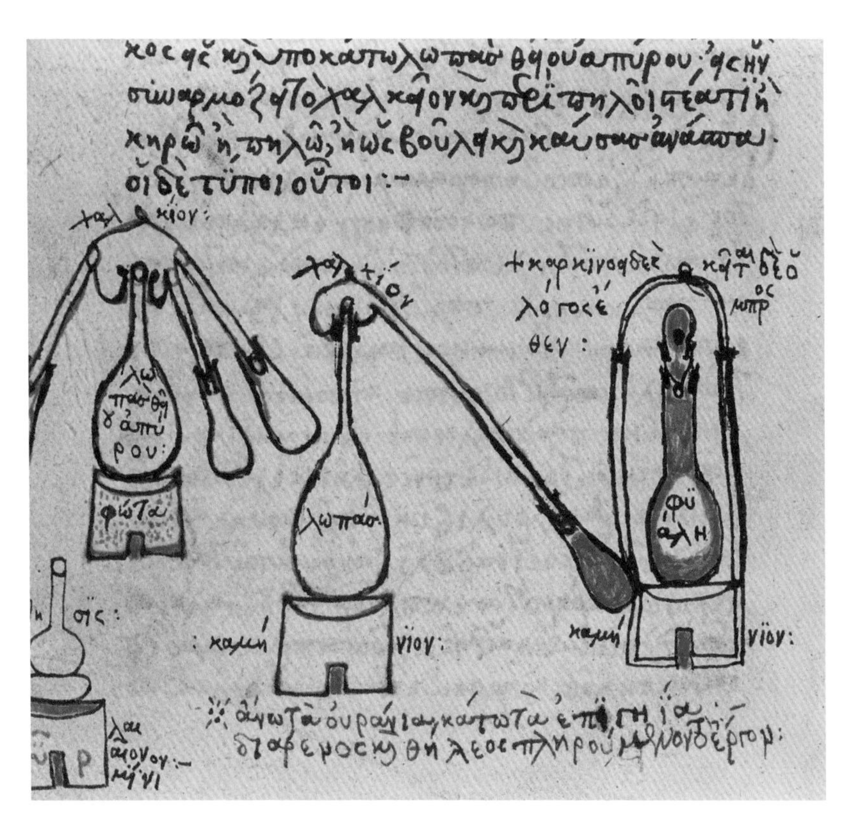

炼金术士们的实验室中总是要配备蒸馏设备的。左图所示即为古书中所绘的设备图（16 世纪书中的复印品，原图已散失）。蒸馏就是要将液体加热至沸腾。这种做法可以收集蒸汽并再使之液化成纯净的液体，从而达到将其与矿物质或其他颗粒分离的目的。这也是一种通过将水蒸发出去而浓缩某种液体的方法。这些操作指南写于 3 世纪，作者是帕诺波利斯的索西莫斯（Zosimos）及其妹妹——提奥塞贝雅（Theosebeia），她也是一位讲希腊语的埃及人。

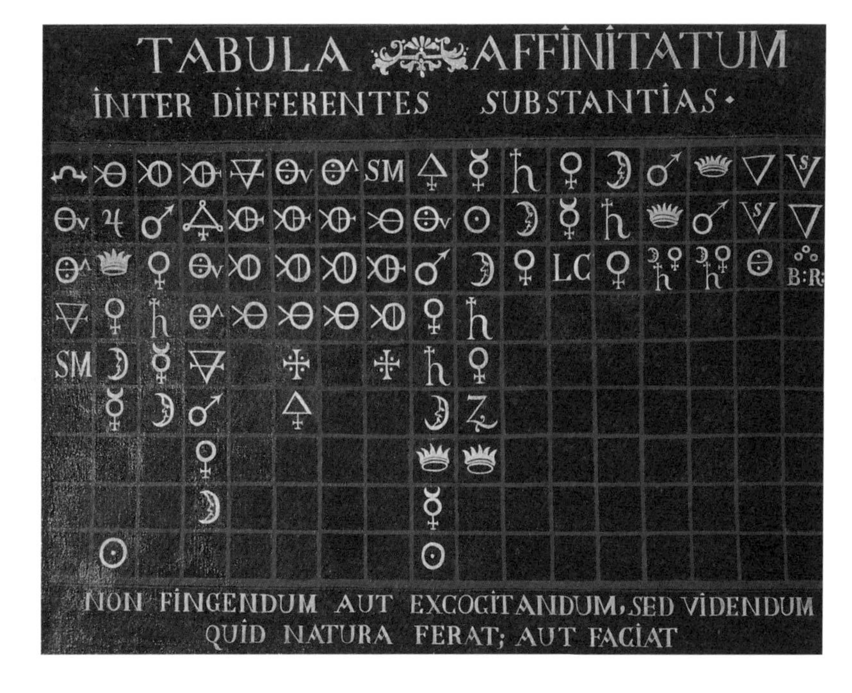

在炼金的过程中，大多数炼金术士都希望得到丰厚的回报。他们通常用符号而不是用文字来记录，以保守他们发现的秘密。右图所示是一张化学物质清单，题目为“不同物质间的亲和力表”。这张表曾属于一位意大利北部的托斯卡纳大公。注意其中第二排第四个的三角形符号，它表示的就是燃素。这张表是由 18 世纪时瑞典的一位名为托尔贝恩·奥洛夫·贝里曼（Torbern Olof Bergman）的化学家编制的。

在古人的眼中，第一位化学家应该是从地上取一块矿石，通过将它熔化并提炼出金属的人。这一观点演化成了炼金术士：他们试图将诸如铅等普通的金属炼成金那样昂贵的金属。现在我们知道这些都是痴心妄想，但当时很多的炼金术实验者都是严谨的思想家，他们从中发现了未曾预料到且有价值的东西。

几乎每个人都认为，物质在燃烧的过程中会释放出火元素。取一段木柴，将其点燃。这样的话你就可以得到火焰和烟，最终剩下的就是一点灰烬了。这时，木柴的主体部分去哪里了？在尝试回答这个问题的过程中，自然哲学家们开始认为，在所有的物体中一定存在着一种看不见的，但却真实存在的物质，它在燃烧的过程中以火焰的形式呈现了出来。他们将这种物质称为燃素（phlogiston），或称之为火元素。因为几乎所有的哲学家都是这么认为的，因此在学校的课堂上也都是这么教的。

在相当长的时期内，燃素理论引导着科学家的研究通往错误的方向，但他们对此却是一无所知。即使那些对此观点存疑的人也没有好的工具来验证。当时进行精确测量的设备尚未问世，而测量是开展深入研究的重要基础。

那些试图找出物质的本质的科学家们对普通物质的构成毫无概念。地壳中的 3 种含量最高的元素——氧、硅、铝，在当时却并不为人所知。

当时，化学尚未成为一门科学。人们所感兴趣的就是炼金术。而在炼金术的方法论中，部分是废话，部分是一厢情愿的想法，当然，还有部分是严谨的科学。炼金术的想法发源于古希腊的亚历山大和阿拉伯世界。阿拉伯最伟大的炼金术士当数贾比尔·伊本·哈扬（Jābir ibn Hayyan，约721—815）。欧洲人都称呼他为格柏。

贾比尔一直在进行着改变物质本质的研究，并为之呕心沥血。直到他那时，世界上最强的酸就是食醋。他通过对食醋的蒸馏浓缩，得到酸性更强、质地更纯的醋酸样本，并发现用它可以使物质发生化学变化。在此之前，人们普遍认为加热是引起化学变化的唯一方法。因为贾比尔的工作，实验学家们又开辟了新的工作领域。

后来，一位名叫安德烈亚斯·利博（Andreas Libau）的德国炼金术士［人们通常叫他利巴菲乌斯（Libavius）］，于1597年写了一本名为《炼金术》的教科书。在书中，他为诸如盐酸、硫酸和硝酸等强酸的配制给出了清晰的指导。这些酸性极强的酸，每一种都具有“吃掉”重金属的能力。这不由得人们去想：既然金属能被消灭的话，为什么就不能创生出新金属呢？炼金术士的逻辑就是诸如此类的想法。

为什么不能呢？只要相信世上万物都是由4种基本的元素

在几个世纪中，阿拉伯的炼金术士所写的著述都署名贾比尔。其实，最早的一位（如上图所示）生活于8世纪现在的伊拉克境内。14世纪时名为贾比尔（拉丁化的名字）的炼金术士在西班牙获得了很高的声望。

在将近一千年的时间内，炼金术士都常被描写成是在凌乱的实验室中工作的人。6世纪时一位名叫波伊提乌（Boethius）的罗马人所写的书中，就有一幅插图描写了这种情景。在1 000年后，德国青年画家汉斯·霍尔拜因（Hans Holbein）又将这幅画制成了木刻。基于此木刻的版画（见左图）完成于更晚的约18世纪。

构成的，那么用其他物质来炼金就是可能实现的。如果你能找出将地球上的物质正确结合起来的方法，就可以将它们改变成想要的物质了。就是这种观点激励着炼金术士。

“长生不老药”的英文为elixir。其来自希腊文，意为“干燥伤口用的药粉”。炼金术士们用的另一个同义词是panacea，同样来自希腊文，意为“痊愈”。现在这一词的含义为“能解决所有面临问题的办法”。

炼金术士的研究主要集中在两个方向上：一是找到一种东西（这种东西被称作“哲人石”），它能够将一些诸如铁、铅等廉价金属转变成黄金和白银；二是如何提炼出能使人长生不老、青春永驻的物质。

这些目标实在太棒了。你不想将铅转变为黄金吗？如果你不去尝试，你就不会知道是否可能成功。炼金术士们决心要试一下，他们不但真的试了，而且还试了很多年。但金也是一种元素，它是不可能用任何化学方法由别的元素制得的，所以，炼金术士们是注定要失败的。但他们始终没有意识到这一点。

你可能拥有金子，金子也可能控制你。杰勒德·杜（Gerard Dou）于1664年作的画中，从称金子的人的脸上可捕捉到人们对这种金属的渴求和迷恋。

生命能永恒吗？当西班牙探险家庞塞·德莱昂（Ponce de León）于1513年5月发现了佛罗里达时，他也一直在寻找“青春之泉”。其目的也不外乎在寻找一种能永葆青春的物质。这种想法是非常诱人的。当你看到琳琅满目的化妆品广告时，你会诧异地发现我们现在仍在追寻这种物质。

但很多炼金术士是彻头彻尾的骗子。他们特别善于向国王或王子许诺能让他们长寿，从而获取滚滚财富。在对金子渴求的气氛中，很多有天赋的骗子从那些对他们的话信以为真的富人那里骗取了好处。在此类撒弥天大谎的故事中，有很多是荒诞可笑的。作为例子，大家可以查阅意大利卡廖斯特罗伯爵的故事。

在炼金术士中，也不乏严谨的探究者。他们所设计的实验为化学作为一门科学而问世打开了一扇非常有价值的窗户。第谷·布拉赫和索菲·布拉赫兄妹，以及后来的艾萨克·牛顿，都曾是那些孜孜不倦地寻找“哲人石”大军的一员。如对于明明是一些液体或碎土，但有人却把它说成是淡红色的

哦，那该死的对金子的渴望！都是因为它
傻瓜将兴趣投入这两个世界，
先是行将饿死，接着再诅咒它的到来。

——罗伯特·布莱尔（Robert Blair，1699—1746），苏格兰诗人，《坟墓》

炼金术士们认为，世界的构建是二元性的：对所有向上的事物，都存在着向下的事物。兴旺就意味着两者的平衡。在16世纪名为《对立面》的手稿中有上面这幅插图，图中国王和王后代表了男人和女人，太阳和月亮代表了日和夜。龙和星似乎象征着统一的元素。星是“哲人石”的符号。

粉末。却几乎无人认为它实际上就是一块石头。也有人说曾见过它，还有人则相信自己离发现它已经不远了。

特里尔的贝尔纳德（Bernard，1406年出生于意大利）用了自己的终身精力和大量的钱款来炼金。下面的文字是他对自己辛苦劳动的记录：

将一些普通物质，如氨制物盐、松果形盐、萨拉逊盐和金属盐溶化后再凝结，然后将它们放在血液、头发、小便、人类粪便和精液中进行上百次的煅烧……还有其他无数混杂物，到38岁时我沉湎于此整整十二个年头。

……在我的祈祷文中，我从没忘记恳求上帝赐予我奇思妙想的解决办法。

贝尔纳德矢志不渝地坚持从事这种探索。在他48岁时，他买了2 000个鸡蛋，将它们煮熟后，将蛋白和蛋黄分开，再把它们放到马粪中沤烂。很不幸，并没有出现金子。

当他听说有个威尼斯人用将银子、水银和橄榄油混合的方法制备出了“哲人石”后，就立即动身前往威尼斯。他还在路上的时候，这一消息就已经传到了威尼斯。以讹传讹，这一消息成了一则谣言：贝尔纳德已经深谙炼金术的奥秘了。于是，威尼斯人安排了盛大宴会来欢迎他的到来。贝尔纳德是一个诚实的人，他明确地告诉威尼斯人，自己还没获得炼金术的奇方。但这时，一位威尼斯人偷偷告诉他，自己有炼金术的配方。只要贝尔纳德将一箱金币用热灰埋起来20天，金币的数量就能加倍。贝尔纳德照做了。但20天后再将箱子挖出后，发现里面

“沤烂”的英文是putrefy，意为“腐败”。它的拉丁文词根是putēre，意为“发臭”。对球鞋发出的臭味不能用这一词，而要用putrid。

酸碱性是怎么一回事?

如果有朋友问你，酸与碱天差地别的原因是什么。你会发现，对于这个问题的回答，也许单单用一个“氢”字最是贴切。这就是表征酸碱性的 pH 时的那个 H。你可能还要加上一句：“这是宇宙中最丰富的元素！”但如果你的这位朋友是一位好奇心强的人，那么你就必须准备作更深层次探究的准备。开始使用另一个词：离子。它是一种失去或获得电子的原子或分子，使其变得带有正电荷或负电荷了。

为了让你的解释更加通俗易懂，可以给你的朋友一些提示：水分子的化学符号是 H_2O，即其是由两个氢原子和一个氧原子构成的。这时可进入下一步：如果你在水中加入某种其他物质，一些 H_2O 就会随之发生变化。若这种物质是一种酸，则水溶液中会由此产生很多氢离子，即带有正电荷的氢离子（H^+）。而若这种物质是一种碱，则会产生很多带有负电荷的氢 - 氧对，亦即氢氧根离子（OH^-）。又若加入的是既非酸也非碱的中性物质，则产生的氢离子和氢氧根离子是平衡的。事实上，如果你将酸和碱放到一起的话，它们就相互中和了。你可用老陈醋和小苏打试一下。

这些小小的离子所造成的酸和碱间的差异是很令人惊奇的。下表中列出了一些基于化学性质区分酸和碱的方法。

酸

·酸的味道是酸的（如柠檬汁的味道等）。但要明白：很多酸对身体是有害的，一定不要用口尝！

·酸通常都没有滑感。

·强酸具有较大的腐蚀性，对金属物品的破坏性较大。

·酸能使广泛试纸变红色。

·一些酸和碱反应后生成盐。

·酸的 pH（可表明氢离子、氢氧根离子含量）小于 7（7 为中性值）。

·酸产生质子（如同 H^+）并吸收电子（带负电的粒子）。

碱

·碱（如小苏打等）的味道有的是咸的，也有的是苦的。也要明白：很多碱对身体是有害的甚至是致命的，一定不要用口尝！

·碱通常都有滑感（如肥皂等）。

·强碱具有较大的腐蚀性，对人体组织破坏性较大。

·碱能使广泛试纸变蓝色。

·一些碱和酸反应后生成盐。

·碱的 pH 大于 7。

·碱产生电子（如同在 OH^- 中的）并可吸收质子（带正电的氢原子，H^+）。

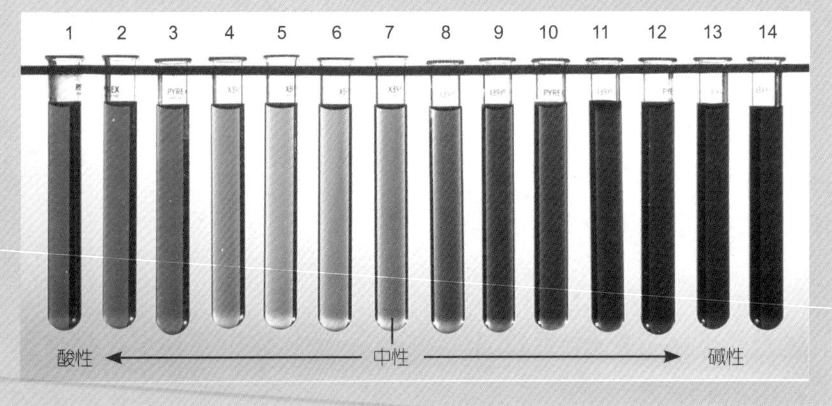

用 pH 可表示出液体中的氢离子（H^+）的数量多少。pH 为 7 的液体（中间的）是中性的，如水，其既不呈酸性，也不呈碱性。

竟然空空如也，连原来的金子也消失了！贝尔纳德在84岁时死于罗得岛，死前还一直执迷不悟地从事着他的炼金术研究。

弗朗西斯·培根对大多数宣称研究科学的“自然哲学家”都是嗤之以鼻的。培根认为他们都是基于一种旧观念，他说道：“所有现在被接受的自然哲学，要么是古希腊哲学，要么是炼金术……是由一些庸俗的观察或一些不入流的高炉实验综合而得到的。一些不停息地组合造词，另一些不停息地组合造金子。”他坚持认为实验（他将其称为“判决性事例”）应能区分开真与假。

在北美洲，哈佛大学1646年的学生乔治·斯塔基（George Starkey）对在那里的学习深感沮丧。他认为那些教授们都不知道自己在做什么。他责骂哈佛大学的自然哲学课程是“完全腐朽”了的课程。为什么哈佛大学的教师对炼金术如此的不热心？于是，斯塔基用笔名艾瑞纳斯·费莱利西斯（Eirenaeus Philalethes，意为“平和的真理拥护者”）写了一本关于炼金术的书，意图是要通过“史上最直白的表述”告诉人们内藏的玄机。他决定去发现那种令人费尽心机都不可得的“哲人石”。艾萨克·牛顿也是他的这本书的读者之一。

半个世纪后，在德国，出了个约翰·弗里德里希·伯格（Johann Friedrich Böttger，1682—1719），他夸耀自己可以制造出金子。国王奥古斯都二世（Augustus II，被称为“强人奥古斯都”，是波兰和德国几个

炼金术真能实现吗？

感谢化学家玛丽·居里（Marie Curie）在1900年前后完成的实验，我们知道了一种元素可以经过放射性衰变自然蜕变而成为另一种元素。具有92个质子的铀元素经过向外放出带正电的粒子后，原子核“收缩”成为只具有82个质子的原子核了，这也意味着它衰变成了铅元素。

那么，如果有人将炼金术比作人工嬗变，你觉得这靠谱吗？这种类比显然不合适，“元素不能通过化学变化的形式进行改变”的观点仍然是正确的。用核反应的方法来改变元素本身，对此我们已经进行了近一个世纪。科学家已经能够将铅转变为金了（还有其他元素的转变），但改变原子核的反应的成本是非常高昂的，还要面临技术上的挑战。从矿石中提取金，仍然是既廉价又方便的选择。

城邦国的统治者）相信了伯格的话。但这位贪婪的国王却将他关在了地牢中，并命令这位实验者造出金子，否则将予以重罚。伯格知道自己造不出金子。他设法从那里逃了出来，开始了流亡国外的生活。后来，国王的卫兵捕获了伯格，并逼迫他要抓紧实验。国王奥古斯都为他建造了一座实验室，并对研究给予了资金上的支持。它获得了回报，但不是按国王预想的方式。

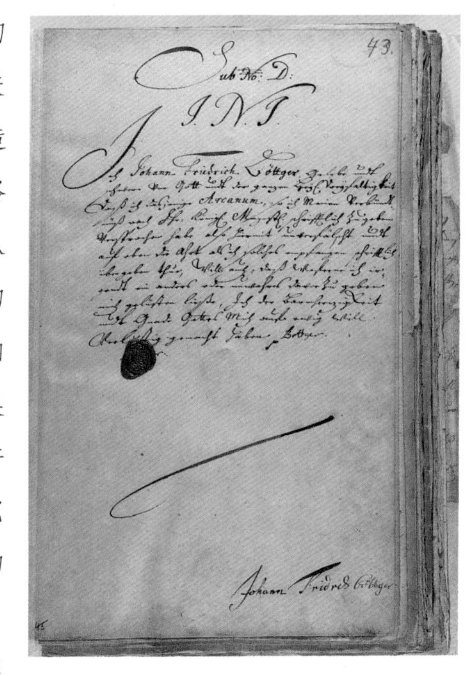
43.
Sub No: D:
I. N. I.
Johann Friedrich Böttger

你是否也会经不起这种诱惑。约翰·弗里德里希·伯格因为吹牛而付出了生命的代价：在右图所示的这封信中，他许诺能给予波兰国王奥古斯都二世点石成金的奥秘。

通过研究，伯格虽然没能造出金子，却发现了一种制造精美而昂贵的陶瓷的方法，这曾是中国人保守多年的秘密。富有的欧洲人愿意花巨资购置高贵优雅的瓷器。从这一点看，应该感谢伯格（以及德国的艺术家们）。德累斯顿的工人们立即开始生产这种优美细腻的瓷器。它们为国王奥古斯都带来了意想不到的财富。这也相当于伯格将泥土变成了另一种黄金。他从没制造出那种闪光的金属，国王也从没停止对他施压。但伯格这位被国王关在实验室中的囚犯，却在绝望中拼命地尝试取悦国王，在实验中将各种奇怪的化学物质混合在一起。在37岁时，他就出现了抽筋痉挛的症状，并

［欧洲瓷器］的发明应归功于一位炼金术士，或一位假冒的炼金术士。他向很多人说他能造出金子。波兰的国王和其他人一样相信了他。为了保证他能造出金子，国王让他在距德累斯顿3英里的柯尼斯泰恩城堡完成他的承诺。在那里，他没能造出金子……但却发明了制造明亮易碎的瓷器的方法。从某种意义上说他确实制造了黄金，因为大量出售用这种瓷制作的器皿也能为国家带来滚滚的财源。

——巴龙·卡尔·路德维希·冯·珀尔尼茨（Baron Carl Ludwig von Poellnitz，1692—1775），《回忆录》

“幽默”不光指玩笑

在伯格将泥土变成陶瓷的相近时期，荷兰一位名为弗兰兹·德莱勃（Franz Deleboe，1614—1672）的物理学家［我们都知道他的拉丁文名字为弗朗西斯库斯·西尔维厄斯（Franciscus Sylvius）］，当时正在研究唾液和人体消化食物的方式。他认为消化是一个基于发酵的化学变化过程，而不是像研磨那样的机械过程。

古希腊医生希波克拉底（Hippocrates，公元前约460—370）认为存在着4种“体液”（humor，英文意为“幽默”），即血、痰、黄胆汁和黑胆汁，它们的平衡程度决定了人的健康状况。这种“四体液说”和亚里士多德的“四元素说”（即土、空气、火和水）一样，都被人们接受了，几乎无人对此提出疑问。但西尔维厄斯摈弃了“四体液说”，他认为人的健康与否取决于体内的酸碱度是否达到了平衡。这种说法是一大进步。

不停地咳嗽，后来恶化成了发高烧的狂躁症。当时，医生开出的药方是蛇毒。他死后，奥古斯都甚至都没去参加他的葬礼。

除去来自金子的巨大诱惑，炼金术士们还因为对魔法和奇迹的渴望走上了原为贮物间的阁楼。那些把炼金术转变为科学的人，将被称为化学家。现代科学正在酝酿之中，但这绝不是在一夜之间所能完成的。即使在乔治·斯塔基之后一个多世纪的1771年，一位哈佛大学的学生在为自己论文中“用化学方法真的能造出金子吗？”的问题进行答辩时，他仍给出了响亮回答：“能！”

意大利探险家马可·波罗（Marco Polo，约1254—1324）在他的亚洲之旅中，在中国发现了一座有着“独一无二财富”的城市。“在这座名为迪云的城市中生产着碗等瓷器[1]，无论大小，都精美绝伦。别的城市造不出如此美妙的瓷器，故它从这里出口行销全世界。”右图所示的花瓶是中国元代生产的，与马可·波罗旅行的时期相近。

译者注：① 即德化窑瓷器。当时德化称迪云州。

一种元素的故事

磷（P）元素有白色和红色两种颜色的晶体。勃兰特的尿液实验产生了下右图所示的蜡状物质，它能在空气中燃烧并产生有毒的气体。下左图所示的红棕色粉末是无毒性的，因而可用它来制造火柴。红磷是于1845年被发现的（在勃兰特和玻意耳之后），制作的方法是对白磷缓慢地加热。现在，化学家都是从矿物质中（而不再从尿液中）提取磷的。磷酸根，即磷和氧结合后的产物可被用作肥料、洗涤剂和金属防锈的涂料等。

亨尼希·勃兰特（Hennig Brandt）在炼金的过程中发现了一种在当时完全不为人知的元素。你可以称呼勃兰特为炼金术士、早期的化学家、医生、军官、百事通。

勃兰特约于1630年出生于德国的汉堡，和牛顿、莱布尼茨等都是同时期的人物。大约在1669年的一天，他在尝试着从尿液中提取黄金时，意外提取到了一种能在黑暗中发光的蜡状物质。他将其称为磷（“磷”的英文phosphorus原意为“带来光明的人”）。他之所以用这一词，是为了纪念金星。因为这也是古希腊人称呼金星的名字（古希腊的星空观察者发现，每天早晨金星出现时，太阳也将随之很快升起）。

在温度低于35℃的环境中，当磷和空气结合时，会产生怪异的光泽，并能在室温下燃烧起来。勃兰特当时并没有意识到他发现的是一种元素，但却意识到这是一种非常有价值的物质。很快，欧洲就有很多人对磷着了迷。很多绅士愿意出很高的价钱将它买回去，以作为晚会的装饰材料，用它那在黑暗中发光的性质来营造气氛。但生产磷却不是一件容易的事。按勃兰特的方法，每得到1磅磷则需要5 500加

1771年，英格兰德比的约瑟夫·赖特用象征化的眼光绘出了左图所示的画作，其很长的标题为："炼金术士在寻求哲人石的过程中发现了磷，他正在为自己的成功而祈祷。这是古代炼金术士和占星术士的习惯做法。"

仑的尿液。且这些尿液要静置在一个或多个大容器中澄清，直到当中漂着蠕虫为止。这一过程大约需要14至15天。勃兰特蒸馏这些浓缩了的尿液，直到它变成黑色为止，最终可以得到一种透明的蜡状物质。这种物质要保存在水中，以避免它在空气中自燃。

化学家和医生都立即将这种物质描述成能治百病的万灵神药。但他们不知道的是，有些磷单质（如白磷）是有毒的。他们很可能真毒死了一些病人。

在英格兰，罗伯特·玻意耳也对磷着了迷，并对它做了一次又一次的实验。当时大多数的炼金术士都严守自己的秘密，特别是要将成功的经验藏起来。但玻意耳则不同，他将自己通过认真研究而得到的成果用文本的形式写出来，再以论文的形式公开发表。至17世纪末时，已有很多的实验化学家分享过他的知识。

在我们所知道的被称为元素的物质中，有9种是古代就已发现了的。它们分别是：金、银、铜、锡、铁、铅、汞、碳和硫等。中世纪的炼金术士又添加了4种：锑、铋、锌、砷。但当时人们都不知道它们是元素，只是知道这种物质的存在。砷元素是由一位名为艾伯塔斯·马格努斯（Albertus Magnus）的德国牧师于1250年发现的。磷是第二种我们可确认其发现者的元素。

罗伯特·玻意耳——怀疑论者还是傻瓜蛋？

我没有成为文人墨客的雄心：如果我被认为除了自然方面简直很少关注过其他书文，我就会感到很满意了。[后来修改]

——罗伯特·玻意耳（1627—1691），爱尔兰裔英国化学家，《罗伯特·玻意耳的哲学著作》

虽然他成了当时最受人尊敬的科学家，但玻意耳仍保留着他原来和善、谦虚的天性，并谢绝了很多的荣誉……在他的一生中……他将自己收入的一大部分都广泛地用于了慈善性捐助。甚至在去世时，他又将大部分财产捐献给了慈善机构。

——约翰·格里宾（1946—），英国科学作家，《科学家传记》

在爱尔兰出生的罗伯特·玻意耳从小就是一个神童。他除了非常聪明外，还是一个心地善良的人。玻意耳是科克（Cork）伯爵家的第14个孩子。科克伯爵是不列颠爱尔兰最富有的人，他的财富来自于他的机智、技能和婚姻。科克伯爵有着一些在常人看起来很奇怪的观点和想法。例如，他要求他的儿子们不能软弱，因此把他们都被送到一些乡村家庭中去生活。当然，这对罗伯特也不例外。但此后他就再也没有见过妈妈。她在罗伯特3岁那年就不幸去世了，而一年后他才返回到位于爱尔兰的家中。

罗伯特·玻意耳出生于爱尔兰沃特福德的利斯莫尔城堡。他的父亲从探险家沃尔特·雷利（Walter Raleigh）爵士那里购得了这处地产。

玻意耳和他的父亲一起生活了一段时间。在8岁那年，他又再次被送走了。但这一次是去伊顿公学，是当时最好的寄宿学校。这时，他的语言天赋使他已经能读希腊文和拉丁文了。伊顿公学为他提供了良好的教育。但这对罗伯特来说却不是一段美好的时光。无论是否做了错事，学生们经常要受到鞭打的惩罚。玻意耳因此变得口吃，并对拉丁文也有些“失忆”了。

身处同一时期的约翰·奥布里这样描述玻意耳：他身材高挑笔直（约6英尺）；性情温和，注重保持美德；单身，生活俭朴，坚持锻炼；寄居在姐姐罗纳莱芙处。他最大的乐趣就是炼金，时常待在他姐姐的昂贵实验室中忙碌。他还有一些助手（实为徒弟），并且经常资助一些聪明的人。

他12岁那年，父亲让他和一个兄弟跟着一位对科学着迷的老师去欧洲大陆旅行。他们恰在伽利略去世的时候（1642年）来到了佛罗伦萨。年轻的玻意耳对那些老观星者们的争论感到非常有趣，于是他读了伽利略的一些著述。就好像是伽利略在冥冥之中要求他研究自然哲学（即科学）一样，他很自然地接受了这个建议。

当玻意耳返回英格兰时，国家处于政治混乱之中。要求更多民主权利的议员派与拥戴皇权的保皇党争得你死我活。玻意耳家族的大部分成员是拥护国王的，但罗伯特最喜欢的姐姐凯瑟琳（Katherine）却是议员派的。玻意耳试图远离政治，但他就学的牛津大学却是保皇党人的大本营。

就在玻意耳还在欧洲大陆游历时，伽利略的学生埃万杰利斯塔·托里拆利（Evangelista Torricelli）和温琴佐·维维亚尼通过那个著名的实验证明了大气压的存在。但他们不知道（其他人更是一无所知）空气是由多种气体混合而成的（如氧气、氮气等）。当时，没有人对空气和其他气体进行过分析。但玻意耳这时却对空气着了迷。后来，他借助实验的方法，意识到空气中存在着一种气体，它是燃烧和生命所需的基本物质。

与此同时，爱尔兰爆发了叛乱，玻意耳的两个兄弟也在战斗中死去了。科克伯爵的财政来源也断流了。年轻的玻意耳也因此过了几年不安宁的日子。但即使如此，他通过继承父亲地产的丰厚收入仍使自己稳立于富人阶层。这使玻意耳终生衣食无忧，且能做自己想做的任何事。他所选择的人生道路是研究、钻研和学习。

很多人将罗伯特·玻意耳称为最后的炼金术士，也有人将他称为第一位化学家。这两者都正确。他在两个领域中各站一只脚。玻意耳花

钙在火焰检验中所显示的元素特征颜色为橘红色。在火焰中，不同的金属元素发射出不同的色光。

硫酸（H_2SO_4）是一种无色油状液体。绿矾是硫酸亚铁的水合物。它们对金属都具有腐蚀性，且会伤害皮肤，所以不能直接用手接触它们。

费了多年的时间去寻找“哲人石”和长生不老之药。因此，他从不反对炼金术，但一直试图清除掉那些无知的吹牛者。他一直坚定地支持那些“炼金哲学家”，因为他认为这些人和自己一样都是严谨的科学家。

玻意耳称自己为“怀疑论者”，他不轻易接受其他人得出的结论和观点。他分析物质时所使用的一些方法后来成了标准的化学方法。其中之一是火焰分析法。他发现不同的金属在燃烧的火焰中的颜色是不一样的，如铅发出浅蓝色，钠发出橘黄色，铜是浅绿色，钙是橘红色等。所以，他就能利用火焰来确定未知金属是何种元素了。他是在化学中使用科学方法的先驱。另外，他将自己在观察和实验中的发现都记录了下来。

他的工作（方法）很快就派上了用场。欧洲人对新领域的发现以及对金、银等贵金属的寻找让分析员成为紧缺型人才。对这些分析员的要求是能用测试、实验等方法确定所得的金属是真金子还是假金子（很多是黄铁矿冒充的）。当时随着采矿成为欧洲的一种财富的来源，分析技能也成为一种十分需求的技术。分析员经常要进行化学反应，如要利用硝酸钾（俗称“硝石”）、十二水合硫酸铝钾（俗称“明矾”）、七水硫酸亚铁（俗称“绿矾”）等来作为反应物。在还没有真正理解它们性质的情况下，就将这三种化学物质结合后经蒸馏提取，最终就得到了硝酸（人们用它能制成所谓的“最强的水”）。利用硝酸，人们又可以将银和金区分开。这是因为银能溶于硝酸中，而金则不能。

黄铁矿是常见的矿石，人们容易将其与金混淆，故戏称它为“傻瓜金”。其他可以冒充金子的矿石有黄铜矿、磁黄铁矿、白铁矿、黑云母等。

玻意耳被认为是所有这些方面的专家，但他却一直在提炼和细化自己的想法。他已经开始用现在我们使用的方法来定义元素：是不能再细分的基本物质（他将它们描述为“不能再分解的”）。他认为元素应具有“一定的原始性和简单性，或是完美的、未结合的本体”。而且，元素（单

“当然，元素是土、空气、火和水。那么铬是怎么回事？你不会忽略铬吧！”

质）能够经过化合而生成化合物，化合物也能分解成为元素（单质）。那么这样的话，古希腊人所认为的4种元素：土、空气、火和水还能再被认为是元素吗？这是质疑古人提出的所谓“元素”的一大步。一旦有人将这些疑问写到论文中，当别人读到的时候，就肯定会引发人们深入思考。

1657年，玻意耳在牛津大学从事研究工作。他要求自己的助手罗伯特·胡克（牛顿将对此人记恨终生）去制造一台抽气机。胡克就在前人设计的基础上，设计并制造了一台在当时来讲是最好的抽气机。然后，用它将一个巨大容器中几乎所有的空气都抽了出来，由此创造了一个近乎真空的空间。在其中，胡克自同一高度同时释放了一根羽毛和一枚硬币。对那些后来听说过这一实验的人来说，其结果令他们都目瞪口呆（当然，玻意耳和伽利略的鬼魂除外）：羽毛和硬币在下落的各时刻都具有相同的速度和加速度。

下图所示为玻意耳为创造真空而制造的第一台抽气机的详细分解图。这台抽气机是在德国物理学家奥托·冯·居里克（Otto von Guericke）抽气机基础上的改进，罗伯特·胡克也参与了改进工作。

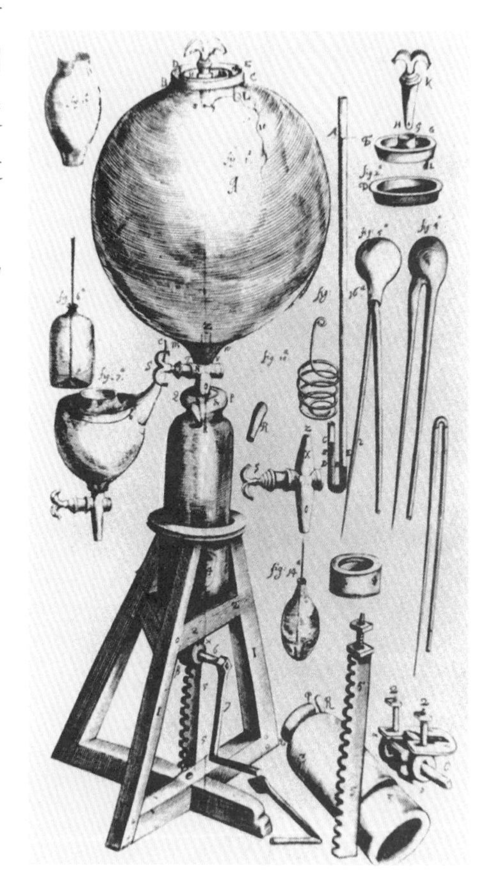

我怀疑普通油状硫酸，并不是像化学家假定的那样可笼统地归入简单液体一类。如果我将其与等量或双倍的松节油混合……再将这种混合物放入一个小玻璃杀菌釜中仔细蒸馏（实验方案是精巧的，但有点危险），我由此获得了[一种物质]，后来发现它是硫。不仅是由于它具有硫的气味，而且也可看到它具有硫黄的颜色。除此之外，将它放到煤上，它可立即被点燃并像硫那样燃烧。

——罗伯特·玻意耳，《怀疑派的化学家》

体积（volume）是表示某一质量的物体占据空间大小的量。类似的说法最早是由艾萨克·牛顿提出的，他在《原理》中写道："若不提及质量（又称之为'物质的数量'），则无法定义体积"。这一点很容易理解，你想要测量的物体必然占据了一定的空间。此后牛顿花费了数年才得出物质密度（density）的计算公式，它是质量和体积的商：

$$\rho=\frac{m}{V}$$ ①

牛顿写道："如果空气的密度和空间都加倍，那么质量要变为原来的 4 倍……这种情况适用于所有物体。"

约在公元 1 世纪时，即玻意耳时期之前很久，亚历山大的希罗即意识到空气是一种物质。他观察了封闭气体受热后压力增大的情况，从而制作了一台如上图所示的蒸汽引擎：火使容器中的水沸腾后，高压蒸汽从球形容器中喷出，从而推动球旋转。这只是一个玩具而已，并非实用的工具。在由奴隶作为主要动力的社会中，机械动力是不会被优先考虑的。

利用这台抽气机进一步实验之后，玻意耳和胡克意识到空气是可以被压缩的，即是可以将其压到一个较小的空间中的。1662 年，罗伯特·玻意耳做了一个著名的实验，证明了在一个较大的容器中压缩空气，若保持空气的温度不变，则空气的体积将会变小，但质量不变。由这一实验结果，玻意耳总结出了一条规律，即现在我们所知的玻意耳定律（Boyle's Law）：**在恒定的温度下，气体的体积与它所受到的压强成反比。**

换句话说，如果你要将气体的体积压缩为原来的一半，那么需要将压强增大为原来的 2 倍；反之亦然。

玻意耳定律非常简单，但却是科学史上的一个非常重要的里程碑。当时并非所有人都认真地看待它，按照塞缪尔·佩皮斯的说法（这位忙碌的伦敦人有坚持写日记的习惯）：当英格兰国王查理二世听说在皇家学会中，有些科学家"从坐下开始，花费的时间都用在了称空气的重量上，其他什么事情都不做"时，禁不住地"捧腹大笑"。

但是也有很多思想家认识到了玻意耳定律的重要性。它至今仍是对气体进行的很多科学研究的基础，因此值得我们记住它。玻意耳当时就宣称，利用这一定律，科学研究有了可依据的规则。他在研究中边思考边实验，同时还要对其中的发现进行认真的记录和分析。他还曾和弗朗西斯·培根进行了交流。培根在写给他的信中告诉他，要仔细地进行科学观察和调查，并坚持记录所发现的一切。玻意耳和培根都对当时尚年幼的牛顿产生了深刻的影响，后者在 1687 年出版了他那伟大的著作《原理》。值得一提的是，是玻意耳帮助埃德蒙·哈雷付清了《原理》出版所需的费用。

玻意耳认识到，在科学上仅有观点是不够的，而证明这些观点才是最根本的。他曾写过一本意义深远的著作《怀疑派的化学家》。他写得如此之好，且文笔优美，故读起来总是使人兴趣盎然。在这本出版于 1661 年的书中，玻意耳借用伽利略使用过的对话形式，也让 3 个人物角色对一些观点进行争论。伽利略采用的

译者注：① 中国教科书中密度符号常用希腊字母 ρ，而国外常用 d。

语气必须要尽量地委婉，他要用辛普利西奥来作为亚里士多德学派的代言人。而玻意耳一点也不温和。他书中的亚里士多德学派的代言人是一个自大的笨蛋。

你也可以将玻意耳称为一个过渡人物。《怀疑派的化学家》这个书名，表明他在质疑中世纪的炼金术士。书中还将化学从医药学中分离了出来，成为一门具有鲜明特征的科学。

玻意耳公开质疑秘密工作的炼金术士。他在1661年的著作《怀疑派的化学家》中，用逻辑和科学的证明，揭穿了所谓超自然的神话。

THE
SCEPTICAL CHYMIST:
OR
CHYMICO-PHYSICAL
Doubts & Paradoxes,
Touching the
SPAGYRIST'S PRINCIPLES
Commonly call'd
HYPOSTATICAL,
As they are wont to be Propos'd and
Defended by the Generality of
ALCHYMISTS.
Whereunto is præmis'd Part of another Difcourfe
relating to the fame Subject.

B Y
The Honourable *ROBERT BOYLE*, Efq;

LONDON,
Printed by *J. Cadwell* for *J. Crooke*, and are to be
Sold at the *Ship* in St. *Paul's* Church-Yard.
MDCLXI.

玻意耳定律引出了科学思想家们的疑问：“如果你能改变空气的体积和形状而不改变它的质量，那么它是由什么构成的呢？”玻意耳认为，空气应该是由微小的“小球”状粒子组成的，这些粒子间有很多空间。这也就是一定质量的气体能从较大的体积压缩到较小的体积内的原因。由这种“小粒子”的观点，他又返回到了古希腊人提出的原子理论上去了。根据他自己提出的定律，玻意耳证明了空气是具有弹性的，并将这一性质称为“空气弹簧”。

现在我们说的原子并非是古希腊人所说的不可分割的粒子，它们仍可再分割。其内部大部分是空的，还有更加微小的亚原子。

大多数人对此都不太注意，因为他们没有机会去看到这些微小的粒子或所谓的原子。但在当时的瑞士，一位名为丹尼尔·伯努利（Daniel Bernoulli）的年轻数学家在读过玻意尔的著作后，却对这些小粒子格外重视。

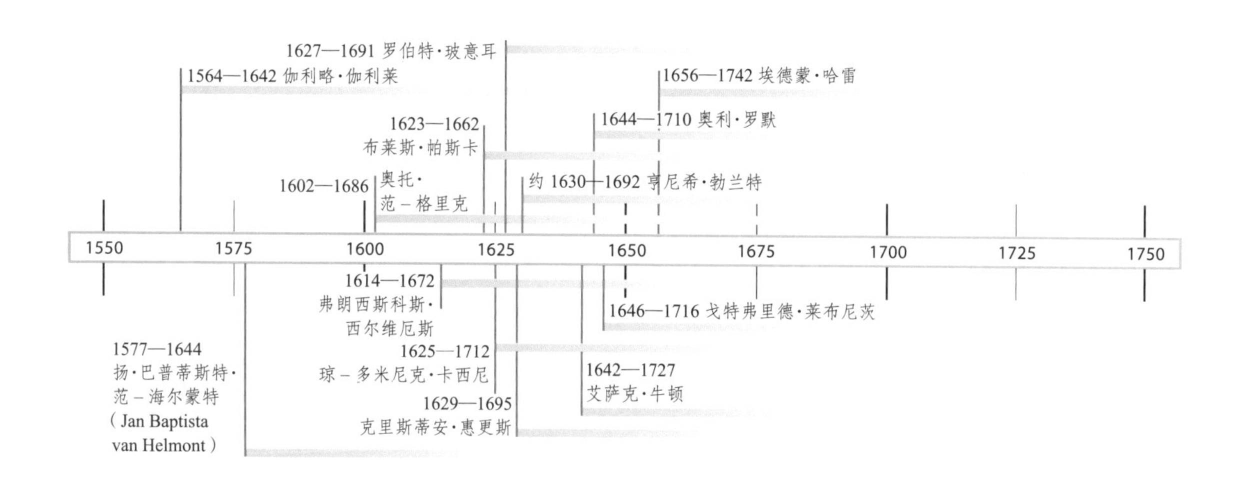

空气是某种物质还是一无所有？

这幅托里拆利的实验图显示，无论玻璃管是竖直的还是倾斜的，水银的高度都保持不变。

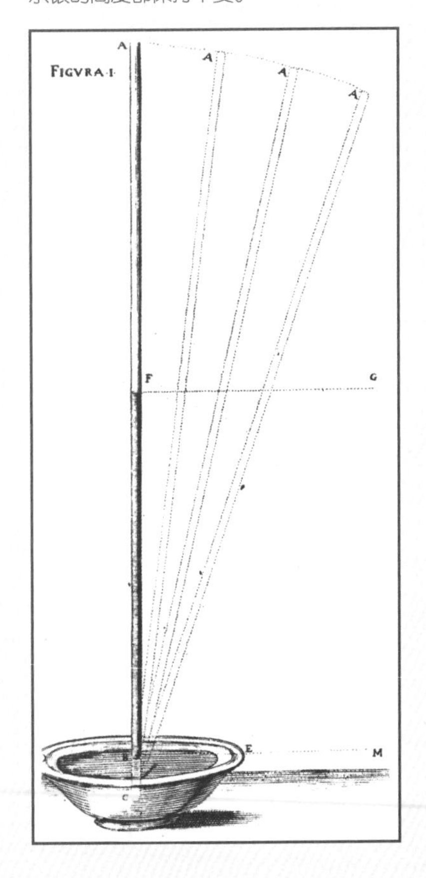

虽然是看不见的，但空气好像就在那里。它是某种物质吗？古希腊人认为，空气是 4 种元素之一，因此它应该算是一种物质。亚里士多德还说过，空气是没有重量（现在称为重力）的。如果没有重量，它就不可能对其他的物体施加压力。在伽利略时期之前，几乎没有人愿意伤脑筋地认为空气是某种物质，而简单地判断它为一无所有。伽利略猜测，空气应该是有质量的，也能对其他物体施加压力。但他对这一说法并不确定。

伽利略鼓励他的两个学生埃万杰利斯塔·托里拆利和温琴佐·维维亚尼做一些有关空气的实验。

约在 1643 年，他们在一根一端封闭、开口向上的长玻璃管中灌满了水银（汞）。他们之所以选择水银，是因为水银单位体积的质量较大，因而用少量的水银和较小的玻璃管即可进行实验了。

托里拆利用一只手的拇指堵住玻璃管的开口处，然后将其倒立过来，将开口处置于一个水银碗中后轻轻移开拇指。这时就有一些水银流出来了，同时在封闭的玻璃管的顶端形成了一段真空。为什么水银没有全部都从管中流出来？维维亚尼和托里拆利推断，压在碗中水银面上的空气质量，应与仍留在玻璃管中的水银质量实现了一种平衡（更准确地说，是两者的压强保持相等）。这一事实证明，空气是具有质量的。他们的实验结论是正确的，从而也证明亚里士多德的观点是错误的。

托里拆利是一位非常优秀的科学家。他一直坚持观察着玻璃管中水银柱的高度。由此他发现水银柱的高度每天都稍有不同，即它是在变化着的。据此他猜测大气产生的压强在不同的时刻是不同的（这种想法是正确的）。其实，他已经发明了第一个气压计。用这种气压计测量得到的大气压的数值，也是预报天气的线索之一。

在当时的法国，有一位名为布莱斯·帕斯卡的年轻哲学家（他也是勒内·笛卡儿的朋友）。他在听说了这些实验后，便猜测在海平面处的大气压的值应比在高山上的大。

当时，帕斯卡的身体状况很差，因此他请求自己妻子的兄弟和一些朋友为自己做一个实验。

他们取来两根玻璃管、两个碗以及约 7 千克的水银。用托里拆利的方法，他们先测量了山脚下的大气压值，当时玻璃管中的水银柱升高至 67 厘米①。然后，他们又向上攀爬了约 900 米，用同一方法做实验，这时水银柱只升高至 59 厘米。

这一实验证明了帕斯卡“海平面处的大气压比高山上的大气压大”的猜想。同时也证明了：空气是有质量的。为什么呢？因为地球上任一点的大气压，都是由其上方的空气柱的重力引起的。在海平面处，其上方的空气比高山上的多，能产生的压强也就比高山上的大。

（更多有关空气的内容可参见下一页）

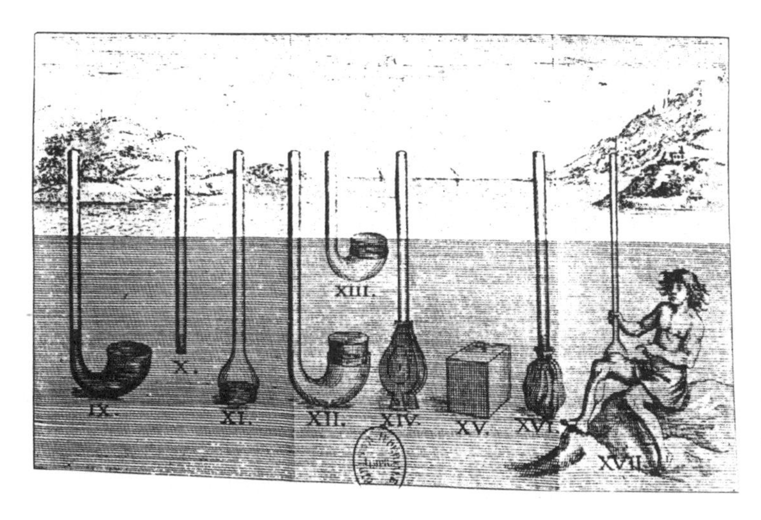

布莱斯·帕斯卡是一位法国数学家。他根据罗伯特·玻意耳书中的“空气弹簧”设计了实验。在他的论文《关于液体的平衡、空气质量产生的重量》中列出了 17 项实验，左图所示为其中部分实验的细部特征。

译者注：① 标准状态下的大气压值应为 76 厘米水银柱高，测量数据相差较大的原因可能是玻璃管上方不是真空。

不要试，危险！

水银（汞）对人体是有毒害作用的，很多科学家在做有水银的实验时身体都受到了伤害。现代对牛顿的一绺头发进行的分析发现，其中的汞含量非常高。这也能部分解析牛顿生前脾气不好的原因：他是汞中毒患者。

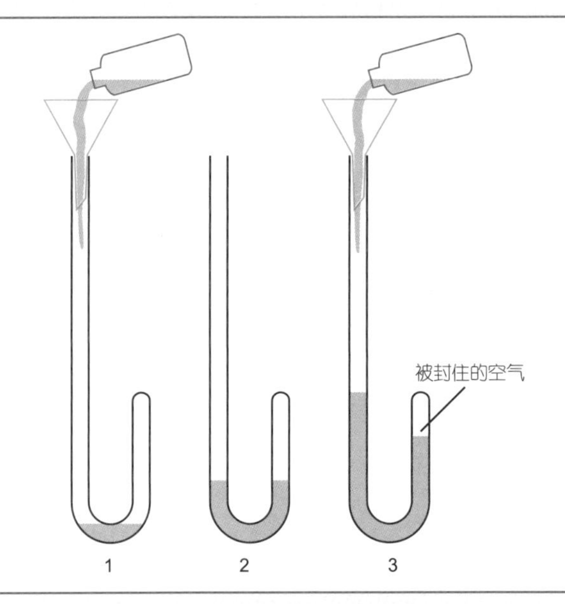

玻意耳曾用一根如左图所示 5 米长的 J 形玻璃管做过一个实验。他将水银从管口注入（见图 1），在管的较短一侧封进了一段空气（见图 2）。当他再注入更多的水银时（见图 3），空气的体积就被以反比例的规律压缩了：两侧水银的高度差加倍，则空气柱的长度减半；而若水银的高度差变成 3 倍时，则空气柱的长度减为原来的三分之一。

把国王的马都用上？

"Humpty Dumpty sat on a wall, Humpty Dumpty..." 是一段训练孩子朗读的英语韵文（原意为"矮子胖子坐在墙上……"）。你可知道它的出处？它可能出自一个吸引了大量德国人眼球的科学实验。关于这个实验的传说，越过了英吉利海峡传到了英国。一些人要向孩子们解释这个实验，竟将其演变成了幼儿园中孩子学语言的韵文了。你认为这种说法有道理吗？

这个实验的操作者是一位具有表演天赋的德国物理学家奥托·范－格里克（Otto van Guericke）。他多才多艺，在荷兰的莱顿大学学习过法律和数学，甚至被任命为德国的马格德堡（又译为"马德堡"）市的市长，主持重建了在"三十年战争"中被毁坏了的城市。

当了市长后，繁忙的工作也没能阻止他对科学的追求。他知道亚里士多德认为真空是不存在的，并说过一句名言："自然害怕真空"。格里克想亲自验证一下这种说法是否正确。1650 年，他决定制作一台抽气机，用抽出容器中空气的方法来尝试获取真空。亚里士多德还说过：如果真空存在的话，那么声音就不能在其中传播。于是，格里克在一个容器中放入了一个小铃铛。当容器中的空气被抽出后，它发出的声音就传不出来了。他由此证明了：自然不怕真空！（亚里士多德，真对不起，真空是存在的。）但亚里士多德关于声音不能在真空中传播的说法是正确的。

格里克的另一个实验是大型的，也是戏剧性的。他邀请了皇帝斐迪南三世来观看他的这次实验。他在高高的观礼台上为皇帝设置了一个豪华的座位，其他人都站在下面。格里克事先用铜铸造了两个能密合在一起的较大的半球壳（如对面页上部的插图所示）。开始演示后，他将这两个半球壳密合在一起形成了一个完整的球壳，并在接口处涂了油以起密封作用。此后，他仍然可以很轻松地用手将它们拉开。

当一位铁匠和一位助手费了很大的力气用抽气机将铜球壳中的空气抽出后，格里克用两匹马（每一侧 1 匹）拉这两个半球，没能拉开后再加两匹，如此进行……最后，用了 16 匹马（每一侧 8 匹）才将它拉开。

左图所示是当年的木刻，描绘的是奥托·范－格里克于1654年进行的验证大气压的半球实验。需要注意的是，图中飘浮在空中的半球是用于显示封闭铜球的构造的，而非像气球那样飘浮起来。

为什么它变得难以拉开了？在将空气抽出之前，他可以毫不费力地将它们分开。抽出气后要用8对马才能将它们拉开，是外部的空气将它们压在一起的吗？答案是肯定的。当格里克在球中制造出真空后，外部的大气压就对球壳施加了压力，而其内部则没有能平衡掉这种压力的气压了。故要用外加的一队马来抵消外部空气的压力。在格里克演示了这一“矮子和胖子”的实验后8年，罗伯特·玻意耳总结出了他那著名的关于压强－体积的定律。

如果是空气施加了压力，那么空气就肯定是一种物质。它是一种怎样的物质呢？在寻找这一答案的过程中，科学家竟意外地进入了原子的领域。玻意耳以学者的方式建立起了理论，而格里克却做了大众化的实验。

玻意耳和胡克改进了格里克的抽气机（见本书第213页）和其他制造真空的仪器。他们把老鼠和鸟放到这种真空环境中后，发现它们都死了！由此他们得到了“鸟和哺乳动物都要通过肺来呼吸空气”的结论。右图所示为作于1768年的画，描绘的是一个具有悬念的时刻：一位演示者的手镇定地放在一个抽出了空气的玻璃容器上，好像在问：“这里面那只白色的小鸟会死吗？”烛光照映着各人脸上的表情：右侧两个女孩的惊恐；她们旁边那个人的思考；左侧男孩的畏惧；另外一对夫妇自顾自的漠不关心等。

图片版权

Grateful acknowledgment is made to the copyright holders credited below. The publisher will be happy to correct any errors or unintentional omissions in the next printing. If an image is not sufficiently identified on the page where it appears, additional information is provided following the picture credit.

Abbreviations for Picture Credits
Picture Agencies and Collections
AR: Art Resource, New York
BAL: Bridgeman Art Library, London, Paris, New York, and Berlin
PR: Photo Researchers, Inc., New York
SPL: Science Photo Library, London
COR: Corbis Corporation, New York, Chicago, and Seattle
GC: Granger Collection, New York
IMHS: Institute and Museum of the History of Science, Florence, Italy
SSPL: Science Museum /Science & Society Picture Library, London
NASA: National Aeronautics and Space Administration
JPL: Jet Propulsion Lab
GSFC: Goddard Space Flight Center
MFSC: Marshall Space Flight Center

Maps
All base maps (unless otherwise noted) were provided by Planetary Visions Limited and are used by permission. Satellite Image Copyright © 1996–2005 Planetary Visions.
PLV: Planetary Visions Limited
SR: Sabine Russ, map conception and research
MA: Marleen Adlerblum, map overlays and design

Illustrators
MA: Marleen Adlerblum (line drawings)
JL: James Lebbad (line drawings)
All timelines and family trees were drawn by Marleen Adlerblum.

Frontmatter
ii: AR; ix: GC; xi: NASA-JPL; xiv: National Gallery, London/AR

Chapter 1
Frontispiece: British Library, London/BAL (Notebook: Arundel 263, folio 28, verso); 2: (top) Erich Lessing/AR; (bottom) Scala/AR; 3: (bottom) Jacques Descloitres, Moderate-Resolution Imaging Spectroradiometer/Land Rapid Response Team, NASA-GSFC; (inset) PLV/SR/MA; 4: (top) Giraudon/AR; (center) Giraudon/AR; (bottom) Erich Lessing/AR; 5: (both) PLV/DLR (German Aerospace Center)/SR/MA; 6: (both) Nicolas Sapieha/AR; 7: (top) Ontario Science Centre; (bottom) Scala/AR; 8: Scala/AR; 9: (top) Scala/AR; (bottom left) Erich Lessing/AR (detail); (bottom right) Scala/AR (detail); 10: Edward Owen/AR; 11: Universitätsbibliothek, Göttingen/Bildarchiv Steffens/BAL; 12: British Library/BAL; 13: Erich Lessing/AR

Chapter 2
14: Scala/AR; 15: Smithsonian Libraries; 16: (top) PLV/SR/MA; (bottom) © Bettmann/COR; 17: (top) Snark/AR; (bottom) Erich Lessing/AR; 18: Erich Lessing/AR; 19: © Dusko Despotovich/COR; 21: Scala/AR; 22: (top) Giraudon/AR; (bottom) Scala/AR; 24: (bottom) © Trustees of the National Gallery/COR; (top) Alinari/AR; 25: (top) Scala/AR; (bottom left) Snark/AR; (bottom right) Erich Lessing/AR; 26: PLV/SR/MA; 27: (both) Scala/AR; 28: Erich Lessing/AR; 29: MA; 30: (left) © Tom Bean/COR; (right) MA; 31: Scala/AR; 32: Alinari/AR; 33: (left) Scala/AR (Ms. B, folio 80, recto); (right) Private Collection/BAL (Leonardo da Vinci, from *Quaderni di Anatomia*, vol. 2, folio 3, verso); 34: (top) AR (*Codex Atlanticus*, folio 9, verso); (bottom) Scala/AR (*"The Vitruvian Man,"* by Leonardo da Vinci; 35: (top) Scala/AR; (bottom) GC

Chapter 3
36: © Philippe Giraud/Good Look/COR; 37: © Wolfgang Kaehler/COR; 38: Scala/AR; 39: Dr. Jeremy Burgess/PR (Copernicus, from *On the Revolutions of the Heavenly Spheres*); 40: New York Public Library/AR; 41: Image Select/AR; 42: © Stefano Bianchetti/COR; 43: Erich Lessing/AR (Bibliothèque Publique et Universitaire, Geneva, Switzerland)

Chapter 4
45: (top) Yann Arthus-Bertrand/COR; (bottom) PLV/SR/MA; 46: New York Public Library/AR (John Clark Ridpath, from *Cyclopaedia of Universal History*, vol. 2, 558, Cincinnati, Jones Bros. Pub., 1885); 47: (top) SPL/PR; (bottom) Ludovic Maisant/COR; 49: (both) GC; 50: M. Kulyk/PR; 51: (left) Keith Kent/PR; (right) NASA-MSFC; 52: Erich Lessing, AR; 53: GC; 54: (top) Gavno-Fonden, estate of Baroness Helle Reedtz-Thott, Næstved, Denmark; (bottom) Bildarchiv Preussischer Kulturbesitz/AR (by George Mack the Elder, 1577); 55: Image Select/AR; 57: Museum of the History of Science, Oxford, U.K.; 58: JL; 59: Biblioteca Nazionale Marciana/Roger-Viollet, Paris/BAL; 60: (both) JL; 61: (both) Peter Lawrence, Selsey, England; Dave Smith, Maldon, England; Ginger Mayfield, Colorado; Geoff Smith, Glasgow, Scotland.

Chapter 5
62: Scala/AR; 63: (top) Sibley Music Library, Eastman School of Music; (bottom) Corpus Christi College, Cambridge University (putative portrait, artist unknown); 64: Folger Shakespeare Library (STC 18856, Abraham Ortelius, from *Theatrum Orbis Terrarum*, 1603. "Italia," 61); 65: (top) James Stephenson/PR; (bottom) Erich Lessing/AR; 66: Photo Franca Principe/IMHS (Galileo, from *La Bilancetta*, Florence, Italy, 1588); 67: (left) © Bill Ross/COR; (right) JL; 68: (left) NASA; (right): M. Kulyk/PR; 69: Erich Lessing/AR; 70: (top left) Scala/AR; (top right) Giraudon/AR; (bottom) National Trust/AR (Marcus Gheeraerts II, copy of Ditchley miniature by Henry Bone, ca. 1592); 71: (left) © Bettmann/COR; (right) Réunion des Musées Nationaux/AR (artist unknown, English Royal Collections at Hampton Court, 1847)

Chapter 6
73: (top) Alinari/AR; (bottom) Scala/AR; 74: (top) MA; (bottom) GC; 75: Eric Schrempp/PR; 76: IMHS; 77 and 78: JL; 79: Scala/AR

Chapter 7
83: Julian Baum and Nigel Henbest/PR; 84: (top) Réunion des Musées Nationaux/AR (Chateaux de Versailles et de Trianon, Versailles, France); (bottom) MA; 85: MA; 86: Ann Ronan Picture Library; 87: (top) Herman Eisenbeiss/PR; (bottom) JL; 88: (top) JL; 89: (both) Max Planck Institute, Berlin, Germany (folio 106, verso)

Chapter 8
90: Max Planck Institute for Extraterrestrial Physics; 91: (left) Anglo-Australian Observatory/David Malin Images; (right) Dr. Christopher Burrows, ESA/NASA; 92: (top) Jerry Lodriguss/PR; (bottom) Erich Lessing/AR; 93: Dr. Donald Yeomans, NASA-JPL; 94: Réunion des Musées Nationaux/AR (by Frans Pourbus the Younger, Louvre, Paris); 95: JL; 96: (left) Detlev van Ravenswaay/PR; (center) Dale E. Boyer/PR; (right) digitally enhanced Hubble Telescope image, NASA-JPL; 97: (top left and bottom) NASA-GSFC; (top right) NASA-SAO-CXC

Chapter 9
99: Erich Lessing/AR; 100: (top) John W. Bova/PR; (bottom) Scala/AR (Ms. Galileia, no. 55, CC 8,v. 9, recto (detail), Biblioteca Nazionale Centrale di Firenze; 101: (top left) John Chumack/PR; (top right) IMHS; (bottom) Trinity College Library, Cambridge University; 102: Biblioteca Nazionale Centrale di Firenze; 103: (all) NASA-JPL; 104 and 105: Scala/AR; 106: IMHS; 107: JL; 108: (top left) MA; (top right) JL; (bottom left) Eckhard Slawik/PR; (bottom right) Celestial Image Co./PR; 109: (top left) NASA; (top right) NASA-MSFC; (center) Dr. Michael J. Ledlow/PR; (bottom) David Nunik/PR

Chapter 10
110: Scala/AR (Jan Provost, ca. 1500–1510); 111: Scala/AR (Ms. Galileia, no. 55, CC 8, v. 9, recto, Biblioteca Nazionale Centrale di Firenze; 112: (top) Trinity College Library, Cambridge University; (bottom) Erich Lessing/AR (Pietro da Cortona, Pinacoteca Capitolina, Musei Capitolini, Rome); 113: Erich Lessing/AR (Private Collection, artist unknown, 17th c.); 114: (both) Photo Franca Principe/IMHS; 115: (top) John Chumack/PR; (bottom) MA, illustration based on material from Space.com (used by permission); 116: IMHS (by Annibale Gatti, 1827–1909)

Chapter 11
119: Orlická Galerie, Czech Republic/BAL; 120: Erich Lessing/AR; 121: (top) Trinity College Library, Cambridge University; 122: Claude Nuridsany and Marie Perennou/PR; 123: (top left) Scott Camazine/PR; (right, both) Clive Freeman/Biosym Technologies/PR; 124: GC; 126: PLV/SR/MA; 127: GC (Kepler, from *Mysterium Cosmographicum*, 1596); 128: © Sidney Harris; 129: MA; 130 (both) and 131 (top): JL; 13: (bottom graph) MA, based on A. Berger and M. F. Loutre, "Insolation values for the climate of the last 10 million years" (1991)

Chapter 12
133: Erich Lessing/AR (Frans Hals, Louvre, Paris); 135: (top) MA; (bottom) Edward R. Tufte, from Visual Explanations (Cheshire, Conn.: Graphics Press, 1997); 137: GC; 138: © Archivo Iconografico, S.A./COR; 139: Réunion des Musées Nationaux/AR; 140: (left) GC; (right) IMHS; 141: GC (artist unknown, 17th c.; 142: MA; 143: © Denise Applewhite/COR/Sygma

Chapter 13
145: GC (anonymous engraving, 19th c.); 146: Archives Charmet/BAL (C. Souville, 18th c., Hotel Dieu, Beaune, France); 147: HIP/Scala/AR (Dirck Stoop, Museum of London); 148: (left) Erich Lessing/AR; (right) The Morgan Library/AR; 150: © Nicole Duplaix/COR; 151: The Royal Institution, London/BAL

Chapter 14
154: Ann Ronan Picture Library/AR; 155: (top) © Angelo Hornak/COR; (bottom) Museum of Fine Arts, Budapest/BAL (Lieve Verschuier, 1666); 156: GC; 157: Giraudon/AR (painting after Godfrey Kneller, Académie des Sciences, Paris); 158: GC (Mary Beale, ca. 1674); 159: © Sidney Harris; 160: Courtesy of Tokohu University Library, Japan; 161: Courtesy of Tokohu University Library, Japan/MA 162: (top) HIP/Scala/AR; (bottom) GC; 163: MA

Chapter 15
165: (top) GC; (center) The Royal Society, London; 166, 167: David A. Hardy/PR; 168: (top left) The Royal Society, London/BAL; (top right) The Royal Society, London; (bottom) GC; 169: (top) © Bettmann/COR; (bottom right and inset) Private Collection/BAL; 170: (left) © David Lees/COR; (right) © National Gallery Collection, London/COR; 171: GC

Chapter 16
172: Scala/AR; 174: © William G. Hartenstein/COR; 176: (left) AIP (American Institute of Physics)/PR; (right) MA; 177: MA

Chapter 17
179: GC (R. Phillips, pre-1791); 180: © Bettmann/COR; 181: © COR; 182: (top) Erich Lessing/AR (artist unknown, 18th c.); (bottom) The Royal Society, London; 184: (inset) © Angelo Hornak/COR; (bottom) GC (Francis Place, etching, ca. 1675); 186: (top) Aura/Kitt Peak/PR; (bottom) Jon Lomberg/PR; 187: MA

Chapter 18
188: SSPL ("Machina and Domestica," from Basis *Astronomiae*, engraving by Peder Horrebow, pub. 1735); 189: Science Museum, London/BAL; 190: (top) Réunion des Musées Nationaux/AR (Victor Jean Nicolle, watercolor, ca. 1810); (bottom) NASA-JPL; 191: (both) The Worshipful Company of Clockmakers Collection/BAL; 192: Huygensmuseum Hofwijck, The Netherlands. (B. Vaillant, pastel, 1686); 193: (top left) Smithsonian Institution Libraries; (top right) NASA-JPL; (bottom) NASA-JPL /University of Colorado; 194: GC (frontispiece, Thomas Sprat, from *History of the Royal Society*, 1667); 195: © Bob Krist/COR; 196: adapted from Edward R. Tufte, *Visual Explanations* (Graphics Press, 1997); 197 (top): NASA-JPL; (center): MA

Chapter 19
199: Archives Charmet/Bibliothèque Nationale, Paris/BAL; 200: SEF/AR; 201: (top) GC; (bottom) Private Collection/BAL; 202: Réunion des Musées Nationaux/AR; 203: GC; 204: Andrew Lambert Photography/PR; 205: GC (artist unknown); 206: Erich Lessing/AR; 207: Giraudon/AR; 208: Richard Treptow/PR; 209: Giraudon/AR

Chapter 20
210: AKG Images/Sotheby's, London (detail from *Lismore Castle* by John Knox, ca. 1830); 211: GC (after Johann Kerseboom, ca. 1689); 212: (top) Jerry Mason/PR; (bottom) Sheila Terry/PR; 213: (top) © Sidney Harris; (bottom) SPL/PR; 214-217: GC; 218: MA; 219: (top) GC (Otto von Guericke, engraving from *Experimenta Nova*, Amsterdam, 1672); (bottom) National Gallery, London/AR (*An Experiment on a Bird in the Air Pump*, by Joseph Wright of Derby, ca. 1767)

引文授权

Excerpts on the following pages are reprinted by permission of the publishers and copyright holders.

Page 6: From James Burke, *Connections*
(Boston: Little, Brown and Company). Copyright © 1978.

Pages 31, 64, 132, and 210: From John Gribbin, *The Scientists*
Copyright © 2002 by John and Mary Gribbin. Originally published in the U.K. by Allen Lane, an imprint of Penguin Books.

Page 45: From Alan W. Hirshfeld, *Parallax*
Copyright © 2001 by W. H. Freeman and Company.

Page 90: From Timothy Ferris, *The Whole Shebang*
Reprinted with the permission of Simon & Schuster Adult Publishing Group.
Copyright © 1997 by Timothy Ferris.

Page 98: From Dava Sobel, *Galileo's Daughter*
(New York: Walker Publishing Company, Inc., 1999). Copyright © Dava Sobel.

Page 98: From James Reston, Jr., *Galileo: A Life*
(Washington, D.C.: Beard Books, 2000).

Page 110: From Lloyd A. Brown, *The Story of Maps*
(Boston: Little, Brown and Company, 1949).

Page 144: From W. H. Auden, "Prologue," from *The English Auden—Poems 1931–1936*
Copyright © 1932 by W. H. Auden. Reprinted by permission of Curtis Brown Ltd.

Page 185: From J. F. Scott (editor), *The Correspondence of Isaac Newton*, vol. IV
(Cambridge, England: Royal Society/Cambridge University Press, 1967).
Reprinted by permission of the Syndics of Cambridge University Library.

Page 188: From Sidney Perkowitz, *Empire of Light: A History of Discovery in Science and Art*
Copyright © 2000, National Academy of Sciences, courtesy of the National Academies Press, Washington, D.C.

图书在版编目（CIP）数据
科学革命：牛顿与他的巨人们 /（美）乔伊·哈基姆（Joy Hakim）著；仲新元译. -- 上海：上海教育出版社, 2017.12（2020.5重印）
（“科学的力量”科普译丛. “科学的故事”系列）
ISBN 978-7-5444-7284-5

Ⅰ. ①科… Ⅱ. ①乔… ②仲… Ⅲ. ①自然科学史—世界—普及读物
Ⅳ. ①N091-49

中国版本图书馆CIP数据核字（2017）第312812号

责任编辑　黄　伟
封面设计　陆　弦

“科学的力量”科普译丛“科学的故事”系列
科学革命——牛顿与他的巨人们
［美］乔伊·哈基姆　著
仲新元　译

出版发行　上海教育出版社有限公司
官　　网　www.seph.com.cn
地　　址　上海市永福路123号
邮　　编　200031
印　　刷　上海新艺印刷有限公司
开　　本　787×1092　1/16　印张 15.25
字　　数　300 千字
版　　次　2017年12月第1版
印　　次　2020年5月第2次印刷
书　　号　ISBN 978-7-5444-7284-5/O·0158
定　　价　89.80 元
审 图 号　GS(2017)2953号

如发现质量问题，读者可向本社调换　电话：021-64377165